HUAGONG
XITONG GONGCHENG
LILUN YU SHIJIAN

化工系统工程

理论与实践

王健红　冯树波　杜增智　编著

U0367194

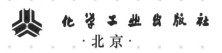
化学工业出版社
·北京·

本书力图深刻地、相对完整地介绍化工系统工程的理论与实践。撰写本书的主要目的是为初学者提供正确的入门之路、避免陷入误区；为具有一定实践经验的工程师和教师提供深入思考的机会，纠正工作中习惯性的不适当观念，明确某些方法论层面上的基本概念；为从事流程模拟与优化核心技术工作的专业研发人员提供一些算法或理论层面上的具体帮助。总之，完全是为研发和使用流程模拟与优化软件服务，试图辅助读者构造工程上的整体解决方案。书中叙述的特点是从化学工程师的角度出发，研讨相关的数学方法，强调理论联系实际，强调经典和继承经典前提下的创新，对算法的介绍尽量避免堆积罗列，突出解决实际问题的框架、思路以及具体诀窍。许多章节都介绍了作者及作者的老师们在多年研发实践中摸索得到的经验、体会或经过实践考验的成果。各章之后的"本章要点"和"思考题"相信会对读者有重大启发，而关于动态模拟和仿真工厂的介绍也是通常化工系统工程专业著作中不常涉及的重要内容。

本书适合化工类专业及系统工程等相关专业本科生、研究生教学使用，也可供相关工程技术人员参考。

图书在版编目（CIP）数据

化工系统工程理论与实践/王健红，冯树波，杜增智
编著.—北京：化学工业出版社，2009.8（2025.1重印）
ISBN 978-7-122-05995-6

Ⅰ. 化…　Ⅱ.①王…②冯…③杜…　Ⅲ. 化工过程-系统
工程　Ⅳ. TQ021.8

中国版本图书馆 CIP 数据核字（2009）第 102265 号

责任编辑：唐旭华　宋湘玲　　　　　文字编辑：孙思晨
责任校对：陶燕华　　　　　　　　　装帧设计：刘丽华

出版发行：化学工业出版社（北京市东城区青年湖南街 13 号　邮政编码 100011）
印　　装：北京科印技术咨询服务有限公司数码印刷分部
787mm×1092mm　1/16　印张 13½　字数 324 千字　2025 年 1 月北京第 1 版第 7 次印刷

购书咨询：010-64518888　　　　　　售后服务：010-64518899
网　　址：http://www.cip.com.cn
凡购买本书，如有缺损质量问题，本社销售中心负责调换。

定　　价：38.00 元　　　　　　　　　　　　　　　　版权所有　违者必究

前　言

世界上本来是没有理论的，只有实践。实践多了总结成为"理论"。即便是"理论"，也有处在不同层面上的区别。那些总是被证实、又根本无从证伪的实践就成了人们必须恪守的定律。在化学工程领域，实际上也能见到一些有时精确而可用、有时粗糙则应摒弃的"理论"。严格讲，只能称其为"学说"。本书就是要强调在化工系统工程学科中容易被忽视的基本实践，同时质疑那些缺乏足够实践考验的"学说"。

化工系统工程与许多传统的化工学科有所不同。它并非以发现和认识自然为主的学问，而是以改造和驾驭自然为主的技术工具。因此，在学习研讨、实施运用、评价与发展等方面就与某些传统化工学科有所区别。即使对于同样的问题，化工系统工程解决问题的立场、思路、方法也往往与相关学科很不相同。作者力图体现这些内容。

很多看来极为普通、浅显的词语、方法，深究起来其实蕴含着极其基本而又深刻的内涵，而某些时髦的术语或许只是符号的游戏。书中有不少篇幅讨论了关于复杂大系统建模与计算的基本概念，表现出重视基础、重视经典、重视实践的风格。

按流行的观点，本书没有什么"创新"，只有对于经典的更多解释和延伸以及对实践的总结。但是，相信仔细研究过本书的读者一定能够成为各类化工流程模拟系统研发和使用的高手。

书中在介绍前人的成果时，虽力图标明文献来源，但限于时间仓促，仍多有遗漏，在此对原作者一并表示歉意并争取有机会再版时加以完善。

与某些常见著述在撰写风格方面略有差异的是，编者首先提出的许多概念与研究成果并未单独列出标题进行集中的讨论，而是融入一般性的叙述之中，需要读者仔细地读过全文才可能发现作者来自于多年实践的心得体会。并且，本书还含有若干学术批评的内容，甚至包括对自己所发表文章的严厉批判，虽力图委婉，且观点基于多年来的实践以及尽力寻求理论依据，但限于水平，想必仍存偏颇之辞。欢迎专家学者指教。

本书共有六章。为便于各层次读者尽快了解作者的观点，每章之后都附有"本章要点"和"思考题"，这也形成了本书的重要特点。建议读者先浏览本章要点和思考题，再从正文叙述中寻求答案。

从基本概念、基本方法上看，排在前面的章节都是后面章节内容叙述的必要铺垫。需要循序渐进，才能便于理解和掌握。书中内容多涉及算法，但本书宗旨并非罗列算法，给读者提供算法手册。编者本意是通过个别算法、尤其是经典的算法介绍，总结算法的特点、强调运用的适宜场合与共同规律，从化学工程师的立场出发，给读者提供合理选择算法直至整体解决方案的工程策略。因此，本书的重点是通过某些案例阐述若干常易被忽略的观点和原则。比如，数值稳定性问题及其解决方案、过程计算量与算法计算量的区分及其对算法评价与选取的深刻影响、复杂大系统与简单系统的软件结构区别、适定性问题必然造成模拟优化计算的本质难度、正确表达和执行算法的一般规律、自由度分析的重要性、机理模型与经验模型的辩证关系等。可以说，全书基本上是围绕建模与求解的方法论展开内容的。

将本书用于高校教学时，部分章节标题处标注了 * 号，以示该章节内容具有一定难度，适宜略讲或不讲，教师可酌情掌握，而两个 * 号则意味难度较大。

第 1 章绪论阐述了化工系统工程的基本问题。对学科的性质、与相关学科的关系、区别以及本学科解决实际问题的正确立场、主导逻辑进行了阐述。

第 2 章数学模型介绍了模型的分类、特点，有关建模的基本概念和基本要领，并介绍了作者的若干研究与实践成果。

数学模型求解方法为第 3 章。该章强调了算法的特点和适用场合，解释了某些算法的利弊，提出了关于算法的许多普遍化重要概念和理论与应用的成果，并对动态模拟与仿真机进行了介绍。

经过前三章的铺垫，第 4 章流程模拟基本技术利用之前的结论直接讨论了通用流程模拟系统的设计原则、设计方法及其数学实质，并对一些流行的观点进行了理论上的剖析和实践上的评价。

由于第 3、第 4 章对算法的一般问题已经给予了较为深刻的讨论，第 5 章运筹学方法在介绍算法的同时进一步强调了算法研究与运用的共性。其内容力图使得非数学专业的化学工程师能够较快地理解优化算法的实质问题，在实践中能够正确选用。

最后的第 6 章系统综合概述涉及化工系统工程中最为难以处理也是最富实践意义的工程实践问题。虽然编者近三十年呕心沥血地从事着相关的理论探索并圆满完成了近百项科研和工程项目，仍然没有能力对该领域的全貌进行深刻和全面的阐述。不过，书中还是围绕作者具备相当实践的某些专题进行了专门的深入讨论，提出了编者的思想观点，希望起到管中窥豹的作用。

总之，编者对于学习和运用化工系统工程理论与技术的基本看法是：以实践为基础，以理论作解释（注意：并非指导）；以继承经典为首要任务，以发展创新为长远目标；以基本能力为主要实施手段，以基本概念观察和评价学术成果。惟其如此，方能在工程实践中"眼到手到"，臻于"运用之妙，存乎一心"的实践境界，方能解决大量实际工程问题、创造文明，推动本学科的健康发展。

编者
2009 年 6 月

目　录

▶ **第 1 章　绪论**

▶ **第 2 章　数学模型**

▶ 第3章　数学模型求解方法

第 4 章 流程模拟基本技术

▶　部分思考题参考答案

▶　跋

第**1**章 绪论

1.1 化工系统工程概述

化工系统工程又称过程系统工程（Process Systems Engineering，PSE）是 20 世纪五六十年代发展起来的一门新兴的交叉学科。其产生、发展与现代化学工业趋于复杂化、大型化密切相关。该学科的研究对象为化工系统或化工生产过程，其任务是要解决化工生产领域内技术经济方面的决策问题。一般认为，化工系统工程是研究化工生产在规划设计、操作运行、控制管理诸环节中，如何提高工作效率、降低投资费用和维护运行费用、提高系统可靠性安全性、强化环境友好、增加总经济效益的一门技术科学。其主要技术内容有系统的分析与模拟、系统的合成与优化等。该学科的主要技术手段为数学模拟，即建立描述过程特性的数学模型并求解计算，实现对系统规律和行为的预测。通常情况下，无法求得数学模型的解析解，故必须以电子计算机为工具求出其数值解。与该学科相关的学科大致有化学工程学、应用数学、计算机科学及系统科学、信息科学、控制理论等。总的来说，该学科与许多传统学科（以认识自然、描述自然的"发现型"学科）有所不同，该学科的直接目的就是在综合运用其他学科成果的基础上完成改造自然、控制自然、创造物质财富的任务。因此，过程系统工程学科具有很强的工具性、实践性、技艺性。正因为如此，在该领域内的任何"微不足道"的发明往往都蕴含着许多深刻的理论和深厚的实践积累，并且往往当新的简洁有效的解决方案诞生后，先前的研究成果就会被束之高阁。

过程系统工程的理论是深刻而严谨的。在许多场合其理论可以直接指导化学工程师的具体实践。然而，过程系统工程的理论往往需要辩证地、全面地理解，孤立地、片面地照搬其教条也极易陷入理论与实践脱节的误区。因此，对于化学工程师来讲，掌握过程系统工程理论更应注意它在科学方法论层面上的指导意义。

1.1.1 系统工程与化工系统工程

在现代科学技术充分发展起来之前，人们对自然界的科学探索比较局限于具体的、孤立的过程或对象，研究其局部的、个别的、具体的规律。随着认识的发展、深化，人们越来越注意客观世界各个部分的联系，从整体的角度去认识自然。化学工程学科的发展同样如此。当化学加工技术从"炼金术"中解放出来以后，化学工程师从实际化工生产中总结出"单元操作"的概念，给予深入研究，探索其规律。当对单元操作的规律认识到一定程度后，又从中抽象出更为一般的"三传一反"等规律。随着科学实践的继续深入和拓展，便产生了从整体出发，着眼于全局，研究化工生产过程中最佳决策直至整体解决方案的化工系统工程技术。

化工系统工程的起源与发展是化工生产趋于高度复杂化、大型化以及自动化、精细化的必然结果。而另一更为深刻的原因也是推动其发展的巨大动力。近几十年来，涉及化工生产的、偏重于认识微观规律的科学已难于继续取得突破性成就，发展相对缓慢。而人们的宏观实际需要迅速膨胀，军事、经济、技术方面的竞争日趋激烈。化工产品的更新换代加快，竞争加剧，对工业放大技术提出更高要求。传统的相似模拟、逐级放大方法已难适应当今的需要。如何在对自然界现有的认识水平下，在局部的、有限的知识和技术条件下，综合运用现有的信息和技术取得最高的效益成为重要的课题。此时人们迫切需要改造自然的工具，而系统工程恰恰满足了这种需要。对于化工生产来说，化工系统工程不是着眼于探索具体的、局部的微观规律，而是要利用这些规律、甚至在对这些规律不甚了解的条件下，对化工生产的全局问题作出最优决策。因此，往往对于相同的问题，化工系统工程学者与化工基本理论学者的观点有所不同，其解决问题的技术路线、出发点也略有差异。

运筹学的发展也为化工系统工程的发展提供了有利条件。运筹学是运用多种数学工具使系统的规划和运行达到最优化的一门科学，是系统工程学的数学基础。甚至可以说，系统工程学就是在运筹学基础上发展起来的。运筹学已有许多分支，如模型论、线性规划、非线性规划、动态规划、对策论、排队论、搜索论、存储论、图论、网络理论、决策论、算法论等。借助这些数学工具，能够对系统进行定量分析，故运筹学也是化工系统工程学的重要数学基础。

近年来，计算机科学技术的迅猛发展为科学计算提供了强有力的工具。针对复杂系统的大规模运算已成为现实。若干年前，由于算法、内存及速度的限制而被认为无法实现的计算工作，如今已成为现实。这为化工系统工程科学从狭小的研究室走向广阔的工业生产领域铺平了道路。

系统工程理论与化学工程的结合与普遍应用也绝非偶然。首先，广义化学加工过程的生产可以说是各种加工生产过程中最为复杂的，这种复杂性是内在的、本质的，全面地体现在规划、设计、建造施工、操作运行、检修改造、控制管理和供应销售的各个环节。与典型的机械加工过程不同，从数学角度看，化学加工是个典型的严重非线性的过程，小系统与大系统的运行规律可能有很大差异，设计条件或操作条件的局部较小变动可能导致系统整体状态的较大变化。因此，有时生产专家的判断和预测往往不甚可靠，控制系统的粗略或失误也容易造成重大损失。可以说，最难于驾驭的工业加工就是化学加工。其次，近几十年来，新材料、新设备等方面的技术突破使得化工生产取得许多重大技术进展。但这些技术突破毕竟不是经常发生的，并且随着科技水平提高，新的重大突破的概率趋于减小。如何在既有科技成果的基础上对化学加工系统进行持续不断的改进甚至探索重大变革就成为迫切的任务。过程系统工程方法在传统的设备和材料科技之外为化工生产的技术进步提供了新的有力的手段，并且，过程系统工程最适合处理解决非线性的复杂大系统问题。

总之，正是由于科学认识的发展规律、实际生产的巨大需求以及相关学科的技术准备使得化工系统工程这门新兴的边缘学科应运而生并且蓬勃发展。

在化工系统工程学科发展的道路上，由于从业人员来源于不同的专业、有着不同的研究和应用背景，因而对这门新兴的边缘学科有着不尽相同的认识。故在学科的研究方法、研究方向、理论体系、技术路线、应用目的等方面呈现百花齐放、百家争鸣的局面，这对学科的成熟和发展起到了推动作用。但是，经过多年的探索与实践，可以肯定的是，化工系统工程作为一门新兴的学科，它有别于很多以认识自然、描述自然为主要目的的传统学科，其精髓是综合利用其他基础学科的现有研究成果、采取切实可行的技术手段去改造自然、创造物质财富，并在解决具体问题时不拘泥于个别学科的表达方式和研究工具，着重强调实践的结果。往往对某些相同的具体问题，本学科与其他学科的研究人员在表达方式、评价标准、技术路线等方面有着相当不同的认识与结论。总的说来，化工系统工程是一门技术性、应用性、综合性较强的学科，是促进过程工业技术进步的有力工具。

1.1.2 基本任务与内容

化工系统工程学科的主要任务不是揭示化工生产涉及的基本规律，而是充分利用这些规律改进实际生产过程，以达到在化工生产的规划设计、操作运行、控制管理、采购与销售的各个环节合理化、最优化的目的，提高化工装置的生产效率和经济效益。更为概括地说，化工系统工程的首要任务不是为了认识自然、而是为了改造自然。为达到这一目的，一般需要根据实际情况，从减少投资、降低消耗、节约能源、减少污染、提高产量、提高质量、减轻劳动强度、保障安全等方面进行工作。其具体技术工作内容大致包括系统分析、系统综合和系统优化三部分。

系统分析是对指定的系统结构与参数，描述或确定系统的状态与功能。通常是给定系统的特性和系统输入，预测系统的状态和系统的输出。

系统分析一般又含下述三方面内容。

① 系统分解 将复杂大系统分解为若干较简单的子系统。

② 系统模型 建立描述各子系统输入输出关系的模型，一般为数学表达式。模型一般分为过程单元模型、系统结构模型和技术经济模型等几类。

③ 系统模拟 根据系统分解的结果，按照系统的结构将诸子系统连接，进行计算，模拟或预测整个系统的状态与功能。

应强调指出：对于系统当前或过去状态的良好拟合并不一定意味着对系统未来状态的良好预测，而预测才是系统分析的最终目的。这个原则对于评价、选择适用的技术方法具有重要的指导意义。

系统综合（系统合成）是在给定系统的任务或目标亦即确定了系统功能的条件下，寻求或选择各子系统的功能特性及其组合方式以实现预定的系统功能和目标。

由于实现系统目标的方式往往不是唯一的，故需寻求实现系统功能的最佳方式、最佳途径。这就是系统优化的内容。系统优化的主要工具为运筹学原理与方法。系统优化与系统综合密切相关。

系统分析、系统综合及系统优化是相辅相成的，而系统分析是最基本的工作内容。由于化工系统本身的复杂性所致，与许多其他行业不同，系统综合、系统优化的工作原理虽然可以运用较为严谨的数学语言表达，并有许多学者努力研究出若干算法或方法，但这些算法或方法与处理实际工程问题的、工程上可以执行或实施的解决方案还是有很大差距。这类工作在本质上是具有相当难度的，在实际中解决这类问题的关键完全在于高质量高速度的系统分析工作，更具体地说是依赖于系统建模和模拟工作。这一点有时是被很多人所忽视的。因此，在化工工艺领域的许多重大技术进步，往往不是那些仅熟悉优化理论的学者作出的，而是熟悉化工生产各个环节并擅长过程模拟的工程师团队作出的。

1.1.3　基本方法与技术路线

化工系统工程解决实际问题的基本方法是过程模拟或流程模拟。过程模拟包括模型建立与模型求解两部分内容。其技术路线通常为首先运用过程模拟技术建立化工流程模拟系统，然后利用流程模拟系统进行系统分析、系统综合或系统优化。

建立数学模型的过程通常也称作数学建模或建模。对于化工系统工程来说，建模是一切工作的核心。无论理论与技术如何发展，无论何种技术流派，无论何种实际工作目的与需要，建模与求解都是化工系统工程专业人员的主要基本功，是实际工作中最重要的内容。如不能很好地解决建模与求解问题，必将走入理论与实践的误区。

利用模型研究实际对象的规律，用模型描述、反映原型的有关方面的情况就称为模拟或仿真。用数学模型进行的模拟或仿真称为数学模拟。数学模型是一套数学关系式，这些关系式描述了系统的各种因素、特征、变量之间的数量关系或逻辑关系。被模拟的实际对象或原型通常被称为系统或体系。即使对于同一套实际生产装置，如果研究的目的不同，或者观察问题、解决问题的思路不同，则往往选定的系统也会有所区别。

数学模型往往不可能对系统进行面面俱到的模拟。并且，面面俱到的模拟通常也不必要。对于解决一般化工生产问题而言，数学模型能够表达实际装置的流量、温度、压力、液位、组成、相态等宏观量即可。假如过多地考虑了其他因素尤其是更具微观意义的因素，则往往导致既增加模拟优化的难度又大大增加了计算结果的不确定性。对于建模原理的辩证、深刻和全面的理解可以使人们避免这样的理论与实践脱节的错误。

在很多种情况下，为了简捷有效地解决实际问题，也可以在建立数学模型的同时再建立其他类型的模型，相辅相成，相互补充，相互印证，以达到更好的模拟效果。比如大型化工流程常用的仿真机系统就是将数学模型、实物模型等多种模型方法集成运用的典型。

1.1.4　与其他相关学科的关系

从化工系统工程的角度看，化工原理、化工热力学、物理化学、传递原理、反应工程等学科的作用是提供流程模拟所需的基本数学模型；运筹学提供了系统优化的数学工具；数值计算等应用数学学科提供了模型求解的数学手段；而计算机科学则为复杂的数值计算提供了强有力的硬件和软件支持。近年来，过程控制技术与化工系统工程的结合日益密切。过程控制技术使得化工系统工程与实际工业生产紧密结合，是实施系统优化的重要技术保证。两者相辅相成，在理论与技术方面相互渗透，对各自的技术进步都起到了促进作用。

应当认识到，虽然化工系统工程与许多学科有着极为密切的关系，甚至许多化工系统工程专业人员原本都是其他学科领域的专家，但在解决实际问题时，尤其是在建模与求解的关键问题上，化工系统工程在审视问题的角度、观察实际对象的功能特性、把握模拟的深度与层次、解决问题的次序和步骤诸方面与其他学科还是有着细微而深刻的差别的。

作为化工系统工程专业人员，必须具备化学工程、应用数学等相关学科的领域知识，甚至应成为某一领域内的专家。否则，如不甚了解化工过程的一般规律，对化工系统工程的研究就易陷入肤浅、脱离实际；如不具备应用数学领域的扎实基本功，则易导致眼高手低、缺乏解决问题的手段。但是，在解决化工系统工程问题时，如过分囿于原有专业领域成见，则易流于偏执、片面，束缚了提出问题、解决问题的想象力、创造力。

其他相关学科为化工系统工程提供了基本的对自然规律的观察事实和与计算相关的技术手段。即便如此，无论建模或求解也不能完全照搬其他学科的现有结论。根本的和内在的原因就在于与其他行业相比，（广义）化工系统的大型性、复杂性是其他行业远不能及的。在其他领域成熟的、适用的概念和方法照搬到复杂大系统中往往并不合适，反而某些处理简单小问题的"笨"办法对解决复杂大系统问题来说更有实效。

1.1.5 常用术语

(1) 系统

系统是指在一定条件下完成一定功能或实现一定目的的，由若干互相联系、互相影响的部分或要素组成的一个整体。系统实际就是人们研究某种问题时考察的对象，通常也是与模型对应的原型。有时也称系统为体系。

广义地说，系统可分为自然系统与人造系统两类。人造系统又分为实体系统与虚拟系统（概念系统）两类。应当指出，化工系统工程的研究对象一般只包括人造系统而不包括自然系统。这与学科的研究目的与任务是一致的。

应当注意，在进行本学科的一般讨论时，经常用到系统这个术语。有时系统是指实际系统，而有时却是指模型系统或模型。

(2) 子系统

组成系统的各个部分亦可看作系统，相对于原系统而言即称为子系统。不同的子系统可构成不同的系统，相同的子系统但组合联系方式不同亦可构成不同的系统。

(3) 环境

研究某种问题时所考虑的系统以外的部分即视作环境。在进行系统模拟时，一般仅需模拟预测系统的状态和输入输出关系，而环境的状态多作为设定的条件考虑。

(4) 过程、化工过程

使物料发生物理的、化学的变化的一系列操作或处理步骤，或物料被加工的一段经历称为过程。

(5) 过程系统

以物流为加工对象的、区别于机械加工生产"元件"的系统。例如化工、石油化工、冶金、造纸、水泥等制造系统。过程系统的原料变化通常不仅仅是外形尺寸的变化。

(6) 状态、系统状态

对过程系统而言，其状态通常指温度、压力（压强）、流量、液位（界面高度）、组成、相态等宏观指标。

(7) 决策变量、设计变量、状态变量

系统的决策变量及设计变量是指可人为选择或控制，用以改变系统状态的变量。状态变量是当决策变量或设计变量给定后，由于过程本身的物理规律所限而被确定、无法人为改变的量。对系统建立了适当的模型后，模型中所涉及的变量也相应地分为决策变量、设计变量和状态变量。

(8) 系统的输入量与输出量

系统数学模型中涉及许多描述系统特性的变量。变量中有些是已知的或选定的、有些是未知的或待定的。数学模拟的过程就是利用模型由选定的量计算出待定的量，或说由模型的输入量计算出模型的输出量。通常模型的输入量也对应着决策变量或设计变量，输出量也对应着状态变量。较常见的是，为了建模和求解的方便，模型的输入量、输出量往往根据实际过程系统的加工顺序、信息流向、物料流向、上下游关系给予选定。因此模型的输入量、输出量与实际过程的输入量、输出量往往是对应的。

1.1.6　应用化工系统工程技术的成功范例

20 世纪 60 年代，美国开发"丙烯二聚法"制造异戊二烯工艺时，核心设备为气相均相管式反应器，当数学模拟结果与小试结果符合后，直接放大 17000 倍，达到工业规模。这个实例在许多教科书中都被提到。

实际上，化工系统工程技术对化工生产的重要贡献和影响突出地体现在大型流程模拟软件的普遍应用上。近二十年来，经典流程模拟技术臻于成熟完善，成为化工流程设计的不可缺少的工具，使得化工设计的水平达到了前所未有的高度，并在设计实践的积累中依赖流程模拟技术持续地对化工流程实现了不断的优化。因此，在化工领域也大量地需要擅长使用流程模拟软件的工程师。

1.2　化工系统工程的主要技术手段与工具

化工系统工程的主要技术工作内容为系统分析、系统综合、系统优化。系统分析的任务在于描述或预测系统的特性，系统综合是指确定化工系统结构的过程，而系统优化是为了以最佳的方式实现系统的目标或功能，是全部工作的最终目的。在系统分析、系统综合、系统优化三者之中，系统分析是所有工作的基础。在进行系统综合和系统优化时，往往需要反复地进行系统分析工作，通过比较系统分析的结果，评价判断设计方案和决策的合理性、优越性，最终作出满意的选择。

系统分析工作的主要内容与建模和模拟紧密相关。因此，建模和模拟是化工系统工程最重要、最常用的技术手段。毫不夸张地讲，完美地解决了建模与模拟的问题，就几乎等于解决了化工系统工程的绝大部分问题。假如不能解决建模和模拟的问题，则其他任何手段也难于代替建模和模拟的作用，因而无法解决实际化工生产问题。事实上，在从事系统分析、系统综合或系统优化工作时，绝大部分时间都是消耗在建模与模拟工作方面。由于建模和模拟工作的重要性，有关专家学者对此进行了大量卓有成效的研究工作。化工流程模拟系统（或流程模拟系统）作为建模和模拟的有力工具就是这些研究工作的重要成果。同时，化工系统工程学科技术人员的大部分工作也是力图建立各式各样的流程模拟系统，以适合不同的实际需要。本书的内容基本上就是围绕着如何建立流程模拟系统展开的。

1.2.1　流程模拟系统及其用途

流程模拟系统是专门用于进行化工过程模拟的工具，一般均指计算机软件系统。在文献[1] 中提出了化工过程模拟的三要素，即物性数据、数学模型和解算方法。这三个要素也是流程模拟系统的要素。并且，流程模拟系统将三个要素集成在同一个软件系统之中，更加便于使用。有了流程模拟系统，在物性、建模和求解方面就无需进行许多重复的工作，可利用流程模拟系统反复多次进行系统模拟工作。甚至有些非化工系统工程专业的技术人员也可以使用流程模拟系统进行过程模拟工作，从而得到关于生产过程的有用信息。

流程模拟系统大致可分为以下几种。

① 稳态流程模拟系统　处理系统状态不随时间而变的模拟问题。

② 动态流程模拟系统　处理系统状态与时间有关的模拟问题。

③ 专用流程模拟系统　针对特定流程专门研制的、只能用于该流程的模拟。

④ 通用流程模拟系统 并非针对特定流程，原则上可用于各种流程的模拟任务。

⑤ 操作型流程模拟系统 根据给定的系统特性和系统输入预测系统的输出。

⑥ 设计型流程模拟系统 需要对部分系统特性参数或系统输入量进行计算。

通常，动态模拟比稳态模拟难度大，通用模拟系统比专用模拟系统研制难度大，设计型模拟比操作型模拟难度大。

在系统分析、系统综合和系统优化的过程中都离不开流程模拟。因此，流程模拟技术有着极为广泛的用途。如在以下实际化工生产课题中均需使用流程模拟技术或流程模拟系统：

反应器系统的最优设计；　　　　　　　化工过程在线操作优化；

分离序列的设计；　　　　　　　　　　过程监测与数据校正；

换热网络的设计；　　　　　　　　　　过程先进控制；

整套化工装置的设计；　　　　　　　　化工装置仿真机研制；

化工过程离线操作优化；　　　　　　　生产计划优化。

1.2.2 流程模拟系统的发展沿革

自 20 世纪六七十年代以来，各国陆续开始研制开发各类流程模拟系统，并为此投入了大量人力、物力、财力。由于化工系统工程当时还是一门尚欠成熟的学科，并且自动控制、计算方法、计算机硬件、计算机软件等相关学科的技术支持不足，早期的流程模拟系统起点较低，功能较弱，且都是稳态流程模拟系统，无法进行动态模拟。此时较有代表性的通用系统有 CHESS（Chemical Engineering Simulation System），FLOWTRAN（Flowsheet Translator），ASPEN（Advanced System for Process Engineering）等。这些系统所能处理的物料种类较少，处理流程的规模也较小，过于复杂的问题难于解决。20 世纪八九十年代期间较为流行的是 ASPEN、PRO Ⅱ、CHEMCAD、HYSIM 等流程模拟系统。另外 SPEED UP 软件也曾经在化工系统工程领域有一定理论上的影响。在这些软件中，HYSIM 系统后来居上，起点较高，率先运用 C 语言及较先进的编程思想进行程序设计，程序结构较合理，使用较方便。由于各大软件公司之间的激烈竞争，近年来流程模拟软件系统又有较快发展。继 HYSIM 之后，HYPROTECH 公司又推出了 HYSIS，可用于动态模拟计算。Honeywell 公司在 HYSIS 的基础上又进行了新的拓展和完善，并推出了 UniSim Design 软件同时保持了原 HYSIS 的框架和风格特点。而 ASPEN PLUS 的新版本与旧版本相比也有改观。目前，在国内外的化工设计单位、生产单位及高校教学单位，上述软件已是技术人员经常使用的工具。并且，许多管理人员也非常重视并能熟练使用这些软件。

与稳态流程模拟系统比较起来，通用动态流程模拟系统的研制难度较大、发展更为缓慢。首先，从数学模型角度看，稳态数学模型仅是动态数学模型的子集，动态模拟实际上也可以解决稳态模拟的任务。但是动态模拟涉及更多的数值稳定性、计算速度及模型适定性等问题，模型也较复杂，对动态计算结果准确性的考核也较难。如果要求动态模拟既使用严格模型又具有超实时的求解速度，则对模拟算法、程序设计的要求就更高，难度更大。因此通用动态流程模拟系统在工业实际中应用的实例并不多见。早期设计研制的动态模拟系统要么模拟速度无法达到实时，要么模型较为粗糙。近年来，国内有关技术人员在某些关键算法上有了一些突破[2~5]，解决了动态计算中耗费时间最多的热力学性质计算等一系列问题，因此可以将稳态流程模拟常用的严格热力学模型用于超实时动态模拟系统，并对一些实际生产装置进行了较为成功的模拟。

1.2.3　著名流程模拟系统介绍**

比较有影响的商品化通用化工模拟系统大致有如下几种。Aspen Tech 公司推出的 ASP-EN 软件是应用较早，研制投入较大的一款软件。在物性数据库、基本热力学方法等方面给用户提供了较多的选择，但从软件工程的角度看，似乎还有优化的余地。PRO Ⅱ 软件也是应用较早的，在炼油设计领域已被许多工程技术人员所熟悉，积累的应用案例较多。CHEMCAD 软件诞生也较早，并且是最早实现"图形组态"方式建模的软件，在算法、软件结构方面有不少优点，但在商业推广方面不算非常成功，国内工程师熟悉其产品的不多。原 HyproTech 公司的产品 HYSIS 率先将稳态和动态模拟集成，从算法和软件技术方面看设计起点较高，尤其在重要的自由度分析方面解决得较好。Honeywell 公司在 HYSIS 的基础上继续进行了研发投入，推出了通用流程模拟软件 UniSim Design。该软件在保持了 HYSIS 的优点的基础上进行了全方位的完善。

由于中国的软件产业起步较晚，加之软件投入不足以及早先的学者将过多的注意力放在了优化算法等方面，故而失去了与国外商业软件竞争的机会。所以在中国并未产生具备商业竞争力的大型通用流程模拟软件。有些国内研制的软件虽然在系统框架、软件体系及算法技术方面具有纯技术层面的优越性并能利用这些软件成功地在解决实际工程问题上与国外软件竞争，也取得了良好的业绩，但仍然未能实现软件本身的商业化进程。事实上，中国并不缺乏化工系统工程方面的优秀人才，国外著名的从事流程模拟业务的公司中，相当多的技术骨干、技术高管都是中国的大学培养的人才，甚至有些关键算法、关键技术也是因引入了这些人才而充实了国外公司的技术。

1.3　流程模拟系统的分类、系统结构及各部分的作用

1.3.1　流程模拟系统的分类

从使用范围来看，化工流程模拟系统可分为：专用流程模拟系统和通用流程模拟系统两类。从适用对象的时间特点来看，可分为：稳态流程模拟系统和动态流程模拟系统。按计算任务的性质来看，又可分为：设计型流程模拟系统和操作型流程模拟系统。当然，还可以从其他不同的角度对流程模拟类软件进行划分。从多年来的实践看，目前使用最广泛、用途最多的还是通用稳态流程模拟系统。还有一类与化工模拟有关的软件，即主要用于特定类型设备设计的模拟计算软件，因其不涉及流程层面的计算，通常不将其归入流程模拟系统的范围。

1.3.2　流程模拟系统的构成及各部分作用

从流程模拟系统设计的专业角度看，通用稳态或动态流程模拟系统大致包含以下几种子系统：

输入输出界面；	代数方程组求解算法；
基本物性数据库；	微分方程组求解算法；
热力学性质计算；	费用或技术经济方面计算；
单元过程数学模型及模型求解算法；	优化算法；
系统结构模型；	流程模拟案例。

1.4 其他技术手段*

除系统模拟技术外，运筹学方法，过程控制技术，人工智能技术等也是化工系统工程领域内经常涉及的重要技术。总之，由于化工系统工程学科本身就是多学科交叉、集成的学科，因此涉及的学科领域是较多的，并且随着学科的发展，也必然不断地继续吸收其他学科的新理论、新技术甚至与新的学科产生新的交叉、融合。

1.5 发展前景与方向

化工系统工程是一门具有广阔发展前景的学科。由于化工生产越来越复杂，市场竞争越来越激烈，企业管理者在作出决策时需要考虑到投资、周期、施工、环境、原料、销量、价格、控制、操作、安全、环保、金融甚至政治和军事等各种影响经济效益的因素，综合权衡方能作出正确决策。在现代化信息社会中，如孤立地、静止地看问题，很容易造成决策失误。在这种情况下，化工系统工程技术必将为企业管理者提供强大的手段和工具，带来明显的经济效益。

从研究内容与手段来看，化工系统工程有着进一步与管理科学结合、与信息科学结合、与过程控制结合的趋势。但不论如何发展，模型与模拟仍然是最重要的内容。

以模型为核心实现"综合集成、整体优化"[6]的学术思想较有代表性。随着学科的发展，有关人员不仅需要进一步研究设备、过程、网络、工艺等硬技术模型，也有必要研究采购、销售、管理、市场等软技术模型。可以肯定，社会越进步，信息化程度越高，化工生产规模越大，就越需要化工系统工程这门技术解决大型复杂系统的最优决策问题。有关专家指出[6]："依靠综合集成实现整体优化，就是过程系统工程应当遵循的发展方向"；"综合集成应当以模型为核心"；"企业是一个由许多紧密联系并相互作用的单元所组成的、具有不同层次结构和功能结构的、与外部环境有物质、能量及信息交换的、不断发展变化的系统，而有关物质、能量、资金、人员等方面的情况都可以化为信息来处理。故可以用有关企业系统各部分及其相互联系的信息来构成一个虚拟的企业系统，通过人机交互的方式在计算机上对其在不同条件下的运行情况进行模拟，从而得出能实现整体优化的方案"。可以说，以企业整体模型为核心建立企业模型系统，即实现虚拟企业，是化工系统工程的重要发展方向。

1.6 工业应用领域

化工系统工程技术可在如下诸方面得到应用：生产装置调优（操作优化），装置优化设计（设计优化），工艺装置改造，过程诊断与瓶颈分析，化工装置仿真机（用于操作技能培训或整体优化研究），生产计划优化，过程高级控制，企业资源优化配置等。

总之，化工系统工程是专门研究处理复杂大系统的理论与技术，对于较为简单的问题和较小的研究对象，如果生吞活剥地照搬化工系统工程的方法，很可能付出不合理的代价。而对于许多较为复杂，并且传统的理论和技术难于解决的问题，往往运用化工系统工程的原理和技术可以给出符合工程要求的全套解决方案。

本 章 要 点

★ 化学加工的复杂性是其他行业无法相比的，因此也更适合系统工程理论的应用。

★ 化工系统工程的原理与方法是针对复杂大系统问题的解决方案的。

★ 建模与模拟是化工系统工程的核心技术。

★ 化工系统工程是在科学方法论的原则上，将化学工程、应用数学、计算机软硬件、过程控制等学科的理论与技术集成起来的学科。

★ 与传统的"发现型"的学科有所不同，改造世界是化工系统工程的根本目的。

★ 对于同样的问题，化工系统工程解决问题的角度与传统化工类学科尤其是发现型的学科不尽相同。

★ 作为化工系统工程的工程师，在解决实际工程问题时，应当立足于现有科技水平与成果，从宏观全局考虑，而不应效法相关的"发现型"学科的研究手段，过度地探索局部的、微观的规律。

★ 由于实际问题的复杂性，故在实践上往往需要灵活运用化工系统工程的原理而不能照搬其具体算法。

★ 实际复杂问题的最佳答案绝非孤立的算法的数字解，而是综合运用化工系统工程原理而形成的综合解决方案。

思 考 题 1

1. 化工系统工程学的主要任务与技术手段有哪些？
2. 化工原理、反应工程、热力学、传递过程等学科与本学科的关系是什么？
3. 作为化学工程师是否有必要掌握化工系统工程的基本理论与技术？
4. 作为化工企业的管理者、决策者应着重了解化工系统工程的哪些内容？

本章参考文献

[1] 彭秉璞. 化工系统分析与模拟. 北京：化学工业出版社，1990.
[2] 王健红等. 化工装置动态模拟与优化工艺软件平台. 化工进展，1997，(4)：49-51.
[3] 王健红等. 自由基聚合反应过程的超实时动态模拟. 化工进展，1997，(6)：36-38.
[4] Wang J H, Yao F, Yang Z. Generalized rigorous real-time simulation for dynamic distillation process. //沈曾民. 94 Materials & Technology, BUCT-CNU. Beijing：Chemical Industry Press，1994，114-117.
[5] Wang J D, Wang J H, Yao F, et al. Real-Time Dynamic Simulation of Free-Radical Polymerization. CIESC AIChE 97. Beijing：1997：1205-1208.
[6] 成思危. 综合集成整体优化——论我国过程系统工程的发展方向. 现代化工，1999 年增刊：99 过程系统工程年会论文集，1999.
[7] 杨少华，周章玉，华贲等. 过程系统技术与管理的综合集成. 现代化工，1999 年增刊：99 过程系统工程年会论文集，1999.
[8] 周章玉，杨少华，成思危等. 发展过程工业 CIPS 的策略探讨. 现代化工，1999 年增刊：99 过程系统工程年会论文集，1999.
[9] [日] 高松武郎等著. 化工过程系统工程. 张能力，沈静珠译. 北京：化学工业出版社，1981.
[10] 张瑞生，王弘轼，宋宏宇. 过程系统工程概论. 北京：科学出版社，2001.
[11] 王弘轼. 化工过程系统工程. 北京：清华大学出版社，2006.
[12] 朱开宏. 化工过程流程模拟. 北京：中国石化出版社，1993.
[13] 杨友麒. 实用化工系统工程. 北京：化学工业出版社，1989.
[14] 郑春瑞. 系统工程学概述. 北京：科学技术出版社，1984.
[15] 杨冀宏，麻德贤. 过程系统工程导论. 北京：烃加工出版社，1989.

第**2**章 数学模型

数学模拟是化工系统工程的重要内容，无论是系统综合还是系统优化等典型化工系统工程的工作任务，其技术关键都在于高质、高速的数学模拟，其主要工作量也是消耗在数学模拟计算中。而严谨、巧妙、有效、简洁的建模思路，就是完成模拟任务的保证。本章即讨论与系统建模有关的重要概念与方法。

2.1 概念、定义与分类

2.1.1 模型

模型是指可描述、表现原型某种特性的替代物。

由于研究目的不同，表达的特性不同，对同一事物、同一原型可用不同的模型加以描述。另外，也有可能使用同一模型描述不同的原型。关于模型的种类大致有如下说法：物理模型、实物模型、几何模型、概念模型、数学模型等。其中化工系统工程最关心的是数学模型。在其他专业领域，一般来说也是数学模型的用途最为广泛。或者说，数学模型是建模的最高境界，是对原型认识深刻、研究透彻的体现。只有建立了可用的数学模型，才有可能运用过程系统工程的经典方法解决实际的工程问题。通常将建立数学模型的过程称作"建模"。

2.1.2 数学模型及分类

数学模型是一套数学关系式或数学符号，这些关系式或符号描述了系统的各种因素、特征、变量之间的数量关系或逻辑关系，是原型特性的数学描述。比如状态方程就是流体 PVT 关系的数学模型。在实际工作中，有时表面上要研究的不是描述原型体系诸变量间的数量关系，比如可能是各个子系统之间的相对空间位置、联结方式的关系，是定性的关系，拓扑关系。那么同样可以运用近代数学的成果用定量的方式表达这些系统的特性。这样的数学模型表达方式在涉及流程结构方面的工程计算时是经常遇到的，化工系统工程对这一类建模问题也有较为经典的解决办法。

数学模型大致可分为如下几类。

① 从流程模拟系统设计角度看可分为物性模型、过程单元模型和系统结构模型等。

② 从建模的方式和信息依据方面可分为机理模型和经验模型。

③ 从对象的概率特性看可分为确定模型、随机模型。

④ 从对象的时变特性看可分为定态（稳态）模型与动态模型。

⑤ 从对象的空间特性看可分为集中参数模型与分布参数模型。

⑥ 从实际使用目的可分为操作型模型与设计型模型。

数学模型的分类概念实质上与建模工作中如何选择适当的模型有重要关系。而数学模型分类的根本依据实质上在于原型体系的分类。只有深刻认识研究对象的物理化学规律、深入地了解系统本身，对系统有适当的归纳和分类，才能指导人们合理地选择对应的模型类型。

在建立实际系统即原型的数学模型时，选择数学模型类型的方法多为考虑系统的实际特征，建立对应的数学模型。这是最通常的思路。但在某些情况下，出于解决问题的需要，并且能够透过现象看清问题本质的时候，也可能所选数学模型的类型却不一定与公认的、流行的原型特征相对应。比如对一般认为是分布参数的体系也可以建立集中参数模型，对确定型的问题也可以使用随机模型进行描述，用图形的方法解决非图形的问题，用对策的模型解决非对策的问题等。往往这种表面上违反常识的建模思路恰恰抓住了系统的本质规律和实际需要的结合点，能够化繁为简解决实际问题。这些解决实际建模问题的技巧，表面上源于灵感，实际上是以对建模理论的全面深刻认识和实践的深厚积累为基础的。

一般来说，建立研究对象的数学模型是最有利的。但对原型尚缺乏深刻、全面的认识时，较难建立其数学模型，尤其是建立机理数学模型就更难。只有充分地了解研究对象，才能运用数学工具进行概括、抽象，表达为数学模型。在化工系统工程领域，可以说数学模型是各类模型中最重要的形式。当然，在有些情况下，为了适应各类实际需要，也不排除使用其他类型的模型作为数学模型的补充或延伸。比如为了研究工作的方便和直观，或者为了培训操作实际装置的技能，需要建立化工装置的仿真机，那么，仅仅有数学模型就不够了，必须将几种类型的模型集成，才能形成化工装置仿真机产品。

2.1.3 运用模型方法的实例

运用模型方法解决问题的事例很多。如以下运用蒙特卡罗法求圆周率的例子就对建模问题颇有启发。

例2-1 如图2-1，在边长为2的正方形中内接一个圆。在正方形面积内随机地打上N个点，其中有n个点落在内接圆中。如N足够大，可认为n与N之比近似等于圆形与正方形面积之比。即

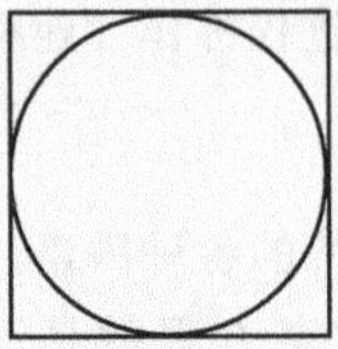

$$\frac{n}{N} \approx \frac{\pi \times 1^2}{2^2} = \frac{\pi}{4}$$

故当N足够大时，有

图2-1 蒙特卡罗
法计算圆周率

$$\pi \approx \frac{4n}{N}$$

至于π的近似值的有效位数与N的对应关系，可由概率论的中心极限定理决定。可见，与概率现象无关的问题也可以用概率的方法来解决。这个例子表明，灵活的建模路线可使计算工作得到简化。当然，实际使用此法时，决不是真的闭眼用枪去打靶。而是利用解析几何和随机分布的原理设计计算机程序计算解决。蒙特卡罗法（Monte Carlo Method）在化工的诸多研究课题上也都有实际应用。

在对聚合反应过程进行实时动态数学模拟时，往往难于处理涉及聚合物的组分问题。按一般的严格模型，即使在一系列的简化假设下，仍需计算无穷项加和或无限多方程并运用复杂数学工具，无法满足计算速度和数值精度的要求。有关文献[1～3]提出了一种"链节分

析法"的建模技术，按此方法可以使用简单的数学手段实时动态模拟聚合反应过程，效果良好，在聚合过程模拟中得到了普遍应用。

2.1.4 流程模拟系统中的模型

化学加工是最为复杂和庞大工业过程。所以化工领域的建模问题也最复杂，涉及的模型种类也最多。但对用于过程设计或过程优化的流程模拟任务来说，在通用流程模拟系统中主要涉及物性模型、单元模型、结构模型和经济模型等几大类，有时还涉及控制模型和管理模型等。

物性模型是流程模拟中的最基本的模型。其作用主要是解决被加工物料的状态计算问题。通常包括焓、逸度、密度、压力、温度、相态、组成等计算。涉及的主要方法或理论来源主要为化工热力学方法。单元模型是为了解决基本单元过程与设备的计算问题，有关的技术方法或理论来源大致有化工原理、反应工程、分离工程、传递原理等。结构模型是描述整套装置中各个单元过程之间联系方式的模型，它表达了工艺流程的拓扑结构特征，在全流程模拟计算时可用于解决各物流和各单元设备的计算顺序及赋值关系直至自由分析的问题。结构模型是化工系统工程理论的经典研究成果。经济模型用于对系统的性能进行经济上定量的评价，以便作出优化的决策。控制模型通常在系统动态模拟时用来描述控制系统的行为。而管理模型多用于涉及管理的决策问题。

2.1.5 评价模型的标准

评价模型的标准往往直接决定了如何选择模型的实际问题，因此是非常重要的实际问题。作者的大量科研实践证明，对模型评价的正确认识，往往决定了科研工作的好坏甚或成败。在正确理念的指导下，建模和求解工作往往在质量、速度上有着数量级的优势。然而，在此问题上，却比较容易陷入理论和实践的误区，从而影响工作效率、工作质量，甚至得出不适当的结果而不自知，客观上形成"学术造假"。因此，本书的一个重要目的就是要推广、强调相关的重要理念。读者需要在以后的章节中逐步体会。

总的说来，适用、简单、预测性好是评价模型的根本标准。模型的好坏与是否使用了复杂的方法、是否使用了前沿的成果、是否使用了时髦的理论完全无关。

2.2 过程系统模型及其自由度

2.2.1 数学模型的自由度及物理意义

(1) 自由度的基本概念

首先，对任何一个实际系统或实际过程，由于事物本身的客观物理规律所决定，都存在着影响该系统状态的独立影响因素。当这些独立影响因素被确定后，系统的状态即被确定，无法改变，由此产生了自由度（Degree of Freedom）的基本概念。比如，含有 c 个组分的处于热力学平衡状态的汽液两相封闭体系，如果有 c 个独立的强度变量确定，系统的（强度）状态就被确定而无法改变了。这 c 个变量可以是压力加上 $c-1$ 个汽相或液相摩尔组成或温度加上 $c-1$ 个相摩尔组成等。但如果仅选定了 c 个摩尔组成则体系状态仍无法确定。因 c 个摩尔组成中有一个并非独立的，可由加和为 1 的关系导出。事实上，物理化学中的相律就指出了封闭平衡体系的独立强度因素（变量）数，即

$$自由度\ f=组分数\ c-相数\ p+2$$

上述结论对于化工计算中封闭设备的状态计算有着指导的意义，如果不考虑过程动态变化等实际因素许多类型的设备中物料的状态是趋于热力学平衡的，则相律基本上是不能违背的原则。这个原则是物流状态和设备状态计算的重要前提。

在实际的化工流程计算中，尤其是在计算物流状态时，没有热力学平衡的约束，并且需要考虑流量等广度量，此时对于均相体系，决定物流状态（包括强度量和广度量）的独立影响因素数或自由度为

$$物流的自由度\ f = 组分数\ c + 2$$

(2) 稳态流程模拟中的自由度问题

一般来说，在进行流程模拟计算时，与此自由度对应的合理的物流独立变量选取为：流量，压力（压强），温度，$c-1$ 个组分摩尔分数。或者等价的选取为：压力（压强），温度，所有 c 个组分的分摩尔流率。通常，当这些独立变量确定后，其他诸如汽相分率、密度、摩尔焓、传递性质等就被物理规律所限定而不可改变，在数学上就反映为由独立变量作为自变量利用数学模型计算得出的函数变量，或说是可由独立变量计算得出的状态变量。

对于设备状态的计算问题，与流量的作用对应的独立变量往往是持料量或液位等变量，其他与物流的计算是相同的。

如果在计算物流或设备状态时多引用了独立变量作为自变量，则在计算状态变量时就会产生矛盾，在数学上就表现为模型中有矛盾的关系式，模型无解。反之，如果少引用了独立变量，则数学模型的解不定。非常需要强调的是，如果是可以手工计算的简单小问题，当进行系统分析和建模求解时如果真的发生了自由度分析方面的错误，比较容易意识到多使用了矛盾的方程（重复赋值计算）或缺少某些方程而无法定解（缺失赋值）。但是，实际上所有有意义的化工计算都是针对复杂大系统的计算，都只能借助计算机程序完成。而对于许多方程、许多变量的复杂大系统，由于人的智力或直觉最不擅长处理组合爆炸问题，因此在程序设计时极易出现自由度分析的错误，而错误的程序计算通常不能识别出重复赋值和缺失赋值的错误。因此对于复杂大系统的正确自由度分析，亦即解决应由哪些变量求算哪些变量的问题，往往是很困难的。

在自由度分析方面，还有一个非常实际和普遍的问题常被忽略。为从理论和实践两方面全面深刻地讨论自由度分析问题，必须单独讨论（此部分内容请参看 3.7.3）。这就是最常见的"平衡闪蒸"问题：给定物流的温度、压力（压强）和总摩尔组成的 c 个分量 z_i 是否一定能够计算出物流的全部状态的问题。根据前面的论述，似乎是没有问题的，并且实际上多数情况下也确实没有问题，独立变量选取是正确的并能够唯一地解出其他所有状态变量。然而，对于"恒沸体系"，常见的给定物流的温度、压力和总摩尔组成的 c 个分量 z_i 就无法确定系统的全部状态变量。具体地说，此种情形下的平衡闪蒸问题，系统的汽相分率是多解的，无法确定的。因此，系统的总摩尔焓也无法确定。这是物理化学规律决定的客观事实，而非数学建模和求解方面发生了问题。因此最大的危害是一般教科书上提供的数学模型及其求解算法此时能够解出似乎符合物理意义的解但是却无法判断发生了这种错误，那么后续的计算必然将错就错，对工程设计计算有较大不利影响。在实际流程模拟计算时，不仅经常有多元恒沸体系，而且实际上纯组分也是恒沸体系的特例（汽液两相的摩尔分率相等 $x_i = y_i = z_i$）。况且，因为字长（有效数字）的关系，当体系状态接近恒沸点时，沿用非恒沸体系的平衡闪蒸数学模型计算就会开始出现

"数值不稳定"现象，也很容易对全流程模拟产生不利影响。这种问题产生的原因是复杂的，既有数学模型的适定性，又有数值求解的数值稳定性等多方面原因。

如果以上所论的平衡闪蒸问题不是给定温度、压力和组成，而是给定总摩尔焓、压力和组成 z_i，那么就不会发生汽相分率多解的问题。这也可以认为摩尔焓的信息量比温度的信息量大。所以对于恒沸体系，如果仅仅给定温度、压力和组成 z_i 而不附加其他条件，是无法得到所有状态变量的唯一解的。

有时，某些流程模拟软件在复杂体系的计算时可能给出一些不可思议的结果，或者不易收敛，那么上面提到的基本平衡闪蒸计算不准确也有可能是原因之一。这个事实也从一个侧面说明化工流程模拟是非常复杂的工程计算问题。而其中涉及的自由度分析问题也是需要从理论上重视并在实践中妥善解决的。

对于非恒沸体系，物流的独立变量为 c 个组分的质量流率（或摩尔流率）和两个强度变量。两个强度变量一般取物流的压力和温度。当然也可以用总摩尔流率 F 及 $c-1$ 个组分的摩尔分数 z_i 代替各组分的摩尔流率。在上述独立变量的值确定之后，物流中的其他变量，例如汽相分率、焓、熵、逸度、活度、相平衡常数、密度、比热容及传递性质等也就被确定了，它们是非独立的状态变量，是独立变量的函数，并且通常的工程计算也不将其选取为独立变量。从数学角度看，一个容易解释的原因是，某些参数通常不被选取为独立变量是由于其他变量很难表达为这些参数的显函数。如果将这样的参数作为独立变量用于计算其他变量，则易增加迭代计算，增加计算的难度。如果从物理化学规律看，这些变量似乎也不是影响体系状态的内在因素。而更加给人们启发的是，在实际的化学加工过程中，那些计算时不被选取为独立变量的参数，恰好多是难于检测、也难于直接控制的变量。

当然，对于恒沸体系，物流的状态计算就会略为复杂。

在解决了流程模拟中物流或流股的自由度问题后，还需要进一步讨论单元过程或单元设备的模拟计算自由度问题。单元过程或单元设备的模拟计算是化工全流程计算的基础。这一概念也是后续章节将介绍的全流程求解经典策略"序贯模块法"的核心概念。以下本节关于单元设备自由度的讨论和结论，实际上都隐含地利用了以"序贯模块法"求解全流程的前提。

只要不是进行特定设备内部结构的设计计算，则不论对于实际生产还是流程级的模拟，实际上并不关注设备内部各变量的分布情况，而只关注设备的出口物流的状态。在此前提下，对于多数比较简单的单元设备或过程，决定设备状态（此处特指设备出口物流状态）的独立影响因素是且仅仅是所有入口物流的状态以及设备本身。可以说，单元设备模拟的自由度就是该设备所有入口物流或上游物流的自由度的简单叠加或集合，然后再加上设备本身的设备参数。对于比较复杂的单元过程，比如精馏过程，不能简单地直接套用这个结论。但若仔细分析下去，将复杂单元过程分解为更基本的单元过程的集成，则以上结论仍然适用。这个结论很容易从化学加工的实践来解释说明。事实上，在实际流程运行时，无论需要控制哪个参数，在操作上都是通过对某些物流的状态控制来直接或间接实现的。例如，需要控制过程的温度时，往往是通过调节冷却水或加热蒸汽来实现的。或者可以说，在实际化工过程中，只有物流尤其是流量才是真正可以直接进行调整和控制的。这也是流程模拟计算时物流状态往往成为设计变量的重要原因之一。当然，在优化计算中，那些独立的、可决定系统状态的物流参数就顺理成章地成为优化计算的"决策变量"。

在进行化工流程模拟的过程中，除了温度、压力、组成等通常在实际过程中可以直接控制的操作因素或操作参数之外，设备特性或设备参数通常也是决定系统状态的独立影响因素。此类影响因素通常为换热面积、分离级数、进出料位置、容积、催化剂性能等。独立操作参数和独立设备参数的全体就构成了整个流程模拟计算的全部独立变量，对应着整个系统的自由度。而其余的非独立变量均作为状态变量可由独立变量计算得出。习惯上，也称所有的独立变量为设计变量。

但是，整个系统的设计变量（独立变量）亦即全流程模拟的自由度不一定是各个单元过程的设计变量（独立变量）的简单集合叠加。当许多单元设备联结形成流程时，上游设备的输出物流影响着下游设备的状态，尤其是复杂流程中形成反馈物流时，各设备之间的交互影响更为复杂。对于简单的单元过程，比较容易按照经验观察出系统自由度，选取适当的设计变量。而对于复杂的单元过程或整个复杂流程，正确决定设计变量可能是较有难度的工作，需要有一定的方法。当然，理论上可以罗列出全部用于流程计算的关系式或方程，然后再用某些数学方法确定整个流程的设计变量（这种思路也曾经流行一时，并由此产生了全流程计算策略的"联立方程法"）。但这不是最好的解决方案。实际上本书的第三、第四章的若干内容即是讨论与此有关的内容。尤其在第四章中重点介绍的"序贯模块法"，就是巧妙利用了实际的物理化学规律和生产规律、用物理的方法解决了数学的问题，避免了繁冗的纯数学计算，简洁地解决了复杂流程的设计变量问题。这个问题的完整答案与详细讨论，需要在以后的章节中给出。

(3) 数学模型的自由度

实际系统客观上存在着独立影响因素，那么对应的表达原型特征的数学模型同样也存在独立变量，也是自由度问题。可以说，模型的自由度即模型中的独立变量数。在求解模型之前，通过自由度分析正确地确定独立变量数，可以避免由设定不足或设定过度而引起的模型多解或无解。建立具有唯一解的数学模型是实际模拟工作的需要。

在建立了实际过程的数学模型之后，为了对模型（通常为方程组）进行求解、必须事先指定一些变量的数值。根据数学原理可知，n 个不矛盾的独立方程组成的方程组，可以而且只能求解 n 个未知数。当独立方程数大于未知变量数时，方程组会导致矛盾而无解；当独立方程数小于未知变量数时，方程组可有多解。因此变量数与独立方程数的差值即为模型的自由度。若变量总数为 m，独立方程数为 n，自由度为 f，则

$$f = m - n$$

这 f 个需要预先规定的变量称为独立变量或设计变量，而其余 $n = m - f$ 个变量是不独立的，正是需要通过数学模型求解的未知数。如果模型的自由度数目小于零，则说明建模时少考虑了必要的变量或引用了无关的矛盾条件，模型可能无解。由于模型方程的约束，当独立变量的数值确定之后，这 n 个变量的数值也就由模型确定了。这 n 个不独立的变量也称为状态变量。因此，在与过程有关的全部 m 个变量中，f 个是独立变量，它们的值在求解模型方程时必须预先规定；其余 n 个为状态变量，它们的值由模型方程规定。

总的来说，当提到"自由度"时，其实隐含了实际系统自由度和模型自由度两个概念。在系统分析和建模求解时应当正确地运用而不应混淆这两个概念。实际系统的自由度就是客观上存在的影响系统状态的实际独立影响因素数目。不论对系统的认识程度如何以及是否可正确写出系统模型的数学关系式，实际系统的自由度总是客观存在的、不变的，是物理化学

的内在规律决定的，不因建模者的意志而改变。而数学模型的自由度虽然由实际系统自由度决定，但也与实际建模时模型本身是否合理以及建模假设、建模思路有关。

化工装置是由物流和设备组成的集合体，整套装置的自由度（即独立影响因素）与其物流和设备的自由度是密切相关的，但并非是各个物流和设备的自由度的简单叠加集合。

对于同一实际系统，可以建立不同的数学模型。数学模型自由度未必与实际自由度完全对应或相同，不同的模型其自由度也未必相同。一般来说，考虑的实际因素较多、简化假设较少时，数学模型的自由度就较为接近实际自由度。但无论如何，数学模型的自由度数目绝不会超过实际系统自由度，而只能少或等于实际自由度。这也可作为一条原则，用于判断建模时是否存在重大失误。比如，装置中的循环冷却水并非真正的纯组分水，因此绝对严格地描述其组成（物流状态）用一个变量是远远不够的。但对于流程模拟任务来说，实际上仅需要基本算准冷却水的比热容等物性，最终计算出换热量或流量等宏观量即可，没有必要或根本不应当将冷却水物流考虑为复杂的混合物，作为纯水处理是非常适当的。此时模型的自由度就会明显少于实际自由度。在很多种情况下，如不能仔细地分析实际系统，透过现象看本质，瞄准最终的需求，作出合理的简化假设，而硬要将所有实际存在的影响因素都考虑作为模型变量，则不仅仅会导致工作效率低下，往往还会造成更为严重的计算失误。可以说，对于任何类型的数学模型，独立影响因素或自由度分析的法则都是适用的。

（4）实际自由度与模型自由度的关系

通常，在建立模型时，总是变量数大于等于独立方程数，即 $m \geqslant n$。自由度 f 也总是大于等于零。如自由度小于零则违背了物理意义。从数学角度讲，对自由度的讨论实际上决定着数学模型的解的存在性与唯一性问题，或者说适定性问题（Well-Posedness）。表面上看，关于自由度的讨论是个数学问题。因为 n 个独立方程仅能解出 n 个未知变量，其余变量只能自由取值，称为设计变量，而由模型计算出的变量称为状态变量。但实质上自由度的概念及其应用有着非常深刻的物理意义，并非简单的变量数与方程数之差的纯数学问题。实际系统物理上的自由度与其数学模型的自由度是既有区别又有联系的。由于建立模型时一般需要一些简化和假设，某些影响因素忽略不计，故数学模型的自由度通常小于或等于实际自由度。对于复杂系统，尤其是对其规律认识不清时，正确地指出其自由度实际是个非常复杂的问题。必须有丰富的专业知识、对过程物理意义有透彻了解、认清实际系统独立影响因素，才可能在适当的简化假设前提下，建立足够的、正确的数学模型，同时计算出系统自由度，最终由模型计算出所有状态变量亦即未知数。如果想当然地建立了不适当的数学模型，简单套用公式计算自由度，往往导致错误，最终影响数学模拟的结果。应当强调，无论是建立机理模型还是建立经验模型，都必须进行仔细的自由度分析。

（5）自由度分析的内容与重要性

自由度分析是建模和模拟工作的重要内容之一，其重要目的是要解决究竟由哪些变量去求解哪些变量的问题。它的主要内容包括以下方面。

① 寻找描述实际系统状态的各个变量，分析研究诸变量之间的联系。

② 从整体上对各变量之间相互影响的物理规律进行研究，从诸变量中发现及区分独立影响因素、可人为控制因素和不可人为控制因素，即研究系统的实际自由度。

③ 根据实际需要，进行适当简化假设，忽略次要因素，选择主要因素作为模型变量或模型参数。

④ 用数学语言描述系统的物理规律，确定模型自由度，根据问题的实际需要，区分模

型变量中的输入变量或设计变量、输出变量或状态变量等不同类型的变量，并与实际相比较，以发现建模过程存在的问题。

对于流程模拟问题，通常考虑为独立影响因素的独立变量大多是可以测量、可以控制的宏观物理量，比如流量、压力、温度、组成等。假如将模型中的难于观测和控制的变量（比如活度系数、熵、传递系数等）作为独立的设计变量，则不仅违背了生产过程的因果逻辑、违背了过程的物理意义，而且在计算过程中也无法实施和操作。

必需指出，对于复杂系统的模拟问题，是否进行深入的自由度分析工作往往影响着建模和模型求解计算的方向与策略。假如忽视了自由度分析工作，则在建模过程中极易导致思路混乱、头绪不清，在求解计算、程序设计过程中极易混淆设计变量（独立变量）与状态变量，出现重复赋值、意外赋值、矛盾赋值及漏失赋值等程序设计错误。由于物理概念模糊而在程序设计阶段发生的错误是非常难于从数学和软件的角度发现的。

编者曾有过这样亲身经历的例子。某项反应器优化的科研课题需要建立描述反应器选择性的数学模型。在使用经验模型建模方法的过程中，有的研究生就忽略了系统实际的物理自由度分析，将反应器的总转化率数据也作为变量关联进了数学模型。而实际上总转化率和选择性一样都是独立影响因素的函数，这种"用结果预测结果"的方法当然更容易拟合既有实际数据，但实际上犯了逻辑上的错误并影响了模型的预测性，在优化计算上也没有可操作性。

例 2-2 管壳式换热器稳态建模与自由度分析问题（如图 2-2 所示）。

图 2-2 换热器示意图

模型假设：假定换热器没有散热损失和流体压力降，物性不随温度压力变化，稳态。实际自由度分析：两个输入物流状态和两个换热器设备参数决定了换热器出口物流状态，故单元过程的独立变量共有 8 个。

流股变量数：$3 \times 4 = 12$，（每个流股都有流量、压力、温度三个独立变量）

设备特性参数：2（换热系数 K 和换热面积 A）

总变量数：14

压力平衡方程：$P_1 = P_2$ 　　　 $p_1 = p_2$ 　　　　　　　　 2个

物料平衡方程：$W_1 = W_2$ 　　　 $w_1 = w_2$ 　　　　　　　 2个

热量衡算方程：$W_1 C_p (T_2 - T_1) = w_1 C_p (t_2 - t_1)$ 　　　　 1个

传热方程：$W_1 C_p (T_2 - T_1) = K A \Delta t_{\mathrm{m}}$ 　　　　　　　　 1个

独立方程数：6

则以上诸方程构成的换热器模型的模型自由度为

$$f = m - n = 14 - 6 = 8$$

应注意到对数平均温差 $\Delta t_{\mathrm{m}} = \dfrac{(T_2 - t_2) - (T_1 - t_1)}{\ln\left(\dfrac{T_2 - t_2}{T_1 - t_1}\right)}$，如果将 Δt_{m} 也视作一个变量，

则此表达式也视作一个方程。那么，同样有

$$f = m - n = 15 - 7 = 8$$

可见，在例 2-2 的简化假设下，模型自由度与实际自由度是一致的。这也从一个侧面说明此模型的机理性是比较强的。按照此模型，刚好可以由两个进料状态和 KA 值计算得到出口物流的状态（共 6 个未知数），这就是解决了所谓的"操作型模拟"的计算任务。

如果同时考虑管路压降，则两个压力平衡方程由流体流动的伯努利方程替换，模型自由度分析结果仍不变。实际上也不可能变化，因为实际的物理自由度是不变的。

同样对于以上诸方程构成的数学模型，假如计算任务变成"设计型"的，即需要由第一物流的指定进出口状态、既定的 K 值和第二物流的入口温度（共 8 个量），寻求适合的 A 值以及第二物流的其他参数（共 6 个），那么原则上也完全可以解出，因为正好符合确定 8 个参数后由 6 个方程解出 6 个未知数的规律。但是实际上假如第二物流的进口温度给定得不合理，也完全可能方程组无解。还有其他更为复杂的"设计型"计算问题，表面上恰好方程数足够，但实际上可能无解、多解，也可能解出不符合工程实际的数值。从这一点也可看出，自由度分析并非简单的数学问题，即使正确地掌握了自由度的数值，仍然面临着应该怎样选定设计变量并给予合理赋值以满足工程需要的问题。或者说，由哪些变量去计算哪些变量的问题在实际中往往不是简单的事情。

2.2.2 独立化学反应数问题

在实际的化工生产中，常常有许多个反应同时存在。或说可对同一反应体系可写出很多（有时是成千上万个）个化学反应方程式。进行化学反应过程数学模拟时，需要按照化学反应方程式计算收率、转化率、平衡组成、反应热等数据。要解决这个问题，知道体系内到底有些什么反应是十分重要的一步。因此，对化学体系中的独立反应与独立反应数问题进行研究。实际上，独立反应数分析也是系统自由度分析工作的一个具体内容，其目的是要指出与化学反应有关的质量衡算问题的独立影响因素[4~6]。

(1) 独立反应数

所谓独立反应，就是指不能以线性组合自其他反应导出来的反应。

例 2-3 如在

$$(a) \quad CO + \frac{1}{2}O_2 = CO_2$$

$$(b) \quad H_2 + \frac{1}{2}O_2 = H_2O$$

$$(c) \quad CO + H_2O = CO_2 + H_2$$

三个反应中，选择任何两个，即可利用线性关系导出第三个反应，如

$$(a) - (b) = (c)$$

故只有两个是独立的。这个例子仅涉及三种原子、五种物质，体系较简单，容易直接观察出独立反应。但是，遇到复杂体系就不会如此轻而易举。故需要有一个系统的、严谨的方法求出独立反应数并按工程需要写出对应的具体反应方程式。

(2) 原子守恒方程与原子系数矩阵

确定独立反应数可利用原子守恒方程。第一步先确定体系中涉及的组分或物质，比如有 m 种物质；第二步确定所有组分所涉及的元素或原子，比如有 n 种元素；第三步根据各组分的分子式分别写出各元素的原子守恒方程。如对上述例 2-3，有 $m = 5$，$n = 3$。守恒方程为

对 C 原子有：$\Delta CO + \Delta CO_2$ $= 0$

对 H 原子有： $2\Delta H_2O + 2\Delta H_2$ $= 0$

对 O 原子有：$\Delta CO + 2\Delta CO_2 + \Delta H_2O$ $+ 2\Delta O_2 = 0$

守恒方程的第 i 行代表第 i 种元素，第 j 列代表第 j 种物质。Δ 代表组分物质的量的改变量，Δ 前的系数 a_{ij} 为原子系数，表示第 i 种元素在第 j 种物质中的原子个数，即第 j 种物质的分子式中第 i 种元素的系数，显然 $a_{ij} \geq 0$。所有原子守恒方程构成了原子守恒方程组，其物理意义为化学反应体系中原子守恒的规律，除非发生核反应，不论各组分如何反应，其物质的量的改变量都一定服从原子守恒方程组的约束。原子守恒方程组左端系数矩阵即构成了原子系数矩阵。方程组中方程的个数即为元素数 n。如上例，原子系数矩阵为

$$\begin{pmatrix} 1 & 1 & 0 & 0 & 0 \\ 0 & 0 & 2 & 2 & 0 \\ 1 & 2 & 1 & 0 & 2 \end{pmatrix}$$

(3) 独立反应数计算

当诸原子守恒方程线性独立时，原子系数矩阵的秩 r 等于矩阵的行数 n，此时

$$\text{独立反应数 } f = m - n$$

即独立反应数等于物质数减去元素数。

如诸原子守恒方程不是线性独立的，则原子系数矩阵的秩 r 小于方程数 n，此时

$$\text{独立反应数 } f = m - r$$

例 2-4 体系由 NH_3，HCl，NH_4Cl 组成。含 3 种组分，3 种元素。原子守恒方程组为

对 N 原子：$\Delta NH_3 + \Delta NH_4Cl$ $= 0$

对 H 原子：$3\Delta NH_3 + 4\Delta NH_4Cl + \Delta HCl = 0$

对 Cl 原子： $\Delta NH_4Cl + \Delta HCl = 0$

原子系数矩阵 $\begin{pmatrix} 1 & 1 & 0 \\ 3 & 4 & 1 \\ 0 & 1 & 1 \end{pmatrix}$ 的秩为 2，故独立反应数为 $3 - 2 = 1$。倘若用组分数 3 减去元素数 3，则得出零，与实际独立反应数不符。

例 2-5 工业上合成醋酸的反应中，体系由 CO，CH_3OH，CH_3COOH，CH_3COOCH_3，CH_3I，HI 组成，含 6 种组分，4 种元素。对应的原子守恒方程为

对 C 原子有：$\Delta CO + \Delta CH_3OH + 2\Delta CH_3COOH + 3\Delta CH_3COOCH_3 + \Delta CH_3I$ $= 0$

对 H 原子有： $4\Delta CH_3OH + 4\Delta CH_3COOH + 6\Delta CH_3COOCH_3 + 3\Delta CH_3I + \Delta HI = 0$

对 O 原子有：$\Delta CO + \Delta CH_3OH + 2\Delta CH_3COOH + 2\Delta CH_3COOCH_3$ $= 0$

对 I 原子有 $\Delta CH_3I + \Delta HI = 0$

原子系数矩阵 $\begin{pmatrix} 1 & 1 & 2 & 3 & 1 & 0 \\ 0 & 4 & 4 & 6 & 3 & 1 \\ 1 & 1 & 2 & 2 & 0 & 0 \\ 0 & 0 & 0 & 0 & 1 & 1 \end{pmatrix}$ 的秩为 4，故独立反应数为 $6 - 4 = 2$。

故流程模拟计算相应的反应器时应该并且只能使用 2 个独立反应式。

（4）确定具体反应方程式

对于复杂体系，即使正确地求出了独立反应数 f，也难于写出一套便于实际应用的 f 个各自独立的化学反应式。目前，正确写出独立化学反应式在很大程度上要依赖化学方面专业知识和经验，文献[6] 探讨了计算机自动输出独立化学反应方程式的算法，取得正确的初步结果，并在若干实际科研项目中运用。

在进行涉及化学反应的流程模拟时，应首先进行独立反应数分析。如少利用了化学反应式，则某些组分的质量衡算将失去依据；多利用了化学反应式，则往往按速率方程或指定转化率计算消耗量或生成量时将产生矛盾错误。总之，只有正确地写出独立反应式，才可能进行与反应有关的质量衡算。

非常值得重视的一个事实是，在很多公开出版的教材中，关于独立化学反应数问题都没有给予重视并进行全面和严谨的讨论。工程技术人员在涉及化学反应计算时，经常会发生因未事先核定独立反应数而多使用了不独立的化学反应来计算转化率。而这种错误在手算简单例题时容易发现，但编程计算较复杂案例时则很难意识到错误的发生。产生此类错误的根本原因首先在于对独立反应数的概念认识模糊，其次是因为生产实践过程中提供的关于化学反应的资料通常为了阐述清楚反应机理和反应历程，总是从化学的角度多叙述一些实际存在的化学反应，故极易不加思考地被全部照搬用以计算。这从化学的角度看虽是正确的，并且是有利于认识反应过程实质的，对反应体系的建模也有裨益。但对于数学模拟来讲，必须也只能使用独立的化学反应进行计算，否则一定会发生错误，且这种错误是违背质量守恒的错误并且难于在编程计算时被发现。在编者经历过的诸多科研项目中，实际观察到上述错误的发生绝非偶然，是经常发生的大概率事件。

2.3 机理模型

2.3.1 机理模型的特征

机理模型是相对于经验模型而言的。所谓机理模型，狭义地说，是指在建立模型时，需要对系统的各个组成部分及其相互联系方式进行研究，了解其各部分运行的物理规律，然后利用已知的、经过长期实践检验的公理，如质量守恒、能量守恒、万有引力定律等建立系统的数学模型。实质上就是将系统分解至已知公理可以解释的程度再进行相应的数学描述。事实上这是很难做到的。其一，目前人类现有科学技术对世界的认知是有限的，并非所有自然现象都能穷尽其奥秘；其二，现代科学对自然规律尤其是微观规律的数学描述往往过于复杂，远离工程实用。尤其是当某一层面的机理掌握并不深刻时，如果继续在更加微观的层面上深究其更加深刻的机理，则无法定量掌握的、更加难于确定的因素就会越来越多。因此，不宜片面地、教条地理解或运用机理的概念。在机理模型的建模实践中，完全可以在一定的公理指导下，对系统的部分未知物理规律进行某种有意义、并有可能成立的猜测，完全可以利用某种虽未成为公理（即定律）、但有相当依据的学说或假说（也经常称之为"理论"），建立适当的简化和假设，忽略影响系统功能、状态的次要因素，最终建立整个系统的数学模型。对于机理中涉及的那些略为模糊的因素，用尽量少的待定系数即模型参数给以解决。这种机理模型的建模原则，较为实事求是，严谨而实用。目前绝大多数化工过程机理模型都是遵循这样的建模思路。表面上看这种建模思路忽略了某些机理，引入了某些待定的模型参数，没有追溯至机理的微观源头，但恰恰是这种方法避免了更多不确定的因素影响，更能抓住问题的本质，反而能够建立具有较好预测性的模型。倘若片面地追求模型的机理性，无止境地向微观层面探索"机理"，不仅会导致工作效率低下，而且必将面临缺乏实践考验的、研究不成熟的理论问题，造成牵一发而动全身的局面，引入更多的不确定因素和难于估计的计算误差，最终必严重影响模型的预测性。总之，不应机械地、教条地理解机理模型，不应将机理模型与经验模型看作对立面，不能脱离实际背景和建模目的评价哪种模型水平高、效果好，也绝不应认为机理模型的建模不需要直接观测经验的信息。实际上，机理模型与经验模型之间的界限有时是模糊的，甚至可以说机理模型与经验模型在根本原则上是没有界限的。这与研究问题的角度、适用的场合有很大关系。两类模型之间存在着辩证的统一。尤其重要的是，无论什么模型，从根本上看都来自于经验，都必须有实际信息的依据。而实践的检验是评价模型好坏及水平高低的唯一正确标准。以上论述，对于数学建模具有极其重要的方法论层面上的指导意义。

在化工系统工程领域，经过多年的实践检验，可以认为，对于流程模拟任务而言，所称机理模型一般应具有如下基本特征。

① 确定的组分，统一、可靠的基础物性数据。

② 质量衡算方程。

③ 能量衡算方程。

④ 严谨相平衡计算。

⑤ 化学反应动力学或化学平衡计算。

⑥ 传递与流动计算。

在这个机理模型的标准中，越排在前面的项目就越重要。事实上，在经典的流程模拟计算中，往往只满足前面 4 项，就已经具备了足够的机理性，可称为机理模型了。

如所用模型与以上所述相距甚远，则难于称作机理模型。尤其是标准的前几项，对于机理模型来说是至关重要的。可以想见，如化工系统的数学模型中未考虑质量衡算和热量衡算，那么这种模型的用途将多么局限。

例 2-6 讨论精馏塔建模问题。精馏塔是非常复杂的单元过程设备，本质上精馏过程是许多更加基本的单元过程的集合。经过数十年的计算实践证明，经典的基于理论级假设的 MHKS 方程组（见 2.7.7）已经能够满足绝大部分工程设计的需要。但表面上看，该模型将塔板看作热力学平衡的集中参数体系，似乎引入了较多简化。因此有学者探索"更加机理、更符合实际"的精馏过程模型[7,8]。"新模型"从更微观的角度描述精馏过程，将塔板上的物料看作非平衡的分布参数体系，"减少了"不合理的模型假设。有若干文献也围绕此"新模型"进行了相关理论探讨并提出了实际应用。然而，在精馏塔板上的物料实际完全是处于一种"混乱"当中，泡沫、湍流非常剧烈，甚至通常根本观察不到汽液两相之间的清晰界面。因此，抛弃了平衡的集中参数系统这个假设后，用非平衡分布参数系统描述塔内物料反而引入了更加不确定的因素，没有从宏观上抓住精馏原理的本质，不仅计算难度加大，还从更微观的层面上增加了模型参数。这样即使有时能更好地拟合某些数据，但也必将影响模型的预测性。事实上，这样的模型除了可能在研究塔板局部问题方面有实际价值外，对整个过程的模拟计算没有裨益。实际的流程模拟工作中也确实未见使用。

2.3.2　建模手段与实例

建立机理模型的过程，没有一种可遵循的、程式化的算法或步骤。最重要的原则是了解对象、熟悉相关的物理规律和专业知识，掌握扎实的数学物理基本功，思路开阔，灵活运用。建模时大致有两方面的工作，即系统（物理）分析与数学推演。

（1）系统分析

建模时首先要进行系统分析或物理分析。此部分工作结果在很大程度上影响着模型的最终质量。工作的思路一般是选定研究对象、明确系统与环境，明确系统的功能及与环境的信息交换；再进一步研究系统的物理规律，结合实际的需要，建立适当的简化、假设，忽略次要因素；最后在适当简化假设基础上，分解系统，划分子系统及确定诸子系统间的联系，直至各子系统都可以运用所熟悉的原理或假设给予解释和描述为止。这部分工作大致相当于对系统建立物理概念模型，用现有的原理去解释系统的功能与行为。在某些特殊情况下，尤其系统较为复杂、未知物理规律较多时，确实也可以首先建立系统的物理模型～实验设备，为下一步总结物理规律服务。但在化工系统工程领域，建立实验装置为建模服务不是典型的和值得提倡的方法。需要强调，在系统分析阶段，应对整个系统及其各子系统（物流及设备）进行仔细的自由度分析，深刻认识影响系统行为的各独立影响因素。

（2）数学推演

在系统分析的基础上写出各子系统的有关数学表达式及各子系统相互联系的表达式，形成系统数学模型的雏形或原始形式；再根据模型求解与使用的需要对原始表达式进行推导、演算、整理、化简，得到表达清晰、便于理解和计算的数学模型。通常，数学推演工作有如下几个目的：

① 在推导过程中进行更为深入的自由度分析，明确各模型变量的不同类型和性质；

② 尽可能将输出变量表达为输入变量的显函数形式，以利于模型求解和分析规律；

③ 去掉冗余的关系式和变量；

④ 判断数学关系式是否足够；

例 2-7 建立无相变单程逆流换热器稳态模型

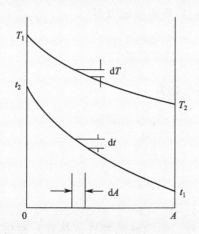

本例符号说明：

T_1, T_2——热物流进出口温度；

t_1, t_2——冷物流进出口温度；

$T, \mathrm{d}T$——热物流温度变量及其微分；

$t, \mathrm{d}t$——冷物流温度变量及其微分；

$A, \mathrm{d}A$——换热面积及面积元；

W_A, C_A——热物流流率与比热容；

W_B, C_B——冷物流流率与比热容；

Q——换热量；

K——总传热系数。

图 2-3 无相变单程逆流换热过程模型

建模过程所用简化假设如下：总传热系数 K 为常数；流体不可压缩；流体比热容为常数；稳态流动；忽略设备的热容与传递滞后；与流动方向垂直的方向上无温差；焓衡算用显热衡算代替。

本例中因认为流率与组成不变，进出口流率为同一变量，故不存在质量衡算关系式。

首先由传热方程得 $dQ = K(T-t)dA$ 即

$$\frac{dQ}{T-t} = KdA \tag{2-1}$$

由热平衡可知 $dQ = -W_A C_A dT = -W_B C_B dt$，即

$$dT = \frac{-dQ}{W_A C_A} \qquad dt = \frac{-dQ}{W_B C_B}$$

则 $d(T-t) = dT - dt = kdQ$，其中系数

$$k = \frac{W_A C_A - W_B C_B}{W_A C_A \times W_B C_B}$$

将 $d(T-t) = kdQ$ 积分可得

$$T - t = T_1 - t_2 + kQ \tag{2-2}$$

将式(2-2) 代入式(2-1) 得

$$\frac{dQ}{T_1 - t_2 + kQ} = KdA \tag{2-3}$$

对式(2-3) 积分

$$\frac{1}{k}\ln\frac{|(T_1 - t_2 + kQ)|}{|(T_1 - t_2)|} = KA$$

再整理，得

$$Q = \frac{T_1 - t_2}{k}(e^{kKA} - 1) \tag{2-4}$$

上式已表达了换热面积、换热量、物流温度等变量间的数量关系。但式中 t_2 为换热终温，非已知量，在操作型模拟问题中一般作为数学模型中待求的状态变量。故上式无法用作操作型模拟的数学模型。宜设法消去 t_2。可由冷物流的热平衡得

$$Q = W_B C_B(t_2 - t_1)$$

整理上式得 $t_2 = t_1 + \dfrac{Q}{W_B C_B}$，代入式(2-4) 后再整理可得

$$Q = \frac{W_B C_B(T_1 - t_1)(e^{kKA} - 1)}{W_B C_B k + e^{kKA} - 1}$$

若定义热容流率比 $R_A = \dfrac{W_A C_A}{W_B C_B} = \dfrac{1}{R_B}$ 则可化为

$$Q = \frac{W_B C_B(T_1 - t_1)1 - e^{(1-R_B)\frac{KA}{W_B C_B}}}{R_B - e^{(1-R_B)\frac{KA}{W_B C_B}}} \tag{2-5}$$

式(2-5) 与如下两式结合

$$Q = W_B C_B(t_2 - t_1) \tag{2-6}$$

$$Q = W_A C_A(T_1 - T_2) \tag{2-7}$$

即构成所需数学模型（机理模型）。当给定冷、热物流的物性（热容）和初态（流率与温度）并已知设备参数 K 和 A 后，即可由式(2-5) 算出换热量 Q，并进而由热平衡式(2-6)、式(2-7) 算出冷、热物流的终态温度，完成操作型模拟任务。

讨论：

① 上述模型在何种情况下不适用及其原因。

② KA 趋于无穷大时的最大可能换热量。$Q_{max} = \min(W_A C_A, W_B C_B)(T_1 - t_1)$

③ 进一步证明 $Q=KA\Delta t_m$，其中，

$$\Delta t_m=(\Delta T-\Delta t)/\ln(\Delta T/\Delta t) \quad \Delta T=T_1-t_2 \quad \Delta t=T_2-t_1$$

④ 并流换热时的数学模型。

例 2-8　连续流动加热水槽动态模型。

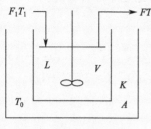

图 2-4　水槽示意图

本例符号说明：

F,T—流量(kg/h)与温度(K)；

T_0—环境温度(K)；

C,ρ—物性,比热容[K/(kg·K)]与密度(kg/m³)；

K,A—传热系数[K/(h·K·m³)]与传热面积(底面积)(m²)；

L,V—液位(m)与持液体积(m³)；

t—时间(h)。

建模所用简化假设为：K，C，ρ 为常数，理想搅拌（集中参数体系），流体不可压缩，忽略设备热容与传递滞后，焓衡算用显热衡算代替。

首先考虑质量衡算 $\rho dV=\rho AdL=(F_1-F)dt$，即

$$\rho A \frac{dL}{dt}=F_1-F \tag{2-8}$$

热量衡算（显热衡算）

$$d(\rho VCT)=d(\rho ALCT)=\rho ACd(LT)=F_1CT_1dt-FCTdt-KA(T-T_0)dt \tag{2-9}$$

即

$$\rho AC\left(L\frac{dT}{dt}+T\frac{dL}{dt}\right)=F_1CT_1-FCT-KA(T-T_0) \tag{2-10}$$

利用式(2-8)，代入式(2-10)，消去 $\dfrac{dL}{dt}$，整理得

$$\rho ACL\frac{dT}{dt}=F_1C(T_1-T)-KA(T-T_0) \tag{2-11}$$

式(2-8)与式(2-11)即构成了所需的数学模型（机理模型）。此模型描述了液位与温度随时间的动态变化关系。如给定适当初始条件，即可算出液位与温度随时间的变化曲线。

2.4　经验模型及其建模方法

当对过程机理缺乏足够的认识或机理模型过于复杂、不便求解时，往往使用经验模型解决实际建模问题。一般地说，相对于机理模型建模，建立经验模型的过程比较程式化，可按一套大致可遵循的步骤进行，尤其是往往存在对应的、数学上成熟的"算法"。

经验模型建模的几个重要环节包括：①系统分析；②抽样或获取观测数据（即掌握原型的实际信息）；③确定函数形式；④参数估值；⑤检验与评价。

虽然经验模型建模过程较少地依赖于原型系统的相关领域知识，但也绝非仅仅依赖数学能力或计算机软件技术就能得出适用的数学模型，仍需对过程或系统的基本物理化学原理有所掌握。尤其是在第①②③环节中，相关专业知识将发挥巨大的作用，往往成为建模的成败关键。

有一种习惯的观点，认为建立经验模型比较简单、容易。其实不然。建立经验模型仍然

需要具备专业领域和数学领域的深厚积累。在经验模型建模过程中，极其容易出现的错误就是忽略了运用专业知识进行周密的系统分析（其中最重要的当属自由度分析），以及对数学缺乏全面的实质的了解，因而一味地运用单一的数学理论和工具进行建模。特别是当某些数学"新算法"出现时，切忌将其奉为至宝，生搬硬套，试图依靠一个新算法包打天下，解决各种类型的工程问题。此类急功近利的做法对建模实践和理论是非常有害的。

2.4.1 建模问题的描述

图 2-5 表示待建模的系统。其输出变量为 y，输入变量为 $\vec{x}$，$\vec{x} = (x_1, x_2, \cdots, x_n)^{\mathrm{T}}$。并且，对该系统进行了 m 次实际观测，得到一样本：$(\vec{x}_j, y_j)$，$j = 1, 2, \cdots, m$。m 为样本容量。

图 2-5 待建模系统

现欲根据实测样本选择一函数 f 表达 $\vec{x}$ 与 y 的关系，即确定 $y = f(\vec{x}, \vec{b})$ 中的函数形式 f 与参数 $\vec{b}$，并使模型计算值与实测样本值尽量拟合。对于如何选择函数形式 f，涉及的方面较多，讨论起来较为复杂。而当函数形式确定后，如何确定模型参数 $\vec{b}$，有着相对较为成熟的方法或算法。

应当注意，在建立经验模型时，正确地选择系统及其输入和输出就是系统分析的重要内容。在此环节中也最能体现建模者运用专业知识的能力。

2.4.2 最小二乘法*

对于 2.4.1 提出的建模问题，尤其是确定模型参数 $\vec{b}$ 的问题，可以说有多种数学方法能够适用。并且还在不断产生新的方法。但总的说来，万变不离其宗。最经典的思路当属源于数理统计的一系列方法。此类方法在理论和实践上相对较为严谨、成熟，但不像其他某些新方法那样易于掌握使用。在此类方法中，最小二乘法又可算是比较基本的技术手段。最小二乘法是按下述思路解决问题的。首先，构造误差平方和函数

$$J = \sum_{j=1}^{m} \left[y_j - f(\vec{x}_j, \vec{b}) \right]^2$$

再将拟合问题转化为求误差平方和函数 J 的极小点（最小点）问题

$$\min_{\vec{b}} J = \sum_{j=1}^{m} \left[y_j - f(\vec{x}_j, \vec{b}) \right]^2$$

即寻求使得误差平方和函数取得最小值的模型参数值 $\vec{b}$。因此，便将建模的问题转化为求极小点的数学问题，即最小二乘问题。对初学者来说，应当注意一个重要的概念，即在建模问题中 $\vec{x}$ 是自变量（独立变量，对应着模型自由度），$\vec{b}$ 只是模型参数，而在最小二乘问题中，$\vec{b}$ 却是优化问题的决策变量（自变量）。当函数 f 关于模型参数 $\vec{b}$ 为非线性函数时，称为非线性最小二乘问题；当函数 f 关于模型参数 $\vec{b}$ 为线性函数时，称为线性最小二乘问题。对于最小二乘问题，建模者关注的是最小点（决策变量）$\vec{b}$ 的取值，而函数 J 的最小值是

多少并非问题的解。

2.4.3 多元线性回归 **

如经验模型的函数形式为

$$y = b_0 + b_1 x_1 + b_2 x_2 + \cdots + b_n x_n = b_0 + \sum_{i=1}^{n} b_i x_i$$

则此时的最小二乘问题即为多元线性回归问题。此时，拟合问题转化为如下求误差平方和函数极小点的问题

$$\min_{\vec{b}} J = \sum_{j=1}^{m} [y_j - (b_0 + \sum_{i=1}^{n} b_i x_{ij})]^2$$

根据极小点存在的必要条件，又可将求极小点的问题转化为如下线性代数方程组求解问题

$$\frac{\partial J}{\partial b_0} = \sum_{j=1}^{m} [y_j - (b_0 + \sum_{i=1}^{n} b_i x_{ij})](-2) \overset{\text{令}}{=} 0$$

$$\frac{\partial J}{\partial b_k} = \sum_{j=1}^{m} [y_j - (b_0 + \sum_{i=1}^{n} b_i x_{ij})](-2 x_{kj}) \overset{\text{令}}{=} 0 \qquad k = 1, 2, \cdots, n$$

以上 $n+1$ 式为关于未知数 $\vec{b} = (b_0, b_1, \cdots, b_n)^{\mathrm{T}}$ 的线性代数方程组。对其整理，可得

$$m b_0 + \sum_{i=1}^{n} \sum_{j=1}^{m} x_{ij} b_i = \sum_{j=1}^{m} y_j \tag{2-12}$$

$$\sum_{j=1}^{m} x_{kj} b_0 + \sum_{i=1}^{n} \sum_{j=1}^{m} x_{kj} x_{ij} b_i = \sum_{j=1}^{m} x_{kj} y_j \qquad k = 1, 2, \cdots, n \tag{2-13}$$

一般称上述方程组为正规方程组。也可将其写为

$$m b_0 + \sum_{i=1}^{n} b_i \sum_{j=1}^{m} x_{ij} = \sum_{j=1}^{m} y_j \tag{2-14}$$

$$b_0 \sum_{j=1}^{m} x_{kj} + \sum_{i=1}^{n} b_i \sum_{j=1}^{m} x_{kj} x_{ij} = \sum_{j=1}^{m} x_{kj} y_j \qquad k = 1, 2, \cdots, n \tag{2-15}$$

以上线性代数方程组的解即为误差平方和函数的极小点，也就是所求的经验模型的模型参数。为简化计算，通常将正规方程组中 b_0 消去。将式(2-14)两端同乘以 $\bar{x}_k = \frac{1}{m} \sum_{j=1}^{m} x_{kj}$，

得到 $m \bar{x}_k b_0 + \sum_{i=1}^{n} m \bar{x}_k \bar{x}_i b_i = m \bar{x}_k \bar{y}$ $\qquad k = 1, 2, \cdots, n, \ \bar{y} = \frac{1}{m} \sum_{j=1}^{m} y_j$

再用式(2-15)减去此式，可消去 b_0，得到

$$\sum_{i=1}^{n} b_i (\sum_{j=1}^{m} x_{kj} x_{ij} - m \bar{x}_k \bar{x}_i) = \sum_{j=1}^{m} x_{kj} y_j - m \bar{x}_k \bar{y} \qquad k = 1, 2, \cdots, n$$

如令 $l_{ik} = l_{ki} = \sum_{j=1}^{m} (x_{ij} - \bar{x}_i)(x_{kj} - \bar{x}_k) = \sum_{j=1}^{m} x_{ij} x_{kj} - m \bar{x}_k \bar{x}_i$

$$l_{yk} = \sum_{j=1}^{m} (x_{kj} - \bar{x}_k)(y_j - \bar{y}) = \sum_{j=1}^{m} x_{kj} y_j - m \bar{x}_k \bar{y} \qquad k = 1, 2, \cdots, n$$

则正规方程组可化为

$$\sum_{i=1}^{n} l_{ik} b_i = l_{yk} \qquad k = 1, 2, \cdots, n \tag{2-16}$$

式(2-16)是具有对称系数矩阵 $(l_{ij})_{n \times n}$ 的线性代数方程组。由式(2-16)可求出各模型参数 $b_i, i=1,2,\cdots,n$。求出 b_i 后，可用下式求出 b_0

$$b_0 = \bar{y} - \sum_{i=1}^{n} b_i \bar{x}_i \tag{2-17}$$

2.4.4 一元线性回归

当 $n=1$ 时，多元线性回归即化为一元线性回归，实际是直线拟合问题。这类问题工程中大量碰到。此时，实际观测数据（样本）为

$$(x_j, y_j), \qquad j=1,2,\cdots,m$$

经验模型形如 $y=b_0+b_1 x$，或 $y=b+kx$

误差平方和函数为 $J = \sum\limits_{j=1}^{m} \left[y_j - (b_0 + b_1 x_j) \right]^2$

正规方程组为

$$l_{11} b_1 = l_{y1}$$
$$b_0 = \bar{y} - b_1 \bar{x}$$

由此可解出

直线斜率 $k = b_1 = \dfrac{l_{y1}}{l_{11}} \dfrac{\sum\limits_{j=1}^{m} x_j y_j - m\bar{x}\bar{y}}{\sum\limits_{j=1}^{m} x_j^2 - m\bar{x}^2}$

直线截距 $b = b_0 = \bar{y} - b_1 \bar{x} = \dfrac{\bar{y} \sum\limits_{j=1}^{m} x_j^2 - \bar{x} \sum\limits_{j=1}^{m} x_j y_j}{\sum\limits_{j=1}^{m} x_j^2 - m\bar{x}^2}$

式中 $\bar{x} = \dfrac{1}{m} \sum\limits_{j=1}^{m} x_j$；$\bar{y} = \dfrac{1}{m} \sum\limits_{j=1}^{m} y_j$

2.4.5 适用范围与使用单位

在建立和使用经验模型的过程中，特别需要注意经验模型的适用范围，也就是经验模型的定义域。如从纯数学观点看，线性模型的自变量定义域为无穷大。但实际上经验模型（即使是线性模型）的定义域是受到严格限制的。这些限制由物理意义、样本抽样范围等决定。比如液体蒸汽压关联式，其定义域应为温度在临界温度以下，冰点以上。超过此范围既没有物理意义，也易导致计算值溢出。一般说来，经验模型的适用范围或定义域应限制在模型变量的抽样范围之内。如在抽样范围以外使用，则属外推使用。外推使用时，预测效果无法考察，易导致重大预测失误。尤其在失去物理意义的范围上外推使用以及建模时依据的样本方差较大、样本容量较小时，外推使用更不可取。

另外，使用经验模型时必须注明各模型变量的使用单位。如使用的单位与建模时不一致，则必然产生错误。

2.4.6 线性化方法

有时，建立经验模型时选取的模型函数 $y=f(\vec{x}, \vec{b})$ 并非形如 $y = b_0 + \sum\limits_{i=1}^{n} b_i x_i$，甚至

是关于模型参数 $\vec{b}$ 的非线性函数。那么，通常需要求解非线性最小二乘问题以求得模型参数的数值，无法套用多元线性回归方法。但在某些特定情况下，可先采取线性化方法，经过某种变换，再利用多元线性回归技术求得模型参数。此方法得到的模型参数值与直接采用非线性最小二乘法得到的参数值当然不会相同，用于预测的效果也会不同。从实际使用效果上看，多数情况下直接采用非线性最小二乘法得到的经验模型预测效果较好，但先线性化、再多元线性回归的方法比较简单易行，便于在要求不太高的场合应用。以下几个实例可说明这点。

① $y = b_0 + b_1 x + b_2 x^2 + \cdots + b_n x^n = \sum\limits_{i=0}^{n} b_i x^i$

② $y = b_0 x_1^{b_1} x_2^{b_2}$

③ $y = b_0 e^{b_1 x}$

④ $y = \dfrac{x}{ax + b}$

2.4.7 统计检验

利用数理统计的方法，可对多元线性回归的结果进行统计检验。最常用的是对模型参数进行显著性检验。若原假设 H_0 为：$b_i = 0$，$i = 1, 2, \cdots, n$，即多元线性回归的所有回归系数同时为零，检验时需计算如下统计量：

总离差平方和 $L = l_{yy} = \sum\limits_{j=1}^{m} (y_j - \bar{y})^2 = \sum\limits_{j=1}^{m} y_j^2 - m\bar{y}^2$，$f = m - 1$

回归平方和 $U = \sum\limits_{j=1}^{m} (\hat{y}_j - \bar{y})^2$，其中 $\hat{y}$ 为模型计算值，$\hat{y}_j = f(\vec{x}_j, \vec{b})$，$f = n$

剩余平方和 $Q = \sum\limits_{j=1}^{m} (y_j - \hat{y}_j)^2$，$f = m - n - 1$

$$L = Q + U$$

复相关系数 $R = \sqrt{\dfrac{U}{L}} = \sqrt{\dfrac{L - Q}{L}} = \sqrt{1 - \dfrac{Q}{L}}$

方差比 $F = \dfrac{U/n}{Q/(m - n - 1)}$

当如下条件成立时：①正规方程组满秩；②拟合误差 ε 服从 $N(0, \sigma)$ 均值为零的正态分布；③原假设 H_0 成立。则方差比 F 服从第一自由度为 n、第二自由度为 $m - n - 1$ 的 F 分布

$$F = \dfrac{U/n}{Q/(m - n - 1)} \sim F(n, m - n - 1)$$

因此，如能验证 F 的取值属于小概率事件，则按统计推断原理说明原假设不太可能成立，亦即所建经验模型并非一无是处，能在一定程度上表达输出量随输入量变化的关系。

传统的做法是，先选定置信度 α（即小概率），再根据 α 和自由度查 F 分布表得到对应的方差比临界值 F_α，将统计量 F 的计算值与临界值比较，即可作出接受或拒绝原假设的结论。更为严谨的方法是：①根据实际统计量计算值 F 及其第一、第二自由度，算出与 F 值对应的 F 分布上概率 α（由于计算复杂，只能用计算机计算，求得数值解）；②考察 α 是否是小概率，如果是，则拒绝原假设，从而认可所需的模型参数；③如果 α 不是小概率，比如

说是 0.4，则接受原假设，并需要继续研究、分析，选择适用的经验模型，有时甚至需要对抽样过程做仔细的分析，尽力获取良好的抽样（大样本、精确的实验值及样本的独立性）。

F 分布上概率如图 2-6 所示。

因多元线性回归的原假设 H_0 是全盘否定所建模型的较极端的假设，故即使否定了原假设也未必说明模型真的很好（虽然这种否定是有充分的统计推断依据）。类似地，如无统计推断方面的证据去否定原假设，原假设也未必就真的成立。

需要说明的是，统计检验从数理统计的角度提出了取舍模型的判据。但是，由于统计检验时所用的前提条件在实际中未必满足以及统计检验方法本身的各种局限，在评判模型时不能过多地依赖统计检验，而应立足于实际，充分利用有关专业领域的理论和实践

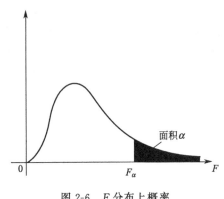

图 2-6　F 分布上概率

知识，对经验模型进行客观、全面的考察、评判。尤其忌讳的是，在建立经验模型过程中，将相关系数或方差比视作唯一标准，不择手段地追求高相关系数或大的方差比值。此种做法不仅无端耗费精力，还极易导致错误的选择。

2.4.8　数值精度与数值稳定性

在求解正规方程组的过程中，需要特别注意数值精度问题。无论是手算或利用计算机编程序计算，都必须在运算过程中尽可能保留较多的有效数字。否则，极可能使得最终结果面目全非。所谓差之毫厘，失之千里。请看如下实例。

方程组 $\begin{cases} 2x+6y=8.0 \\ 2x+6.00001y=8.00001 \end{cases}$ 的精确解为 $x=1$，$y=1$；

而 $\begin{cases} 2x+6y=8.0 \\ 2x+5.99999y=8.00002 \end{cases}$ 的精确解为 $x=10$，$y=-2$。

可见，计算过程中的微小误差可能会被不断放大，造成严重失误。此即数值不稳定现象。克服数值不稳定的策略一般是增加字长与选择具有数值稳定性的算法。如常见的均值计算问题可采用以下方法。

① 采用直接法　$\bar{x}=\dfrac{1}{m}\sum\limits_{j=1}^{m} x_j$，计算量最小，但样本较大时占用内存较多且影响数值精度。

② 递推算法　$\bar{x}_j=\bar{x}_{j-1}+\dfrac{1}{j}(x_j-\bar{x}_{j-1})$，$\bar{x}_0=0$，$j=1$，$2$，…虽计算量稍多，但较为稳定，且适用于实时在线的计算问题。

③ 二次均值算法　$\bar{x}=\bar{x}_{(1)}+\dfrac{1}{m}\sum\limits_{j=1}^{m}(x_j-\bar{x}_{(1)})$，（$\bar{x}_{(1)}$ 为均值近似值），数值精度最高，但计算量最大。

对于规模较小的正规方程组求解问题，使用全主元高斯消去法是比较适当的。另外，按照目前的计算机硬件与软件的水平来看，在复杂工程计算中，尤其是在流程模拟计算过程中，应坚决避免使用单精度实型数（4 字节实型数），而应一律使用双精度实型数。

曾有一种较为流行的观点,认为一般工程计算结果仅需取三四位有效数字,故中间结果仅需取五六位有效数字。此说未考虑数值稳定性问题,忽略了误差的传递与放大,仅适用于拉计算尺计算简单问题的场合。对于复杂的流程模拟问题,此说大错特错,必须彻底抛弃。

2.4.9　应用要点

在建立经验模型的过程中,按照大致的工作顺序,实际上涉及如下几个重要环节。

① 系统分析　其内容包括分析、明确系统的功能、系统的输入输出、独立影响因素、过程机理信息、与环境的关系等。

② 抽样　根据系统分析的结果和实际情况决定抽样方案,以最小的代价得到理想的样本。理想的样本应信息量大、能全面地描述所关注的系统特征。

③ 确定模型的形式　此时应尽量利用来自过程机理的信息,使得模型形式具有一定物理意义。并尽量选取简单的模型形式。

④ 确定模型的参数即参数估值　利用最小二乘法或类似的方法计算出参数值。

⑤ 模型的评价与检验　综合运用数理统计理论、专业知识和工程经验检验筛选模型。

由于具体的计算主要集中在④参数估值,所以往往许多人把注意力过多地放在这一步,从而忽视了其他几个步骤,并由此产生了一些问题。实际上,虽然参数估值的计算量较大,但是其方法较为程式化,较易掌握,基本上是应用数学问题,涉及的原理、概念比较单纯,综合性不强。而其他几个步骤看似简单,实则奥妙难测,要求建模者具备许多相关领域的理论知识与实践能力,并且最终真正决定着建模的效率与模型的质量。

2.5　流程结构模型

流程结构模型表达了系统中各个局部之间的联结关系,描述了组成系统的拓扑结构。其用途通常是解决全流程计算时的顺序问题和连接上下游设备间的物流的取值问题。建立流程结构模型是过程系统工程的典型技术手段,是其他化工类相关学科所不研究的内容。流程结构模型也称拓扑(结构)模型,它是从全局的角度描述系统中各个局部之间的关系。大多数传统的化工类学科的研究内容分别从不同的学科角度比较深刻地反映了常见的基本过程的规律,为科学研究提供了许多基本过程的基本数学模型。但传统学科一般不涉及各种不同过程之间相互影响、相互作用的规律。而对于复杂系统、由许多不同基本过程组成的大系统来讲,其数学模拟必然涉及各子系统间的关系,则此时就必须运用流程结构模型的建模手段描述系统中各局部的关系,并在流程结构模型的基础上产生一系列算法,利用计算机对复杂大系统进行整体的计算。

有时,对于比较简单的系统,只要掌握了各个子系统的数学模型,即使不使用典型的流程结构模型方法也能通过直观分析、人工手算解决全流程的计算问题。但过程系统工程处理的典型问题都涉及较多的设备与物流,设备及物流的联结方式也极为复杂。这种"组合爆炸"的复杂性绝非人的直觉所能处理。因此,流程结构模型用于求解大系统的作用是无法替代的。

流程结构模型一般有三类表达形式:图形形式,矩阵形式,代数形式。三种形式各有其用途,难以相互代替。可以说,三类不同形式代表了三种不同的层次。图形形式为最外层,是最接近实际系统的、便于由人工处理的层次。代数形式为最内层,是最适于计算机中运行的算法处理的层次。而矩阵形式介于二者之间。通常,在进行大系统模拟时,总是根据实际系统特点先利用图形方式描述其结构,再进一步用矩阵描述,最后再转化为代数形式从而使计算机能够正确地计算。而直接根据实际流程写出描述系统结构的矩阵或代数模型是远远超过人的能力的,是不现实的。

矩阵描述与代数描述的专业性较强,也较为抽象。不熟悉过程系统工程原理的技术人员较难掌握运用,但在计算机中运行的算法却无法回避代数运算(其中最基本的运算就是"赋值"语句),离不开矩阵描述和代数描述的结构模型。因而,近年来产生的研制水平较高的通用流程模拟软件系统都能够根据流程结构的图形表达方式将其自动地转化为矩阵和代数表达方式。其效果是用户可用流程图形式输入流程结构(用鼠标在计算机屏幕上画出流程图),极大地提高了流程模拟的效率,更加便于一般工程技术人员使用流程模拟软件解决实际问题。

2.5.1 图形表达方式

常用的为工艺流程图,信息流图 (Information Flow Diagram),信号流图 (Signal Flow Diagram) 等。此种形式抽象的程度不高,适于人工处理。在流程模拟的开始阶段,往往根据实际系统的特征,由人工画出相应的图形,即完成建模工作,从而表达系统的拓扑结构。在生产和设计单位,常用的流程图有 PID 图、PFD 图等。在常见的流程图中,设备与图形几乎是一一对应的,并且图中还保留了许多关于设备形状、尺寸、摆放位置等方面的信息,最接近实际系统。图 2-7 为一个流程图的实例。

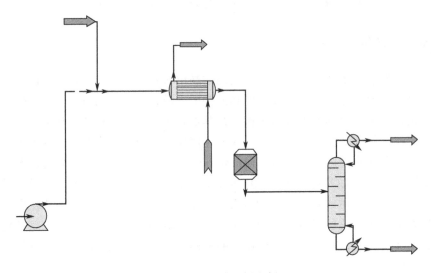

图 2-7   工艺流程图实例

对于专门从事流程模拟工作的技术人员,在流程模拟工作中,较为常用的为信息流图。信息流图的表达方式比流程图更为抽象,也更为适合流程模拟算法的需要。信息流图是由结点(模块)和有向联线组成的。结点和连线都有标号或名称。标号往往对应计算软件中的数组下标,名称往往对应着设备或过程的名字,当然,也可以用号码给模块起名字,只是这种命名方法不便于理解流程,也容易与数组下标混淆。对于化工流程模拟来说,一般结点(模块)对应实际系统中的基本过程、基本单元或设备,联线对应实际系统中各设备或基本单元之间的联系物流,也有时联线对应的不是具体的物料流而是与计算有关的信息流。信息流图中流线的方向,一般对应着物流的实际流动方向或信息输入的方向。

图 2-8 为一个化工流程的信息流图实例（与图 2-7 对应）。

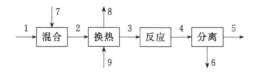

图 2-8　信息流图表达的工艺流程

应当注意，信息流图与流程图不一定是完全一一对应的。比如信息流图中的混合块，在生产现场可能就是一个三通，在流程图中一般是不作为设备绘出的，但对于流程模拟来说，就必须在信息流图中作为一个模块才能保证正确的计算。而某些次要的辅助设备，在流程图中绘出，在信息流图中却不一定出现。比如流程图中的泵，有时根据数学模拟的目的需要，也不一定在信息流图中表达出来。还有这样的情况，某些无实际设备或工艺过程背景的算法信息，也需要在信息流图中画出（如以后在第四章中涉及的收敛块、控制块等）。

2.5.2　矩阵表达方式

用于描述系统结构的矩阵通常有过程矩阵、流线联系矩阵、邻接矩阵等。近年来，有关技术人员开发了许多种算法，可以利用计算机将系统结构的图形表达方式自动地转化为矩阵表达方式。

(1) 过程矩阵（Process Matrix）

例如，以图 2-8 所对应的过程矩阵为

单　元	流　　　线			
混合	1	7	-2	
换热	2	-3	9	-8
反应	3	-4		
分离	4	-5	-6	

在过程矩阵中，每个模块对应一行，有几个模块，矩阵就有几行。每行中的各列元素对应着该行模块的输入输出流线。输入流线取正号，输出流线取负号。过程矩阵的列数，由单个模块的最大输入输出流线数决定。对于涉及流线数较少的模块，对应行中有些列无对应流线，则该列元素就取值为 0（零）。按一般习惯，在书写过程矩阵时，零元素就略写，用空格代替。但在计算软件中，如不刻意采用压缩存储技术的话，对应数组的元素仍需赋 0 值，不能省略。

应当注意，通常都是将信息流图转化为过程矩阵（或其他种矩阵）。而直接从流程图写出过程矩阵不仅是有很大难度，而且往往不能从过程的实质方面准确描述系统，影响模拟计算的正确性。这也说明虽然同为图形方式的结构模型，流程图与信息流图也还是有一定层次方面的差异。这两种模型是难以相互替代的。

(2) 流线联系矩阵（Stream Connection Matrix）

仍用图 2-8 的例子，对应的流线联系矩阵为：

单元 / 流线	从	至	单元 / 流线	从	至
1		混合	6	分离	
2	混合	换热	7		混合
3	换热	反应	8	换热	
4	反应	分离	9		换热
5	分离				

在流线联系矩阵中，每条流线对应一行，有几条流线，矩阵就有几行。而矩阵的列只有两列。每行中的列元素对应着该行流线的来源模块（从模块）和去向模块（至模块）。如果流线源于系统以外（外界或环境）或输出至系统以外，则该列元素就取值为 0（零）。与过程矩阵类似，零元素在书写时一般略去不写，用空格代替。但在计算程序中仍需为其安排存储单元并赋值为 0。此处的 0 实际上是有着很深刻的物理意义的。因此，许多纯软件技术人员将设备（模块）数组下标从 0（零）开始编号的习惯对流程模拟软件设计是不合适的，这种习惯将导致许多软件设计上的麻烦。

应当注意到过程矩阵与流线联系矩阵所含的信息量是相同的，两种矩阵可以相互转化而没有信息的损失。其区别仅在于涉及不同的算法时使用方便的程度不同。故在计算机程序中只为其中一种矩阵开辟存储单元（如在 C 语言程序中大致对应全局变量或静态变量）就能满足计算的需要。当需要运用另一种矩阵时，可开辟临时存储单元（如在 C 语言程序中大致对应局部变量）解决问题。

(3) 邻接矩阵（Adjacency Matrix）

在一个网络中，网络中的两个结点之间，要么互相邻接，要么互不邻接。表达这种关系的矩阵就是邻接矩阵。邻接矩阵一般也是由信息流图绘出。仍以图 2-8 为例，其邻接矩阵为

从 \ 至	混合	换热	反应	分离
混合		1		
换热			1	
反应				1
分离				

邻接矩阵为方阵。其行数或列数与结点数目相同。矩阵的行表明来源结点，列表明去向结点。如第 i 个结点有流线流向第 j 个结点，则矩阵中的第 i 行第 j 列的元素就取逻辑值 1，否则就取 0（零）。零元素在书写时习惯上略为空格。邻接矩阵在流程模拟系统中也有非常重要的作用，许多重要的算法都依赖此种矩阵。邻接矩阵所含的信息量比过程矩阵略少。由过程矩阵能全面正确地导出邻接矩阵，反之不行。

(4) 关联矩阵（Occurrence Matrix 或 incidence Matrix）

再以图 2-8 为例，其对应的关联矩阵为

单元 \ 流线	1	2	3	4	5	6	7	8	9
混合	1	−1					1		
换热		1	−1					−1	1
反应			1	−1					
分离				1	−1	−1			

关联矩阵的行数由结点数决定，列数由流线数决定。矩阵的元素取逻辑值 1 或 −1 或 0（零）。如第 j 号流线输入至第 i 个结点，则第 i 行第 j 列元素取值为 1，如第 j 号流线从第 i 个结点流出，则第 i 行第 j 列元素取值为 −1，如第 j 个流线与第 i 个结点无直接联系，则第 i 行第 j 列元素取值为 0（零）。零元素同样可以略写。关联矩阵与过程矩阵所蕴涵的信息量是相同的。

过程矩阵在稳态流程模拟软件中是最重要和常用的流程结构表达方式。基于过程矩阵，计算机程序就可"自动"地完成全流程中各个部分的计算。其实现步骤大致为：①用过程矩阵表达流程结构；②逐行搜索过程矩阵，识别当前所处理的设备（模块）；③识别当前设备的输入和输出物流；④由当前设备的输入物流状态（已知或已赋值）和设备参数计算设备的运行状态；⑤根据设备状态给相应的输出物流状态赋值。当过程矩阵的每一行都处理完毕，整个流程的计算就告一段落。

2.5.3 代数表达方式

物流联系方程（组）是表达流程中各设备之间联系方式的必要的方法[9,10]。在流程模拟软件中，物流联系方程组对应着一系列的赋值语句。这些赋值语句又是由过程矩阵等结构模型决定的。最终在计算机内实现流程模拟计算时一定是采取这种代数的表达方式的，就是说，一定要有正确的赋值语句。然而，如不经过系统结构的图形方式和矩阵方式表达步骤，直接用代数方程描述系统结构，则难度非常大或者说根本不可能。近年来，比较先进的流程模拟技术路线都是先人工画出系统结构的图形，输入计算机，再由计算机自动将图形转化为矩阵，最后再由矩阵自动生成物流联系方程（组），得到最终的代数表达形式[11]。一般地，物流联系方程组都是如下表达方式

下游模块(设备)输入物流状态参数＝上游模块(设备)输出物流状态参数

通常在流程中有多少物流状态参数就有多少个物流联系方程。对于稳态流程模拟（按热力学平衡体系处理）而言，物流状态参数一般包括：流量、压力（压强）、温度、组成、相态（多用气相分率）、焓（摩尔焓）、比热容、密度、黏度、界面张力等。但要注意，按自由度分析的原理，这些参数中有些应视为不独立的。不独立的参数可通过其他独立的参数计算出来。

2.6 流程模拟基本模型*

2.6.1 纯组分性质

(1) 基本物性

沸点、熔点、凝固点、三相点和临界参数是纯组分的基本性质。在化工计算和设计中经常要用到这些数据。一般说来，这些数据都是由实验测定得到的。当缺乏所需的实验值时，也可使用估算方法进行估算，但总不如实验值稳妥。具体估算方法在文献 [12,13] 中可查到。

纯物质沸点 T_b 一般指常压沸点，即纯物质蒸气压为 101.325kPa 所对应的平衡温度。这是个很重要很基本的数据。有些物质在正常沸点温度以下就开始分解，故有时手册上的沸点数据是其他压力下的数据，一般是低压下沸点，那么需要特意标明对应的压力。

纯物质的凝固点和熔点是晶体与液体在本身蒸气下相平衡的温度。从液体冷却至晶体的平衡温度是凝固点 T_f，从晶体加热至液体的平衡温度是熔点 T_m。对纯物质 T_f 和 T_m 应当

是相同的。但因杂质的存在,二者数值往往有些差异。对有机化学物质而言,熔点是鉴定有机物的最重要的物性。

三相点 T_{tr} 是指纯物质的气、液、固三相处于平衡的温度,对应的压力是三相点压力。在数值上三相点温度与熔点温度通常比较接近。

(2) 蒸气压

蒸气压是重要的性质,是温度的函数。

① Clapeyron 蒸气压方程 纯物质的饱和蒸气压可按下式近似计算

$$P = P_c e^{h_c \left(1 - \frac{T_c}{T}\right)}$$

式中,h_c 为蒸气压方程常数,仅与组分有关,是物性常数。可利用沸点数据得到

$$h_c = \frac{T_{br} \ln \frac{P_c}{P_b}}{1 - T_{br}} \qquad T_{br} = \frac{T_b}{T_c}$$

式中,T 为体系的温度,K;T_b 为组分的沸点;P_b 为沸点下压力;P_c 和 T_c 为临界压力与临界温度。此种计算方法的精确度不是很高。但计算时不易出现数据溢出,且有时宜于作为某些迭代计算的初始值。

② Antoine 方程 此方程形式没有严谨的推导,但计算效果还可以。

$$\ln P = A - \frac{B}{T + C}$$

三个方程参数 A,B,C 可由实验数据回归拟合得到。

③ Riedel 关联式

$$\ln P_r = A^+ - \frac{B^+}{T_r} + C^+ \ln T_r + D^+ T_r^6$$

$$A^+ = -35Q \qquad B^+ = -36Q \qquad C^+ = 42Q + \alpha_c \qquad D^+ = -Q$$

$$Q = 0.0838(3.758 - \alpha_c)$$

$$\alpha_c = \frac{0.315\phi_b + \ln\left(\frac{P_c}{P_b}\right)}{0.0838\phi_b - \ln T_{br}}$$

$$\phi_b = -35 + \frac{36}{T_{br}} + 42\ln T_{br} - T_{br}^6$$

式中,对比压力 $P_r = \frac{P}{P_c}$,对比温度 $T_r = \frac{T}{T_c}$ 均是与体系状态有关的变量。

(3) 蒸发热

蒸发热(蒸发焓)$\Delta_v H$ 是物质的平衡气液相间的焓差或蒸发过程的热效应。焓定义为 $H = U + PV$,U 为内能,P 为压力,V 为摩尔体积。焓是与过程无关的热力学状态变量。按热力学理论,蒸发热和蒸气压有严格的对应关系

$$d\ln P_{vr} = -\frac{\Delta_v H}{RT_c \Delta_v Z} d\left(\frac{1}{T_r}\right)$$

$P_{vr} = P_v / P_c$ 为对比蒸气压,$\Delta_v Z$ 为气液相压缩因子差。在沸点下的蒸发热有多种估算方法,以下为 Riedel 法

$$\Delta_v H_b = 1.093 R T_c T_{br} \frac{\ln\left(\frac{P_c}{101.325}\right) - 1}{0.930 - T_{br}}$$

式中，P_c 单位取 kPa。

蒸发焓随温度的上升而下降，到 T_c 处即为零。由一点已知蒸发焓数据估算其他温度下蒸发焓的方法也较多。例如[12]

$$\Delta_v H = A(1-T_r)^{0.285} \exp(-0.285T_r)$$

式中，A 为参数，代入一点蒸发焓数据（如沸点下蒸发焓）后即可求得。

(4) 液相密度

对于饱和液体，Rackett 方程式简便而有效：

$V^{SL} = V_c Z_c^{(1-T_r)^{\frac{2}{7}}}$，临界压缩因子 $Z_c = \dfrac{P_c V_c}{RT_c}$。此式中下标 c 表示临界点处性质。通常情况下，当体系远离临界点，或压力不太高时，过冷液体的密度与饱和液体的密度数值相差不大。

2.6.2 流体热力学性质模型

(1) 流体 PVT 关系

描述流体 PVT 关系的数学模型有很多，最常见的有理想气体状态方程 $PV=RT$。而流程模拟中经常使用各种较为复杂的状态方程，其中 Peng-Robinson 状态方程（PR 方程）就是比较常用的一种：

$$P = \frac{RT}{V-b} - \frac{a}{V(V+b)+b(V-b)}$$

或写为关于比容 V 的立方型方程

$$V^3 + \left(b - \frac{RT}{P}\right)V^2 + \left(\frac{a-2RTb}{P} - 3b^2\right)V + b\left(b^2 + \frac{RTb-a}{P}\right) = 0$$

其中模型参数定义如下

$$a = a_c \cdot \alpha$$

$$a_c = 0.45724 \frac{R^2 T_c^2}{P_c}$$

$$b = 0.07780 \frac{RT_c}{P_c}$$

$$\alpha = [1 + m(1 - \sqrt{T_r})]^2$$

$T_r = \dfrac{T}{T_c}$ 为对比温度，是与体系状态有关的变量。

$$m = 0.37464 + 1.54226\omega - 0.26992\omega^2$$

式中，R 为普适气体常数。T_c、P_c 为临界温度与临界压力，ω 为偏心因子模型参数，此三个参数仅与组分有关，与状态无关，可视为基本物性参数。对于多组分体系，参数 a、b 可按如下混合规则计算：

$$a = \sum_{i=1}^{c} \sum_{j=1}^{c} x_i x_j a_{ij}$$

$$a_{ij} = \sqrt{a_i a_j}(1 - k_{ij})$$

$$b = \sum_{i=1}^{c} x_i b_i$$

式中，k_{ij} 为组分交互作用参数；c 为体系组分数。

(2) 焓模型

按热力学原理，焓表达为

$$H = H^0 + \int_V^\infty \left[P - T\left(\frac{\partial P}{\partial T}\right)_V \right] dV + RT(Z-1)$$

式中，Z 为压缩因子，定义为 $Z = \dfrac{PV}{RT}$；H^0 为理想气体焓，仅与组分和温度有关，是组分的基本性质，只能由实验方法测出，再关联为经验公式，并常表示为温度的多项式函数（当然也可以表达为温度的其他形式的函数）。常见组分的理想气体焓的经验公式系数可查物性数据手册或化工物性数据库得到。也有许多组分的理想气体焓系数缺乏实验测定值。对这些组分可利用有关的估算方法进行估算。当然，这些估算方法也是建立在大量实验数据基础之上的。要注意，有时从手册中查得的数据也可能是估算数据。对于理想气体，焓值即是理想气体焓 H^0。

若流程模拟选用 PR 状态方程，则具体的偏差焓表达式为

$$\frac{H-H^0}{RT} = (Z-1) + \frac{T\dfrac{da}{dT}-a}{bRT2\sqrt{2}} \ln\left| \frac{V+(1+\sqrt{2})b}{V+(1-\sqrt{2})b} \right|$$

式中，

$$T\frac{da}{dT} = -\sqrt{T}\sum_{i=1}^{c}\sum_{j=1}^{c} x_i x_j \frac{m_i \sqrt{a_j a_{ci}}}{\sqrt{T_{ci}}}(1-k_{ij})$$

对于纯组分，H^0 一般常表达为温度 T 的 n 次多项式（通常 n 值取 3~5）

$$H^0 = b_0 + b_1 T + \cdots + b_n T^n = b_0 + \sum_{i=1}^{n} b_i T^i$$

诸理想气体焓系数 b_i 为纯组分的基本物性。对常见物质，一般可从化工物性数据库或有关文献（如文献 [13,14]）中查到。对于混合物，H^0 则表达为

$$H^0 = \sum_{i=1}^{c} x_i H_i^0$$

式中，x_i 为组分 i 的摩尔分数；c 为体系中组分数目；H_i^0 为组分 i 的理想气体焓。

(3) 逸度模型

$$\ln\frac{f_i}{Px_i} = \ln\phi_i = \frac{1}{RT}\int_{V_T}^\infty \left[\left(\frac{\partial P}{\partial n_i}\right)_{T,V_T,n_j} - \frac{RT}{V_T} \right] dV_T - \ln Z$$

式中，V_T 为总体积，即比容 V 与总物质的量 n 的乘积。对于理想气体，逸度即是组分的分压。

若流程模拟选用 PR 状态方程，则具体的逸度表达式为

$$\ln\frac{f_i}{Px_i} = \ln\phi_i = \frac{b_i}{b}(Z-1) - \ln\left|\frac{P(V-b)}{RT}\right| - \frac{a}{bRT2\sqrt{2}}\left(\frac{2\sum\limits_{j=1}^{c} x_j a_{ji}}{a} - \frac{b_i}{b} \right)\ln\left|\frac{V+(1+\sqrt{2})b}{V+(1-\sqrt{2})b}\right|$$

式中，ϕ_i 为组分 i 的分逸度系数。

2.6.3 流动模型

关于流体流动的基本模型为由机械能衡算导出的广义伯努利方程：

对于稳定流动单位质量流体 $\quad W = g\Delta Z + \dfrac{\Delta u^2}{2} + \displaystyle\int_{P_1}^{P_2} v dP + \sum h_f$

式中，W 为流体输送机械对系统所作的功，J/kg；g 为重力加速度常数；ΔZ 为流体流动前后位差，m；u 为流速，m/s，P 为压力（压强），Pa；v 为比容，m³/kg；$\sum h_f$ 为流动过程的总摩擦损失（阻力损失），J/kg。对不可压缩流体有

$$W = g\Delta Z + \frac{\Delta u^2}{2} + \frac{\Delta P}{\rho} + \sum h_f$$

式中，ρ 为流体密度，kg/m³。若忽略阻力损失项和输入功，则伯努利方程可写为

$$g\Delta Z + \frac{\Delta u^2}{2} + \frac{\Delta P}{\rho} = 0$$

式中，三项分别代表位能差、动能差和压力能差。

例 2-9 推导塔板溢流模型。已知堰长 l_w、堰高 h_w、堰上清液层高度 h_{ow}、塔板面积 A、持料量 U，求溢流体积流量 L 的表达式。

解： 先考虑将溢流横断面分为无数个微层。每个微层对应的微流量为

$$dL = l_w \, dZ u$$

而由流动模型可知 $gZ = \dfrac{u^2}{2}$，则 $u = \sqrt{2gZ}$，故

$$L = \int dL = \int_0^{h_{ow}} l_w u \, dZ = \int_0^{h_{ow}} l_w \sqrt{2gZ} \, dZ = \frac{2}{3}\sqrt{2g} l_w h_{ow}^{1.5}$$

若将 $h_{ow} = \dfrac{U}{\rho A} - h_w$ 代入，可得溢流量与持料量的关系。

2.6.4 相平衡模型

当气液两相达到相平衡时，满足各组分气液两相分逸度相等的条件，即

$$f_i^L = f_i^V$$

亦即

$$r_i x_i P_i^0 = \phi_i y_i P$$

习惯上定义气液平衡常数为平衡时的气液摩尔分数比为

$$K_i = \frac{y_i}{x_i} = \frac{\gamma_i f_i^0}{P \phi_i}$$

式中，γ_i 为液相活度系数；f_i^0 为纯组分逸度；ϕ_i 为气相分逸度系数。

当采用状态方程法计算气液平衡时，由于逸度是温度、压力和组成的函数，故气液平衡常数 k_i 需利用

$$\begin{cases} f_i^L = f(T, P, x) \\ f_i^V = f(T, P, y) \\ f_i^L = f_i^V \qquad i = 1, 2, \cdots, c \\ \displaystyle\sum_{i=1}^{c} x_i = \sum_{i=1}^{c} y_i = 1 \\ k_i = \dfrac{y_i}{x_i} \end{cases}$$

联立求解得出。

对于典型的已知 P，x 求 T，y 的泡点问题，即联立求解如下方程组可得出 k

$$\begin{cases} f_i^L = f(T,P,x) \\ f_i^V = f(T,P,y) \\ f_i^L = f_i^V, i=1,2,\cdots,c \\ \displaystyle\sum_{i=1}^{c} y_i = 1 \\ k_i = \dfrac{y_i}{x_i} \end{cases}$$

实际上,其中独立的关系式仅是

$$\begin{cases} f_i^L = f_i^V, i=1,2,\cdots,c \\ \displaystyle\sum_{i=1}^{c} y_i = 1 \end{cases}$$

由于平衡常数 k 很难表示为 T,P 和组成的显函数,故气液平衡计算通常总是需要迭代进行的。特别要指出,严格地讲,气液平衡常数是定义为气液两相处于相平衡时气相组成与液相组成的比值,决不是随便哪个状态下的气相组成与液相组成的比值。故有时将平衡常数写为温度、压力和气液相组成的函数,如 $k_i = f(T,P,x,y)$ 是不合适的,不严谨的,多引入了独立影响因素。此种认识在物理和数学上违反了自由度分析,在物理化学上违背了相律。只要是能写出表达式的 $k_i = f(T,P,x,y)$,那么这个 k_i 的物理意义就一定不是严格意义上的相平衡常数,而只是其某种近似表达式,只不过在数学模型的收敛点即相平衡点上与平衡常数的数值同解。当然,在求解复杂化工问题时,确实有些有效的实际方法是要利用这类 k_i 的近似表达式的。

2.6.5 反应动力学模型与化学平衡模型

化学反应工程理论为化工系统工程提供了关于反应动力学的基本模型以及化学平衡模型。在反应工程理论中(注意:很多情况下这些"理论"并未达到"定律"的程度),较为常用的是在基元反应前提下的以质量作用定律为基础的理论。即

化学反应速率＝速率常数×各个反应物浓度

而速率常数 k 通常都用阿伦尼乌斯(Arrhenius)关系表达

$$k = k_0 e^{\frac{-E}{RT}}$$

式中,k_0 称为指前因子,E 称为活化能,k 是温度 T 的函数。

而化学平衡问题就用正反应的速率与逆反应的速率相等来表达。

2.6.6 传递过程模型

传递现象,指物系内某物理量从高强度区域自动地向低强度区域转移的过程,是自然界中普遍存在的现象。对于物系的每一个具有强度性质的物理量(如速度、温度、浓度)来说,都存在着相对平衡的状态。当物系偏离平衡状态时,就会发生某种物理量的这种转移过程,使物系趋向平衡状态,所传递的物理量可以是质量、能量、动量或电量等。例如物系内温度不均匀,则热量将由高温区向低温区传递。在化工生产中所处理的物料主要是流体,所涉及的只是动量、热量和质量。因此,在化工中传递过程常用作流体中的动量传递、热量传递和质量传递三种传递过程的总称。描述传递过程基本规律的数学模型就是传递过程模型。

在稳态流程模拟计算中，常常忽略传递过程的影响而不失模型的严格机理性，而在动态模拟时，通常传递过程的影响就不能忽略。最常见的传递过程模型形如

$$传递速率 = \frac{传递推动力}{传递阻力}$$

通常传递阻力主要与体系的介质性质有关，而传递推动力与物理量的不平衡程度有关，经常表达为所传递的物理量的导数。例如傅里叶（Fourier）定律就描述了基本的热传导规律

传热速率
$$\frac{\mathrm{d}Q}{\mathrm{d}\tau} = -\lambda A \frac{\mathrm{d}T}{\mathrm{d}x}$$

式中，Q 为传热量；τ 为时间；A 为传热面积；T 为温度；x 为距离；λ 为热导率，是物质的基本物性。

2.7 过程单元模型*

2.7.1 单元过程稳态模型及模块概述

在通用稳态流程模拟系统中，单元过程模型总是与其求解算法紧密结合在一起，形成所谓"单元过程模块"。单元过程数学模型的设计变量一般都是实际系统的输入参数，如输入物流，设备参数，控制变量等，与系统的实际自由度相对应。而系统的输出物流、设备内部状态等一般作为模型的状态变量。即模型的输入、输出变量与系统的实际加工次序、因果关系一般是对应的。作为单元过程模型及模块，其在流程模拟系统中的地位可以认为是"物流变换器"，即由输入物流状态去计算输出物流状态的模块。

对于一般的通用流程模拟系统而言，作为物流变换器的单元过程模拟必须解决、也仅需解决物流状态变换的问题。故流程模拟模型的建模思路与反应工程、传递过程等研究工作不尽相同。如对于反应器模块，流程模拟时往往不必深究具体的微观反应动力学等问题；对于换热器问题，压力降可不作为待求变量而作为设计变量指定。只要能解决由输入物流计算输出物流即可。

在稳态流程模拟任务中，物流的基本状态一般包括流量、压力、温度、组成、相态、焓等变量。这些变量中只有一部分是独立变量。当独立变量数值确定后，其他所有物流状态（也包括黏度、界面张力、密度等量）就都随之确定了。

单元过程包括如下几类过程。

① 钝性流体器械　流股混合器和流股分割器等。

② 活性分离器械　精馏塔、吸收塔、萃取塔等。

③ 单级平衡级器械　闪蒸器（等温闪蒸、绝热闪蒸等）。

④ 压力变化器械　泵、压缩机、膨胀机和节流阀等。

⑤ 温度变化器械　换热器、再沸器、冷凝器等。

⑥ 化学反应器　转化率反应器、化学计量反应器、平衡反应器等。

2.7.2 混合器

流股混合器示意图如图 2-9 所示。两股物流经混合器混合为一股物流。若组分数为 c，过程绝热，则有关变量为各股物流的独立变量 F，p，T 和（$c-1$）个 x_i。变量数 $m=3(c+2)$，与过程有关的设备特性参数和操作参数为 0，过程从外界得到的热量和功为 0。

图 2-9　流股混合器示意图

独立方程亦即物流混合器的数学模型为

压力平衡方程　$p_3 = \min(p_1, p_2)$　　　　1 个　　　　　($p_3 = p_1$ 或 $p_3 = p_2$)

物料衡算方程　$F_3 x_{i3} = F_1 x_{i1} + F_2 x_{i2}$　　c 个

焓平衡方程　　$F_3 H_3 = F_1 H_1 + F_2 H_2$　　1 个　　　　　能量（热量）平衡方程

对该混合过程还可列出方程

$$F_1 = F_2 + F_3$$

但这一方程是不独立的，不应包含在模型之内。因为对模型中的物料衡算方程对所有组分加和可得

$$F_1 \sum x_{i1} + F_2 \sum x_{i2} = F_3 \sum x_{i3}$$

即可得到上述方程。

混合器模型的独立方程数　　　　　　$n = c + 2$

模型的自由度为

$$Fr = m - n = 3(c + 2) - (c + 2) = 2c + 4$$

通过适当规定 $2c + 4$ 个独立变量的值，即可进行混合器的模拟计算。例如若规定两股输入流股的物流变量 F，p，T 和 $(c-1)$ 个 x_i，应用以上模型即可计算输出流股的流量、压力、温度和组成。虽然单纯从数学上看也可规定输出流股和一股输入流股的变量，计算另一股输入流股的变量，或者规定三股流股的部分变量去计算其余变量。但是实际上过程单元模型一定是由输入物流参数去计算输出物流参数，与实际过程的加工顺序是完全一致的。

2.7.3　分流器

流股分流器示意图如图 2-10 所示。一股物流经分流器分割为两股或多股物流。若组分数为 c，过程绝热，则有关变量为各股物流的独立变量 F，p，T 和 $(c-1)$ 个 x_i。变量数 $m = 3(c + 2)$，与过程有关的设备特性参数和操作参数为 0，过程从外界得到的热量和功为 0。

图 2-10　流股分流器示意图

独立方程即物流混合器的数学模型为

压力平衡方程　$p_3 = p_1 = p_2$　　　　2 个

物料衡算方程　$x_{i1} = x_{i2} = x_{i3}$　　　　$2c$ 个

焓平衡方程　　$H_1 = H_2 = H_3$　　　　2 个

分析可知，当指定输入流股变量 $(c + 2)$ 个以及一个设备参数——分流系数 α 后，就有

$$F_2 = \alpha \cdot F_1 \qquad 1 \text{ 个}$$

$$F_3 = (1 - \alpha) \cdot F_1 \qquad 1 \text{ 个}$$

一共 $2c+6$ 个方程，则可求出该分流器的两股输出流股的 $2c+4$ 个变量。即分流器的自由度为 $(c+2)+1$。

2.7.4 平衡闪蒸

闪蒸计算可了解每股物流的相分布，因此流程模拟中最频繁使用的模块就是相平衡及闪蒸计算。

(1) 绝热闪蒸

绝热闪蒸示意图如图 2-11 所示，在绝热过程中，组成为 z_i 的一股物流通过节流阀减压后进入闪蒸器闪蒸至指定压力（设备参数），另一设备参数 Q（加热量）为零，部分物料汽化，产生汽液两相，两相的流量分别为 V 和 L、两相的组成分别 y 和 x。

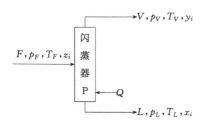

图 2-11 绝热闪蒸器示意图

① 物理模型 平衡闪蒸模型，假定汽液两相处于相平衡状态。该过程只包含物流变量，即各股物流的流量、压力、温度和组成，变量数 $m=3(c+2)$。

② 数学模型。

闪蒸器汽液两相压力平衡方程为 $p_V=p_L=P$ 2 个

闪蒸器汽液两相热平衡方程为 $T_V=T_L$ 1 个

物料平衡方程为 $Fz_i=Vy_i+Lx_i$ c 个

汽液两相相平衡方程为 $y_i=K_ix_i$ 或逸度平衡 $f_i^L=f_i^V$ c 个

焓平衡方程为 $FH_F=VH_V+LH_L$ 1 个

独立方程数 $2c+4$，模型的自由度

$$Fr=m-n=3(c+2)+1-(2c+4)=c+3$$

在进行绝热闪蒸计算时，除应规定输入物流的 $c+2$ 个变量外，通常还规定闪蒸压力作为设备参数，但也可指定闪蒸温度或汽化率为设备参数。

(2) 等温闪蒸

与绝热闪蒸不同之处是指定了闪蒸温度 T 作为一个设备参数，所以与外界有热量交换，热交换量 Q 不为零。故焓平衡方程变为：

$$FH_F+Q=VH_V+LH_L \qquad 1 个$$

此时压力平衡方程变为一个，$p_V=p_L$，压力不能指定，需计算得出；而温度平衡方程变为两个，$T_V=T_L=T$，并增加了一个变量 Q，于是模型的自由度为

$$Fr=m-n=3(c+2)+1-(2c+4)=c+3$$

即是说已知输入物流和指定闪蒸温度便可算出两个输出物流以及热交换量。

2.7.5 换热器

不失普遍性，可定义管侧向壳侧传热。换热器示意图如图 2-12 所示。

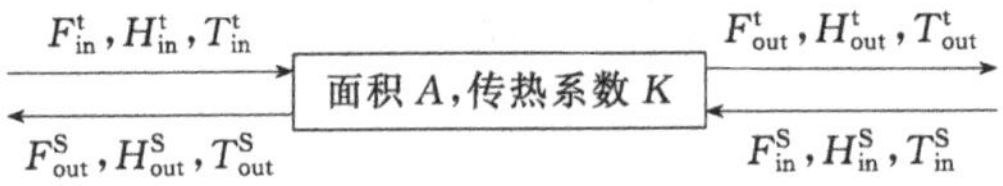

$F_{in}^t, H_{in}^t, T_{in}^t$　　　　　　　　　　$F_{out}^t, H_{out}^t, T_{out}^t$

面积 A，传热系数 K

$F_{out}^S, H_{out}^S, T_{out}^S$　　　　　　　　　　$F_{in}^S, H_{in}^S, T_{in}^S$

图 2-12　换热器示意图

传热速率方程　　　　　　　　　$Q = KA\Delta T_m f$

式中，f 为逆流校正系数。

热平衡方程 $Q = F_{in}^t(H_{in}^t - H_{out}^t)$ 和

$$Q = \frac{F_{in}^S(H_{out}^S - H_{in}^S)}{1 - s_i s_o q}$$

式中，热损失率（可视作常数）$q = \dfrac{|壳侧热损失量|}{|管壳间交换热量|}$　　　$q \geqslant 0$。

符号系数 $s_i = \begin{cases} +1 & T_{in}^t \geqslant T_{in}^S \\ -1 & T_{in}^t < T_{in}^S \end{cases}$　　$s_o = \begin{cases} +1 & T_{in}^S \geqslant T^0 \\ -1 & T_{in}^S < T^0 \end{cases}$

对数平均温差为

$$\Delta T_m = \frac{(T_{in}^t - T_{out}^S) - (T_{out}^t - T_{in}^S)}{\ln \dfrac{T_{in}^t - T_{out}^S}{T_{out}^t - T_{in}^S}}$$

物料平衡方程为

$$F_{in}^t = F_{out}^t \qquad F_{in}^S = F_{out}^S$$

若不考虑物流通过换热器时的压力损失，即默认（设备参数）压力降为零，涉及的物流变量有各物流的焓、温度和流量，再加上换热器的特性参数，传热面积 A 和传热系数 K，变量总数 $m = 3 \times 4 + 2 = 14$，独立方程有 6 个，则

模型的自由度　　　　　　　$Fr = m - n = 14 - 6 = 8$

则指定两个输入物流的 6 个变量和两个设备参数后就可计算出其他所有变量。

2.7.6　泵与压缩机

在稳态流程模拟中，泵和压缩机都可视为"压力变换器"或"增压器"。最简化的泵和压缩机的单元模型大体上是相同的，都有一个设备参数，即压力的改变量或者是轴功。泵或压缩机示意图如图 2-13 所示。

$\xrightarrow{\; P_{in}\;}$ 泵或压缩机 ΔP $\xrightarrow{\; P_{out}\;}$

图 2-13　泵或压缩机示意图

若不考虑相变的可能，此时的单元过程模型极为简单，即 $P_{out} = P_{in} + \Delta P$，而输出物流的组成不变，与输入物流相同。如果是泵，出口温度也可不变；如果是压缩机，可按绝热压缩求出出口的温度，最后根据出口状态给输出物流的焓赋值即可。

2.7.7　精馏塔板

精馏塔第 j 块塔板的稳态模拟数学模型（上一块塔板为第 $j-1$ 块，下一块塔板为第 $j+1$ 块）。将塔板考虑为理论平衡级，板上物料理想混合。组分数目为 c（设计值），板上压力为 P_j（设计值），温度为 T_j，上升汽相为 V_j，溢流液相为 L_j，液相采出为 S_j（设计值），

汽相采出为 G_j（设计值），传入热量为 Q_j（设计值），进料量为 F_j（设计值），进料总摩尔焓为 H_j^F（设计值），组成为 z_{ji}，$(i=1,2,\cdots,c)$（设计值），板上汽相摩尔焓为 H_j^V，板上液相摩尔焓为 H_j^L，板上液相摩尔组成为 x_{ji}，$(i=1,2,\cdots,c)$，板上汽相摩尔组成为 y_{ji}，$(i=1,2,\cdots,c)$，相平衡常数为 k_{ji}，$(i=1,2,\cdots,c)$。（流量和组成以摩尔为单位，能量以焦耳为单位。）精馏塔塔板模型示意图如图 2-14 所示。

则模型可写为

$$F_j z_{ji}+L_{j-1}x_{j-1,i}+V_{j+1}y_{j+1,i}-(L_j+S_j)x_{ji}-(V_j+G_j)y_{ji}=0 \quad i=1,2,\cdots,c$$

$$F_j H_j^F+L_{j-1}H_{j-1}^L+V_{j+1}H_{j+1}^V+Q_j-(L_j+S_j)H_j^L-(V_j+G_j)H_j^V=0$$

$$y_{ji}=k_{ji}x_{ji} \quad i=1,2,\cdots,c$$

$$\sum_{i=1}^{c} x_{ji}=1 \quad \text{或} \quad \sum_{i=1}^{c} y_{ji}=1$$

而其中隐含的函数关系为

$$k_{ji}=f(P_j,x_{j1},x_{j2},\cdots,x_{j,c-1}) \quad i=1,2,\cdots,c$$

$$T_j=f(P_j,H_j^L,x_{j1},x_{j2},\cdots,x_{jc})$$

$$H_j^V=f(P_j,T_j,y_j) \quad H_j^L=f(P_j,T_j,x_j)$$

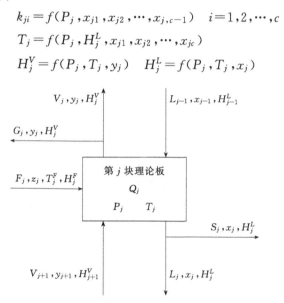

图 2-14 精馏塔塔板模型示意图

可见精馏塔塔板模型是较为复杂的模型。而一个精馏塔又由许多块塔板组成，所以精馏塔的数学模拟是非常复杂的问题。在化工系统工程发展的早期，由于计算机软硬件的局限，并且如双层法、切割法等求解技术尚未研发出来时，许多精馏过程模拟问题都实际上无法解决。如果对于精馏过程模拟能够有深刻的体会和丰富的实践经验，那么对于整个流程模拟技术就容易比较好地理解和掌握。

2.7.8 通用分离器

通用分离器也是一种简化的过程单元模型，主要用于物料的衡算。可以将组分 i 的分离率定为通用分离器的设备参数，即

$$\beta_i=\frac{\text{轻相输出物流中 }i\text{ 组分的流量}}{\text{输入物流中 }i\text{ 组分的流量}}=\frac{F_2 y_i}{F_1 z_i} \quad i=1,2,\cdots,c$$

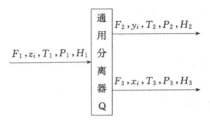

图 2-15 分离器示意图

如果已知输入物流并指定出口物流的压力和温度以及分离率，则可根据下述模型求出出口物流的流量与组成，并进一步求出物流的焓以及热交换量 Q。分离器示意图如图 2-15 所示。

$$F_1 z_i = F_2 y_i + F_3 x_i \qquad i = 1, 2, \cdots, c$$

$$y_i = \frac{\beta_i F_1 z_i}{F_2} \qquad i = 1, 2, \cdots, c$$

$$\sum_{i=1}^{c} y_i = 1$$

$$\sum_{i=1}^{c} x_i = 1$$

$$F_1 H_1 + Q = F_2 H_2 + F_3 H_3$$

求解这个模型时必须迭代求解。但是如果合理地将方程分组，并安排好求解的次序，则可以序贯地依次求出 F_3，F_2，y_i，x_i，最后求出 H_2，H_3 和 Q。

2.7.9 反应器

鉴于实际反应器模型的复杂性，通用化学反应器模型是难于实现的。因此，通用反应器单元模型都是比较简单的模型。并且在实际的工艺设计计算工作中，通常也无需按照严格的反应动力学计算反应器。一般地，都是使用专用的反应器计算程序，按照反应机理事先计算好反应器中各组分的转化率，然后直接将计算的转化率作为通用流程模拟系统中反应器模块的设备参数给予指定，则可以按照化学计量式对反应器进行计算，由输入物流的状态求出输出物流的状态。这种处理方法就将复杂的反应动力学计算剥离至通用流程模拟系统以外，使得通用流程模拟系统能够方便地处理反应器计算的问题。当然，在商业化的流程模拟软件中，也可为用户提供更为复杂的反应器模块。

2.7.10 聚合反应过程模型与链节分析法

经典的聚合反应过程的数学模拟与低分子化合物合成过程的数学描述一样，针对参与聚合的各类分子，活性中心及其他原料，中间产物和最终产物，列出描述其变化的微分方程组，再求解此方程组，其中包括每个参与反应组分的物料衡算，同时考虑了该组分生成和消耗的基本反应速度。

建立聚合过程机理模型的难点在于描述聚合反应的动力学以及聚合物体系的热力学性质计算。由于聚合过程形成高分子链，而链长各不相同的高分子是不同的物质，所以便产生了无限多个聚合产物，聚合过程的动力学方程也为无限多个。于是聚合过程建模问题成为"无限"多个微分方程组求解问题。过去的解决方法是生成函数法也称母函数法。虽然从数学角度看生成函数法所建模型是比较严谨的，但是由于要求解无限多个微分方程，故在数值计算时只能近似选用有限个方程求解，从而导致数值误差，并且计算繁冗，推导复杂。而本书作者[2,17]提出了链节分析法，在同等的严谨机理前提下巧妙地解决了这个问题，仅需要求解有限个很少的方程就能达到同样目的，极大地简化了计算，为聚合过程实时动态模拟奠定了理论基础，并在很多实际工程项目上成功应用。下面对生成函数法和链节分析法分别做出详细介绍。

(1) 生成函数法

利于生成函数法解决"无限"问题的思路就是利用概率分布函数的形式确定活性链（端基——可继续增长的部分）的反应速率和活性链中链节（重复单元——不能继续增长的部分）的反应速率。（注意：仅是借用了函数形式，实际上与概率无关）。

首先介绍以下有关生成函数的一些知识。

生成函数法[15,16]，也称母函数法（Generating Function Method）。根据生成函数的定义有

$$g(s) = \sum_{n=1}^{\infty} a_n s^n$$

其中 $\{a_n\}$ 为任意数列，s 为任意实数，函数 $g(s)$ 就称为数列 $\{a_n\}$ 的生成函数。

对聚合体系而言，作如下假设：

① 假定高分子链均为直链，即反应不生成支链；

② 假设不同长度的高分子活性链上自由基活性相同；

③ 假定链终止反应均为耦合反应，不发生支化反应；

④ 假定不发生链转移反应。

这四个假设在聚合过程模拟中，普遍的被认可。

在聚合反应体系中，n 个单体聚合形成的活性链 S_n 的浓度 $[S_n]$ 可看作任意数列。

因此，根据生成函数的定义，可以得到活性链 S_n 的浓度 $[S_n]$ 的生成函数 $P(s)$。

$$P(s) = \sum_{n=1}^{\infty} S^n [S_n]$$

"生成函数"中还引入了矩（Moment）的概念。聚合物的聚合度分布可用概率分布函数描述，其中聚合度 n 为离散变量，聚合物链 S_n 的浓度 $[S_n]$ 恰相当于概率密度，则概率分布为

n	1	2	3	··················	n
$[S_n]$	$[S_1]$	$[S_2]$	$[S_3]$	·············	$[S_n]$

称级数

$$\mu_k = 1^k [S_1] + 2^k [S_2] + \cdots + n^k [S_n] = \sum_{n=1}^{\infty} n^k [S_n]$$

为离散变量 n 的 k 次矩。

通过生成函数的定义与分布矩的关系，建立聚合物的聚合度分布的各阶矩，对聚合反应过程进行模拟计算。

在此，定义活性链的聚合度分布的 k 阶矩分别为 μ_k，

$$\mu_k = \sum_{n=1}^{\infty} n^k [S_n]$$

当 k 分别等于 0，1 时，代入上两式得

$$\mu_0 = \sum_{n=1}^{\infty}[S_n]$$

$$\mu_1 = \sum_{n=1}^{\infty} n[S_n]$$

其中 0 阶矩和 1 阶矩具有明确的物理意义：μ_0 表示所有活性链的浓度；μ_1 表示所有活性链中链节的总浓度。

根据生成函数法的定义以及性质，求解出活性链及链节的反应速率，从而解决"无限"的问题。生成函数法的优点在于建模过程利用了聚合机理，模型从数学形式上看比较严谨。但是问题在于求解过程比较复杂，从严谨的数学表达得出具体的数值解时会产生无法克服的方法误差，基本物性的计算难于严谨，并且需要一定的数学基础，计算效率也比较低，较难实现实时动态模拟。

（2）链节分析法

为了解决聚合反应过程中的"无限"问题，本书作者提出了一种崭新的方法，即链节分析法。运用这种方法，把链长和组成各不相同的高分子看作是由各种基本单元组成的，而且通常都是一个相对较小的数（由于对某一特定的聚合体系，其中的基本单元的种类是有限的），这样就可以实现由有限种基本单元去组合成无限种高分子组分，从而使模拟计算成为可能。

自由基聚合反应过程一般都由链引发、链增长、链转移和链终止等基元反应组成。下面举一个简单的例子——乙烯聚合过程[2]：

用 C 表示聚乙烯分子中的结构单元—CH_2—CH_2—，称之为链节；

用 E 表示聚乙烯分子中的引发剂 R—，称之为端基；

用 A 表示聚合过程中的活性链 X—CH_2—CH_2·。

在聚合过程中，将组成和链长不同的聚乙烯高分子链都看作是由数量不等的链节 C、端基 E 和活性链 A 组成的，这样组分就从无限多种变为有限种。在进行反应过程计算及物料衡算时，涉及大分子的部分均转化为对 C、E、A 三个基本单元的运算，从根本上保证了过程的物料衡算。

基于以上几点假设，用 M 表示聚合单体，重新构造聚乙烯反应过程：

链引发反应

$$I \xrightarrow{k_1} 2R\cdot$$

$$R\cdot + M \xrightarrow{k_2} A\cdot + E$$

链增长反应

$$A\cdot + M \xrightarrow{k_3} A\cdot + C$$

链终止反应（只考虑耦合反应）

$$A\cdot + A\cdot \xrightarrow{k_4} A—A（终止聚合物）$$

动力学方程如下

$$r_1 = k_1[\text{I}]$$
$$r_2 = k_2[\text{R} \cdot][\text{M}]$$
$$r_3 = k_3[\text{A} \cdot][\text{M}]$$
$$r_4 = k_4[\text{A} \cdot][\text{A} \cdot]$$

由上述反应网络按经典的动力学方法计算出引发剂、自由基、链节、端基、活性链等的生成或消耗速率，进而对整个体系进行物料衡算和热量衡算，可动态地解得任意时刻反应釜内的状态，包括各种基本单元的持料量等，再由这些信息得到聚合过程中各种重要的工艺指标，如高分子的平均分子量等。

这只是一个很简单的例子。对于任意一个指定的聚合体系，应用上述链节分析法都能够写出相应的描述其反应历程的方程式来，而且其个数必然是有限的。对于机理较为复杂的情况，如向高分子、向单体、向引发剂、向溶剂的链转移，分子内链转移，还有工业上关心的长短支链个数，高分子内各官能团的平均数量、结构特点等，用此方法都能简洁的得到解决。

下面再讲一个复杂一点的聚合过程，即 ε-己内酰胺的聚合[17]。下面是聚合的主要反应机理：

① 开环　$H_2O + \overline{NH-(CH_2)_5-CO} \xrightleftharpoons[k_1']{k_1} NH_2(CH_2)_5COOH$

② 缩聚　$\sim NH_2 + \sim COOH \xrightleftharpoons[k_2']{k_2} \sim NHCO \sim + H_2O$

③ 加聚　$\overline{NH-(CH_2)_5-CO} + H-[NH(CH_2)_5CO]_n-OH \xrightleftharpoons[k_3']{k_3}$
$H-[NH(CH_2)_5CO]_{n+1}-OH$

④ 封端　$H-[NH(CH_2)_5CO]_n-OH + CH_3COOH \xrightleftharpoons[k_4']{k_4}$
$CH_3CO-[NH(CH_2)_5CO]_n-OH + H_2O$

⑤ 二聚环开环　$C_2 + W \xrightleftharpoons[k_5']{k_5} S_2$

⑥ 二聚环加聚　$S_n + C_2 \xrightleftharpoons[k_6']{k_6} S_{n+2}$

同样采用"链节分析法"。在该反应体系中，存在两种聚合物：单官能团聚合物和双官能团聚合物。按链节分析的思想，在这里把聚合体系中的高聚物视为由"活性链节"（端基——可继续增长的部分）和"死链节"（重复单元——不能继续增长的部分）两种不同的组分组成。体系内"活链节"有两种

① $NH_2(CH_2)_5COOH$

② CH_3COOH

注意：这里第二种链节虽与醋酸结构相同，但不同于醋酸，应分别进行物料衡算。

体系内"死链节"为

$$-NH(CH_2)_5CO-$$

在该反应体系中，因为一个活性链节，决定一条高分子链的存在，所以活性链节亦可视为"端节"。该体系就由 ε-己内酰胺单体、双官能团端节、单官能团端节、死链节、水、醋酸、二聚环六种组分组成，这些组分进行统一的反应速率计算、质量衡算。体系内不再出现高聚物，体系组分数就由无限变为有限，且各组分具有明确的物理意义，利于系统采用统一的物性数据。链节分析法同样也便于进行体系的热量衡算，将体系的热量衡算视为由各个组

分的焓衡算组成，这样，"链节分析法"在解决聚合反应过程的模拟计算时，可自成完备的体系。

为了书写反应式方便，将各组分用简单符号代替：

M 为 ε-己内酰胺单体；S 为双官能团端节；A 为单官能团端节；Ch 为死链节；W 为水；Ac 为醋酸；C_2 为二聚环。

① 开环　$H_2O+ \overline{NH-(CH_2)_5-CO} \underset{k_1/k_1'}{\xrightarrow{\hspace{1cm}}} NH_2(CH_2)_5COOH$

即　$W+M \underset{k_1/k_1'}{\xrightarrow{\hspace{1cm}}} S$

正反应　$u_1 = k_1[M][W]$

逆反应　$v_1 = k_1'[S]$

② 缩聚　$NH_2(CH_2)_5COOH + NH_2(CH_2)_5COOH \underset{k_2/k_2'}{\xrightarrow{\hspace{1cm}}}$

$\qquad NH_2(CH_2)_5COOH + -NH(CH_2)_5CO- + H_2O$

即　$S+S \underset{k_2/k_2'}{\xrightarrow{\hspace{1cm}}} S+Ch+W$

正反应　$u_2 = k_2[S][S]$

逆反应　$v_2 = k_2'[S][Ch][W]$

③ 加聚　$NH_2(CH_2)_5COOH + \overline{NH-(CH_2)_5-CO} \underset{k_3/k_3'}{\xrightarrow{\hspace{1cm}}}$

$\qquad NH_2(CH_2)_5COOH + -NH(CH_2)_5CO-$

即　$S+M \underset{k_3/k_3'}{\xrightarrow{\hspace{1cm}}} S+Ch$

正反应　$u_3 = k_3[S][M]$

逆反应　$v_3 = k_3'[S][Ch]$

④ 封端　$NH_2(CH_2)_5COOH + CH_3COOH \underset{k_4/k_4'}{\xrightarrow{\hspace{1cm}}} CH_3COOH + -NH(CH_2)_5CO- + H_2O$

即　$S+Ac \underset{k_4/k_4'}{\xrightarrow{\hspace{1cm}}} A+Ch+W$

正反应　$u_{4_1} = k_4[S][A_C]$

逆反应　$v_{4_1} = k_4'[A][Ch][W]$

$\qquad\qquad S+A \underset{k_4/k_4'}{\xrightarrow{\hspace{1cm}}} A+Ch+W$

正反应　$u_{4_2} = k_4[S][A]$

逆反应　$v_{4_2} = k_4'[A][Ch][W]$

⑤ 二聚环开环　$C_2+W \underset{k_5/k_5'}{\xrightarrow{\hspace{1cm}}} S+Ch$

正反应　$u_5 = k_5[C_2][W]$

逆反应　$v_5 = k_5'[S][Ch]$

⑥ 二聚环加聚　$S_n+C_2 \underset{k_6/k_6'}{\xrightarrow{\hspace{1cm}}} S+2Ch$

正反应　$u_6 = k_6 \cdot [S][C_2]$

逆反应　$v_6 = k_6' \cdot [S][Ch]$

可得动力学方程如下

$$r_M = \frac{d[M]}{dt} = -u_1 + v_1 - u_3 + v_3$$

$$r_W = \frac{d[W]}{dt} = -u_1 + v_1 + u_2 - v_2 + u_{4_1} - v_{4_1} + u_{4_2} - v_{4_2} - u_5 + v_5$$

$$r_S = \frac{d[S]}{dt} = u_1 + v_1 - u_2 + v_2 - u_{4_1} + v_{4_1} - u_{4_2} + v_{4_2} + u_5 - v_5$$

$$r_{Ch} = \frac{d[Ch]}{dt} = u_2 - v_2 + u_3 - v_3 + u_{4_1} - v_{4_1} + u_{4_2} - v_{4_2} + u_5 - v_5 + 2u_6 - v_6$$

$$r_{C_2} = \frac{d[C_2]}{dt} = -u_5 + v_5 - u_6 + v_6$$

$$r_{A_C} = \frac{d[A_C]}{dt} = -u_{4_1} + v_{4_1}$$

$$r_A = \frac{d[A]}{dt} = u_{4_1} - v_{4_1}$$

由以上两个例子的速率表达式可以看出，链节分析法与传统方法得到的速率表达式完全一致，所得模型在聚合机理与数学形式方面都与生成函数法相当或更为严谨、更有适用性。由于链节是实际存在的，关于链节的比热容、生成热等基本物性数据都有机理和实践作为依据，容易获取。链节分析法也不需要很复杂的数学工具，除了选取组分的建模思路与非聚合体系不同以外，建模和求解过程与简单的化学反应过程模拟完全一样。而这一点小小的改变，却使计算过程大为简化，求解速度也显著提高，为聚合过程实时动态模拟奠定了基础。

各个基本组分的物化性质可以参考相应的单体物性给出，反应热有键能的概念作基础，可以很准确地估计。计算过程中，应保证各基本组分的分子量是绝对正确的，以确保整个聚合过程模拟的物料平衡。链节分析法可用于所有聚合反应过程的稳态或实时动态模拟，经过了大量的实际工程计算的实践考验，在实际应用中证实了其结果是可靠的。

利用生成函数法求解聚合过程是先构造一个关于链长和组成的母函数的方程式，再利用母函数计算出有限个分布矩量以描述出聚合物分子结构。显然，其计算过程十分麻烦，获得具体数值解时不能避免简化，一定程度上抵消了模型的严谨性。而且从流程模拟的角度来看，体系中组分无限多个时，要实现过程的实时动态模拟（包括聚合物体系的热力学性质和相平衡等）的难度很大。动态模拟所要求的实时性决定了需要更为简练而又能准确描述聚合反应过程的数学模型。而链节分析法不仅同样地解决了模型的严谨性问题，而且在后续的数值计算过程中仍能保持计算上的严谨。通过将不同链长、不同组成的长链结构分解为有限的基本组成单元，建立基本组成单元间相互转化的动力学方程。不仅解决了聚合过程中的"无限"的问题，而且其计算过程也大大简化，能更好地适应过程实时动态模拟的需要。可以说，链节分析法用于聚合过程模拟，是一个典型的、具有启发和借鉴意义的建模案例，在系统分析、建模策略、求解技术等方面充分体现了建模方法论的内涵。

2.8　关于数学模型预测性检验的探讨*

当使用多元线性回归方法建立数学模型（经验模型或机理模型）时，通常采用显著性检验作为评价模型的标准。然而，如果不能全面、深刻地理解显著性检验的原理，就非常容易在实践中违背客观规律，犯下各种错误。因此本节提出了模型预测精度存在某种客观上限及模型预测性检验的观点与方法，从理论与实践两方面探讨了有关的统计检验手段。所论方法亦适用于非线性回归问题。该法用于化工装置的建模实践，取得了良好实际效果。

2.8.1　模型显著性检验的意义及其存在的问题

（1）提出问题的背景

在建立化工过程数学模型（经验的或机理的）的过程中，总是要依据试验（工业生产的或实验室的）样本回归得到某些模型参数。此时，多元线性回归是最常用的算法之一。尤其在关于过程机理的信息不足时，该算法更为常用。

利用多元线性回归筛选并确立模型时，通常使用模型显著性检验评价模型的优劣。此种评选标准具有统一、定量化、客观、便于应用等特点。因而得到广泛的应用。但是，应当指出，显著性检验本身在数学上虽是严谨的，但其结论却并不一定完全适合工程上的需要。这一点经常被人们所忽视。由此易导致建模工作中的两类失误：首先是为追求尽可能高的相关系数而无端耗费很多时间，其次是选定了较高相关系数的模型而该模型实际用于预测的效果却较差。显然，后者的危害甚于前者。

（2）显著性检验的意义

为说明问题，首先应考察显著性检验的实质。

对于显著性检验，其相应的零假设为：诸回归系数同时为零。这在工程上意味着所选全部影响因素或自变量都对试验指标无影响。检验结果有以下两种可能。

① 统计量方差比 F（或相关系数 R）小于临界值　此时检验结果提示应接受零假设。但在实际工程问题中几乎不会出现所选全部自变量都与试验指标无关的情况。故此种提示的有用信息量不大，仅说明模型形式选择欠妥。

② F（或 R）大于选定显著水平上的临界值　此时检验结果表明宜拒绝零假设，模型具有显著性，诸回归系数不同时为零。用工程上的语言表达，仅等价于：在所选全部影响因素中，至少有一个选择正确。对熟悉实际过程的建模人员来讲，由此得到的信息亦不为多。

（3）显著性检验中的问题

由上述分析可见，无论接受或拒绝显著性检验的零假设，都不能获得模型是否具有较好预测性能的直接信息，这是其零假设本身特点决定的。故缺乏针对性是显著性检验的一个不足。

显著性检验还存在另一个更为隐蔽的问题。

该检验实际上是用模型对样本的拟合程度来评价模型的优劣，在检验过程中并没有考虑到被预测量本身的重要分布特征——离散程度或方差。对不同的被预测量采用了相同的评价标准，易使人误认为相关系数 R 越大（或方差比 F 越大、剩余标准差 S 越小）模型越可靠。因而在建模工作实践中，易导致如下片面性：不敢使用表面上看相关系数不高的模型，繁琐地计算以追求趋近于 1 的高相关系数。事实上，若相关系数过分地高，不但不能说明模型精度高反而表明模型用于预测的性能不太好。其原因可说明如下。

建模的目的在于关联系统的输入输出特性以实现对系统输出特性的预测。作为被预测量的系统输出特性是随机变量，其条件分布的规律是客观的，其数学期望与方差等分布特征与统计的手段、技巧无关。即使数学模型的预测值恰好精确等于被预测量的数学期望值，预测值也必与实际测量值存在一定的偏差。此种偏差的大小与被预测量本身的离散程度或方差有关而与处理数据的手段无关。此规律可示于图 2-16。

此种规律表明，预测的精度是存在一个客观的限度的，这个限度仅与被预测量本身的分布特征有关。如模型精度过低，当然预测效果不好，但如模型精度异乎寻常地高，甚至超过了被预测量本身离散性的客观限度，则模型用于预测的效果肯定不佳，甚或很差。因为此时模型必是迁就了样本中的误差，预测值肯定偏离了实际的数学期望值。换言之，获得如此接近数学期望值的样本实际上是不可能的。这就从数理统计角度说明如不考虑变量本身的离散特性而片面追求过高的相关系数可能导致建模工作的失误。

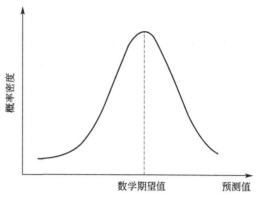

图 2-16 测量值取值规律示意

　　由以上分析可见，因显著性检验仅利用模型对样本的拟合程度而未考虑不同变量具有不同离散特征，故用其评价模型时，易导致如下失误：接受表面上高度显著但实际上却难用于预测的较差模型或盲目追求尽可能高的相关系数而增大了计算量。

　　通过对过程机理的认识有助于正确评价和选择模型。但仍有必要从数理统计角度导出严谨的、定量的、不含主观性的评价方法。这不仅具有理论意义，而且还具有实际指导意义。

2.8.2　关于模型预测性能的统计推断

(1) 统计假设的建立与统计量的导出

　　建立较有针对性的零假设并考虑被预测量的分布特征应是检验预测性的两个要点。

　　不失一般性，可设过程系统的输入向量为 x，输出量（随机变量）为 y。现欲由试验样本 (x_i, y_i)，$i = 1, 2, \cdots, m$ 回归得到数学模型：

$$\hat{y} = f(x) \tag{2-18}$$

　　此处 m 为样本容量，$\hat{y}$ 为模型对 y 的预测值。并且，认为当 x 值给定时，y 的条件分布为等方差的正态分布，即 $y \sim N(\mu(x), \sigma^2)$。$\mu(x)$ 为 x 给定时 y 的数学期望值，为 x 的函数，而 σ^2 为 x 给定时 y 的条件分布的方差，σ^2 不随 x 变化。

　　从本质上看，预测性应是预测值与数学期望值之间接近程度的一种度量。故建立如下统计假设 H_0：模型式(2-18)在所有采样点 x_i 上的预测值俱为该条件下的数学期望值 $\mu(x_i) = \mu_i$，$i = 1, 2, \cdots, m$。

　　即 H_0：$\hat{y}_i = \mu_i$　　$i = 1, 2, \cdots, m$

　　注意此处 μ_i 非统计量，而是关于 y 的分布特征的常数。因此，模型的剩余（误差）平方和为

$$Q = \sum_{i=1}^{m} (y_i - \hat{y}_i)^2 = \sum_{i=1}^{m} (y_i - \mu_i)^2 \tag{2-19}$$

　　当假设 H_0 成立时，可知式(2-19)右端中每一项 $y_i - \mu_i$ 均为 $N(0, \sigma^2)$ 变量，则统计量

$$u_i = \frac{y_i - \mu_i}{\sigma} \sim N(0, 1)（即服从正态分布）$$

在随即抽样或诸 y_i 独立的前提下，可知统计量

$U = \sum_{i=1}^{m} u_i^2 = Q / \sigma^2 \sim \chi^2(m)$，即统计量 U 服从自由度为 m 的 χ^2 分布。

当选定显著水平及否定域后，计算 U 的观察值并与临界值比较，即可做出是否接受 H_0 的统计推断。

(2) 拒绝 H_0 的两种情况

U 的值过大或过小均应放弃假设 H_0。在第一种情况下，如检验的目的是为了识别出拟合精度较差的模型，应将否定域选在 χ^2 分布的上部，取显著水平 $\alpha_1 = P(U > \chi^2_{\alpha_1})$，如图 2-17 所示（$P$ 表示概率）。

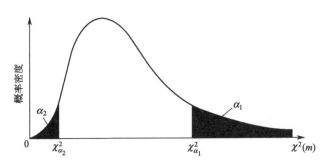

图 2-17　否定域的选取

如观察值 U 大于临界值 $\chi^2_{\alpha_1}$，则否定 H_0。此时对应较大的剩余标准差或较小的相关系数，模型不宜使用。此种情况下，统计检验的目的类似于常用的显著性检验，而区别在于对离散程度不同的变量使用了不同的定量标准以评价其拟合精度。

另一种情况是需要判断模型的表观拟合程度是否异常地高，以免在不察的情况下进行失真的预测。此时否定域应取分布的下部，显著水平取 $\alpha_2 = P(U < \chi^2_{\alpha_2})$。若实际观察值 U 小于临界值 $\chi^2_{\alpha_2}$，则拒绝 H_0。此时对应着过大的相关系数或过小的剩余标准差，但预测值却偏离数学期望，不能用于预测。

(3) 方差 σ^2 的估计及显著水平 α_2 的选取

在利用 H_0 及 U 进行统计推断时，需事先了解 y 的条件分布的方差 σ^2。对实际化工过程来讲，通过经验或样本估计 σ^2 值是比较容易的。甚至可以根据经验估计出 σ^2 的一个下限值代替。这使得计算得到的 U 值偏大，故使得认为 U 值过小而拒绝 H_0 的判断更为可信。特别是，如在 x 取一恒定值的条件下，获得关于 y 的一个容量为 n 的样本 y'_j，$j = 1, 2, \cdots, n$（这在实际中不难做到），则可得到子样方差

$$S^2 = \frac{1}{n-1} \sum_{j=1}^{n} (y'_j - \bar{y}')^2 \qquad (2\text{-}20)$$

其中

$$\bar{y}' = \frac{1}{n} \sum_{j=1}^{n} y'_j$$

此时，统计量 $\dfrac{(n-1)S^2}{\sigma^2} \sim \chi^2(n-1)$。则当 H_0 成立时，有

$$F = \frac{U/m}{S^2/\sigma^2} = \frac{Q/m}{S^2} \sim F(m, n-1)$$

该统计量 F 同样可用于判断 2.8.2(1) 中解消假设 H_0 是否可信，且不含 σ^2，故使用起来就更为方便。

应当指出，计算 U 值时所用 σ^2 值务必与回归所用样本相对应。假如原始样本的方差为 σ_0^2，回归建模前使用理论或经验的方法剔除了一部分可疑数据，得到新的样本用于回归。新

样本的方差一般小于 σ_0^2，则需对新样本所真正代表的总体的方差 σ^2 重新估计，以尽可能地算准 U 值。

从理论与实际两方面来看，显著水平 α_2 值宜比一般统计推断取得大些。譬如取 $\alpha_2 = 0.1$。理由在于，对实际过程的微观机理的了解不可能十分详尽，则模型变量与结构的选择总会存在某种问题。在这样的实际情况下，模型的预测误差等于或小于客观限度几为不可能。故一旦出现这种情况就抛弃假设 H_0 是明智的决策。

（4）与显著性检验的比较

以上提出的模型预测性统计检验与常见的用于评价模型的显著性检验有许多不同。首先，该检验考虑到统计总体本身的离散性，评价拟合精度更切合实际，其着眼点在于识别出不宜使用的较劣模型以及在适当的时候结束过分追求较高相关系数的无益计算，而常用的对相关系数的检验等都是为了识别出"可用"的模型。另外，采用预测值等于数学期望的解消假设比原有的检验中诸回归系数为零的假设更有针对性，更实用。本检验方法是直接作出模型是否具有良好预测性的判断，而原有方法一般只是作出模型能否良好拟合所抽样本的判断，结论的性质有所差别。由讨论过程可看出，预测性检验亦适用于多元非线性回归的情况，而显著性检验则不行。

可以说，预测性检验是评价模型的较适宜的标准。如结合使用其他检验方法，便可以利用由不同研究角度得到的结论，从而避免性质不同的错误发生。

（5）预测性系数

依据以上讨论的原理，也可以定义如下预测性系数

$$E=\frac{\sigma^2}{Q/m}=\frac{m}{u} \tag{2-21}$$

或

$$E=\frac{S^2}{Q/m} \tag{2-22}$$

如 E 值接近于 1，则预示模型可能有较好的预测性能，如 $E\ll 1$，则提示模型过于粗糙，模型变量与模型结构与实际的差距较大，而如 $E\gg 1$，表明模型过分迁就样本中的误差，虽然对样本的拟合误差较小但用于预测则不可靠。

预测性系数 E 与常用的样本复相关系数 R 的关系为

$$E=\frac{m\sigma^2}{(1-R)Q_T} \tag{2-23}$$

或

$$E=\frac{mS^2}{(1-R)Q_T} \tag{2-24}$$

其中

$$Q_T=\sum_{i=1}^{m}(y_i-\bar{y})^2 \qquad \bar{y}=\frac{1}{m}\sum_{i=1}^{m}y_i$$

2.8.3 实际应用中的问题

（1）预测性的粗略判断

工程上常以平均相对误差来描述变量的波动程度，简单而易于理解与应用。由有经验的工程技术人员估计系统输出量的平均相对误差或其下限值不是很困难的。因此，从实际出发，可将模型拟合平均相对误差与实际相对误差之比作为粗略判断模型预测性的标准之一。可以认为，对许多复杂工业装置，输出特性的相对误差很难小于 2%，而小于 1% 更是难上加难，故模型的拟合误差达到 3%～5% 应属非常满意，如小于 3% 甚至小于 1% 则反而值得

怀疑。因即使预测值确为数学期望值也不可能达到如此高的精度。

（2）统计检验之后的问题

当预测性检验被通过，假设 H_0 被接受时，并不肯定意味着模型较佳，而仅是从统计推断角度找不出否定 H_0 的证据。如否定 H_0，犯错误的概率即为选定的显著水平；如接受 H_0，判断错误的概率却是未知的。但考虑到使预测值恰等于数学期望值（即原假设 H_0）是对模型的一种较高的要求，故即使 H_0 不成立时作出了接受 H_0 的错误判决，也不一定造成模型丧失使用价值的后果。还应指出，假设 H_0 仅在采样点处对模型提出了要求，在非采样点处预测值是否等于数学期望值仍难以判断。此时对模型的进一步全面评价只能依赖于非统计推断的手段，评价工作较缺乏算法性、定量性。解决这个问题的正确途径应是综合各学科的理论与实践，建立一套严谨、完善的准则以进一步评价数学模型的优劣。

2.8.4 小结

应综合运用预测性检验及其他关于模型显著性的统计检验，使之互为补充，可减小犯各类错误的概率。建模过程中以纯数学手段或盲目试探方式选择数学模型的工作应适可而止，不应过分追求对样本的拟合精度。更多的注意力应放在研究系统机理、诸因素的作用方式及模型的预测性能方面，亦即在建模过程中应着重注意结合工程经验进行系统分析工作。

在此，还需提醒一点，本节阐述的观点和结论，不仅适用于利用数理统计的方法建立模型（包括经验模型和机理模型）的场合，也同样适用于利用其他各种方法建立数学模型的场合，比如模糊数学、模式识别、人工智能等建模方法。不论建立数学模型的途径如何，只要模型对已有观测样本的拟合呈现异乎寻常的高精度，超出了实际系统的客观限度，则其对系统行为的预测就非常值得怀疑。此时必须运用对系统机理的认识加以分析、判断。尤其是，如果所得模型与系统实际自由度分析的结论有严重矛盾时，明智的选择就是放弃该模型。

本 章 要 点

★ 数学模型是模型的最高表现形式，是理论研究与实际应用追求的最高境界。没有较好数学模型可用的领域就是在研究手段、研究成果等方面都欠成熟、欠严谨、欠科学并难于控制的领域。

★ 数学模型不是越复杂越好，而是越简洁越好。

★ 建模时如果不适当地引入过多"机理"，往往违背宏观的自由度分析，并且引入了过多的模型假设，由此带来更多的不确定性，导致模型预测性变差。

★ 机理模型与经验模型不是相互排斥的建模手段，而是密切联系的建模手段。

★ 自由度概念的根本是物理上的而非数学上的概念。

★ 自由度分析是不容违背的原则，并对建模和求解有着重要的实际指导作用。

★ 经验模型建模时最易犯的错误就是忽略抽样过程的严谨性、前提条件以及过度拟合。

★ 建模实践中最易陷入的误区就是忽视了模型的预测性从而过度强调建模的数学手段、复杂的形式和拟合既有数据的效果。

★ 由于来自实际生产过程的数据很难形成较为理想的样本，因此评价经验模型需全方位应用建模的相关理论并重视实践效果。

★ 建立数学模型并没有一定的套路。建模方法论只是指导建模的原则，成功的建模依赖于理论联系实际。

★ 对于流程模拟问题，无论是否真实详尽地掌握过程的微观机理，只要实际上过程是宏观可控的，就一定能够建立适用的数学模型。

★ 无论何时，只要我们讨论数学模型，就一定不能忘记对应的物理原型～即系统。

★ 机理框架与经验参数的良好集成是建模时最宜提倡的策略。

思 考 题 2

1. 举出尽量多的各类模型的实例。

2. 举例说明建立机理模型时的简化与假设。

3. 为什么建立数学模型最为有利？什么场合有必要建立其他类型的模型？

4. 为何数学模型的自由度一般小于等于实际自由度？

5. 考虑建立数学模型时进行简化假设的例子。

6. 考虑对同一过程建立不同模型的实例。

7. 考虑运用同一模型描述不同过程的例子。

8. 考虑三类（图形、矩阵、代数）系统结构模型的作用有何异同，能否互相代替？

9. 考虑自由度分析的法则在建立经验模型过程中如何应用。

10. 设计用蒙特卡罗法计算圆周率的计算机程序。

11. 讨论机理模型与经验模型间的辩证关系。

12. 试分析外推使用经验模型时，可能导致预测失误的原因。

13. 能否利用集中参数模型解决分布参数系统的建模问题？

14. 能否利用确定模型解决随机系统的建模问题？

15. 能否利用动态模型解决稳态系统的建模问题？

16. 分析运动徐缓素（$C_{50}H_{73}O_{11}N_{15}$）水解过程的独立化学反应数与独立反应。涉及的组分有：$C_{50}H_{73}O_{11}N_{15}$（运动徐缓素），H_2O（水），$C_2H_5O_2N$（甘氨酸），$C_3H_7O_3N$（丝氨酸），$C_6H_{14}O_2N_4$（精氨酸），$C_5H_9O_2N$（脯氨酸），$C_9H_{11}O_2N$（苯丙氨酸）共 7 种。

17. 已知物流的流量、温度、压力、组成，物流的状态是否必能确定？

18. 如何克服计算过程中的数值不稳定现象？

19. 考虑样本方差 $S = \dfrac{1}{m-1}\sum\limits_{j=1}^{m}(x_j-\bar{x})^2$ 的递推计算法。

20. 欲建立某间歇式化学反应器的主产物收率经验模型。涉及变量有进料温度 T_0、压力 P_0，组成 X_0，釜容积 V，反应温度 T，反应压力 P，反应时间 t，选择性 S，总转化率 C，主产物收率 p，副产物收率 d。可否将模型关联成 $p = f(S, C, d, V, T, P, t, T_0, P_0, C_0, \vec{b})$ 的形式（$\vec{b}$ 为模型参数）？

21. 对间歇釜内发生的恒温、恒压、恒容串级反应 $A \xrightarrow{k_1} P \xrightarrow{k_2} S$，建立浓度 C_A，C_P，C_S 随时间 t 变化的机理模型。设反应级数均为一级，速率常数 $k_1 \neq k_2$。A 的初始浓度为 C_{A0}，P 和 S 的初始浓度为 $C_{P0} = C_{S0} = 0$。提示：非齐次线性微分方程 $\dfrac{dy}{dx} = p(x)y + q(x)$ 的通解为 $y = e^{\int p(x)dx}\left(\int q(x)e^{-\int p(x)dx}dx + c\right)$。并研究使得主产物 P 浓度最大的最佳反应时间 t^*。

22. 某化学反应，根据实验得到生成物浓度与时间的关系为

t/min	1	2	3	4	5	6	7	8	9	10	11	12	13	14	15	16
$C/(10^{-3}\text{mol/L})$	4.00	6.40	8.00	8.80	9.22	9.50	9.70	9.86	10.00	10.20	10.32	10.42	10.50	10.55	10.58	10.60

要求用 $C=\dfrac{t}{at+b}$ 形式的曲线拟合该实验数据。确定模型参数 a 与 b，并给出适用范围和使用单位。

23. 设计用蒙特卡罗法计算圆周率的程序。

24. 由实验测得某一级化学反应的速率常数 k 与反应温度 T 的关系如下表：

并且已知 k 与 T 之间符合阿伦尼乌斯关系 $k=k_0 \mathrm{e}^{\frac{-A}{T}}$

求：参数 k_0 与 A 的值，并标明经验式的适用范围和使用单位。

T/K	310	320	335	345	350
k/s^{-1}	101	160	331	506	626

（提示：注意计算过程的数值稳定性）

本章参考文献

[1] 王健红等. 化工装置动态模拟与优化工艺软件平台. 化工进展, 1997, (4): 49-51.

[2] 王健红等. 自由基聚合反应过程的超实时动态模拟. 化工进展, 1997, (6): 36-38.

[3] 商利容, 王健红. PET 聚合反应器建模及在聚合流程动态模拟中的应用. 计算机仿真, 2003, 20 (2): 99-102.

[4] 付鹰. 化学热力学导论. 北京: 科学出版社, 1981.

[5] 赵传钧. 化工热力学. 北京化工大学, 1997.

[6] 秦导. 独立化学反应式的分析与电算 [学士学位论文]. 北京: 北京化工大学, 1998.

[7] 许松林, 王树楹, 余国琮. 模拟精馏过程的新方法-三维非平衡混合池模型应用. 化学工程, 1996, 24 (3): 13-16.

[8] 余国琮, 宋海华, 黄杰. 精馏过程数学模拟的新方法三维非平衡混合池模型. 化工学报, 1991, 42 (6): 653-659.

[9] 朱开宏. 化工过程流程模拟. 北京: 中国石化出版社, 1993.

[10] 彭秉璞. 化工系统分析与模拟. 北京: 化学工业出版社, 1990.

[11] 秦导. 管道网络拓扑模型分析与计算 [硕士学位论文]. 北京: 北京化工大学, 2003.

[12] 马沛生. 化工数据. 北京: 中国石化出版社, 2003.

[13] Reid R C, Prausnitz J M, Poling B E. The Properties of Gases and Liquids. 4th ed. New York: McGraw-Hill, 1987.

[14] 卢焕章. 石油化工基础数据手册. 北京: 化学工业出版社, 1982.

[15] Gupta S K, Tjahjadi M. Simulation of an Industrial Nylon6 Tubular Reactor Journal of Applied Polymer Science: Vol 33. 1987.

[16] Tirrell M V, Pearson G H, Weiss R A, et al. An Analysis of Caprolactam Polymerization. Polymer Engineering and Science. 1975, 15 (5).

[17] 李兆全, 王健红. 己内酰胺聚合过程的动态模拟与应用 [硕士学位论文]. 北京: 北京化工大学, 1998.

第3章 数学模型求解方法

本章讨论求解数学模型的基本技术手段。在流程模拟中最常用的数学模型为代数方程组，故主要以讨论代数方程组求解为主。

对于从事化工系统工程的专业人员来说，数学模型求解技术是一项非常重要的基本功。纯熟地掌握各类数学模型的求解技术，可以更透彻地理解数学模型的建立过程与方法原理，对建立数学模型有直接的指导意义。擅长模型求解的人往往能适当地选择模型的形式，既精确又简明地找到建模的捷径。而不熟悉模型求解的人，有时不得不放弃选择那些自己不熟悉解法的优秀模型。

在本章讨论的求解技术中，分为"算法"与"方法"两类。所谓"算法"是指那些已经程式化的、有具体操作步骤或套路、往往可表达为计算公式的在数学上比较成熟的计算过程。用确定的算法解决问题是人们追求的目标，对某具体求解问题存在有效的算法也说明对该问题的研究比较成熟。而"方法"意味着尚未形成成熟的算法，不存在解决问题的固定套路，但是有解决问题的一系列思路，也可能在"方法"的某些环节也存在相应算法可用于解决某些子问题。通常某些待解问题比较复杂，或对其研究尚欠成熟时，其解决方案往往就表现为有多种方法，而对比较简单易解的问题，很可能只有一种成熟有效的算法。对于"算法"，作为从事工程计算的专业人员仅需了解其适用场合、应用的前提等概念性内容，完全没必要死记硬背其公式；而对"方法"，就需要细加揣摩，全面领会，方能得其要领。

3.1 基本概念

3.1.1 隐式与显式代数方程及几何解释

方程是指含有未知数的等式。

隐式方程形如

$$f(x)=0 \tag{3-1}$$

对于多个未知数的情形，则成为隐式方程组，如

$$F(X)=0 \tag{3-2}$$

上式右端为零向量。而 $X=(x_1,x_2,\cdots,x_n)^{\mathrm{T}}$，

$$F(X)=[f_1(X),f_2(X),\cdots,f_n(X)]^{\mathrm{T}} \tag{3-3}$$

其中 n 为未知数的个数，T 为转置符号。

而显式方程形如

$$x=\phi(x) \tag{3-4}$$

对于多维问题为显式方程组

$$X = \Phi(X) \tag{3-5}$$

而

$$\Phi(X) = (\phi_1(X), \phi_2(X), \cdots, \phi_n(X))^{\mathrm{T}} \tag{3-6}$$

而 $X = (x_1, x_2, \cdots, x_n)^{\mathrm{T}}$，为 n 维列向量。

隐式方程（组）可转化为显式方程（组）。反之，显式方程（组）也可转化为隐式方程（组）。这种转化方式可有任意多种。比如

$(\phi(x) - x)^k = 0$，k 为正整数。

一般来说，显式方程转化为隐式方程比较容易，隐患也较少，而隐式方程转化为显式方程稍为复杂。如将 $f(x) = 0$ 转化为 $x = x + f(x)$，则可能会导致不同量纲及不同数量级的变量相加，违背物理意义，也影响求解过程的数值稳定性。故隐式方程转换为显式方程时最好考虑原问题的实际背景。

特别应注意，不同形式之间的转化是否对求解有实际意义以及转化后是否同解的问题。有时，经过形式的转换，不仅会改变迭代求解过程的收敛范围和收敛速度，还会改变原方程组的解，如增加根或减少根等。在工程实践上，经常需要进行方程组形式的转化工作。其目的一般都是为了以下几点。

① 符合专业工程师的理解习惯，便于从物理的、工程的角度分析问题。

② 扩大模型求解时的收敛范围，及便于给出初始值。

③ 适应模型自由度的分析结果，调整、选择模型的设计变量、状态变量，尽量将方程（组）表达为状态变量的显函数方程形式。

④ 提高模型求解的收敛速度或数值稳定性。

⑤ 为了适应已熟悉的、现成的求解方法或软件。

如果没有任何实际用途，则转化模型形式就成为符号游戏，是不可取的。

对于一维问题，容易用直观的图解方法说明方程求根的过程。

隐式方程求根的几何意义为求曲线 $y = f(x)$ 与横坐标轴 $y = 0$ 交点的横坐标 x^*。

而显式方程的几何意义为求曲线 $y = \phi(x)$ 与第一、三象限平分线 $y = x$ 的交点的横坐标。如图 3-1、图 3-2 所示。

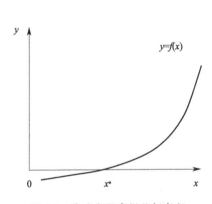

图 3-1　隐式方程求根几何意义

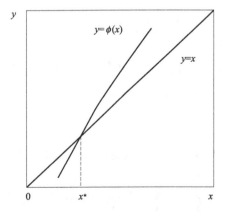

图 3-2　显式方程求根几何意义

3.1.2　迭代过程与迭代法

迭代法求解代数方程组是最重要的一类方法。使用迭代法的意义在于：

① 在绝大多数情况下，无法用直接方法求得方程组的解，只能使用迭代法求其数值解；

② 有时使用迭代法求解时，计算效率高或数值稳定性好；

③ 尤其对于复杂的化学工程问题，往往函数性状十分复杂，甚至函数无解析表达式，只是由一段程序或数据表格定义。此时只能使用迭代法。

迭代过程是指形如

$$X_{k+1} = \Phi(X_k) \tag{3-7}$$

的一系列递归的计算步骤。此为单步法（One-Step Methods）迭代，它从一个初始向量出发，不断地进行下去。而由 m 个初始向量出发的 m 步的多步法（Multistep Methods）迭代形如：

$$X_{k+1} = \Phi(X_k, \cdots, X_{k-m+1}) \qquad k = m-1, m, \cdots \quad m > 1 \tag{3-8}$$

满足 $X^* = \Phi(X^*)$ 的点 X^* 称为迭代过程的不动点（Fixed Point）。由迭代计算所得到的序列 $\{X_k\}$ 称为迭代序列。如迭代序列有极限 X^*，即称迭代序列收敛，亦称迭代过程收敛；迭代序列的极限 X^* 称为迭代序列的吸引点（Point of Attraction）。如迭代序列无极限，则称迭代过程是不收敛的，或发散的。对于一维问题，如迭代过程中迭代序列有如下规律：$\cdots \leqslant X_{k-1} \leqslant X_k \leqslant X_{k+1} \leqslant \cdots$，则迭代过程为单调（增）的；如迭代序列元素大小相间，则称迭代过程为振荡的。

应用迭代法需注意三方面的问题。

首先，是适定性（Well-Posedness）问题。即由迭代计算得到的序列 $\{X_k\}$ 是否均在求解域或定义域内，或说每步迭代计算是否都能得到有意义的结果。这个问题在实际中极为复杂。尤其在化工流程模拟计算中，往往由于数学模型的复杂性使得人们忽视了模型及其求解算法的适定性问题而导致计算的困难。

其次，是收敛性问题。即要求对于所给初始近似值，迭代序列 $\{X_k\}$ 需收敛到方程组的解，即 $\lim\limits_{k \to \infty} X_k = X^*$。收敛性大体可分为局部收敛性与全局收敛性两种概念。如初始近似足够靠近解时，迭代序列收敛，则称迭代序列具有局部收敛性，如对求解域内任意初始近似迭代序列都收敛，则称迭代是全局收敛的。当然，迭代具有全局收敛性是最理想的，但是对于化工流程计算来讲，几乎没有什么算法具有全局收敛性。按照一般的理解，收敛性较好的算法只不过是需要的迭代轮次较少，计算所需时间较少。而更重要的实际问题是，对过于复杂的模型求解任务来讲，较差的收敛性不仅仅是所需计算时间较长，而是较难保证计算过程的数值稳定性，不容易得到正确的解。这与求解简单问题是很不相同的。

第三是迭代的效率问题，即用计算机求方程组的数值解的过程中，机时与内存是否节省。评价效率一般需综合考虑迭代序列的收敛性与每步迭代的计算量。收敛性好的算法需要的迭代轮次较少，但如果每一轮迭代的计算量过大也会影响总的计算效率。故某一算法的综合计算效率不能只看收敛性。尤其需要强调是，在每步迭代的计算量中又分为算法本身的计算量（算法计算量）和与具体过程有关的计算量（对象计算量或称过程计算量）。在数学类教科书中，因为无法讨论过程（对象）计算量的影响，故往往仅依据算法计算量评价算法的效率。这无疑是个缺憾，并容易对从事复杂化工计算的初学者形成误导。对于复杂化工问题来说，目前由于计算机硬件软件的发展，所有算法的计算量大体上可以忽略，占用计算资源最多的是过程（对象）计算量。因而，往往实际计算效率较高的是在每轮迭代中计算函数值（或导数值）次数较少的算法。这是与过去计算工具不发达时代的观点不尽相同的。最需要考虑的计算量是与具体过程有关的计算量，即计算每步函数值 $\Phi(X_k)$ 的工作量。特别地，对于化工流程的模拟计算直至优化计算来讲，一次涉及过程计算量的函数值计算就是进行一遍极其复杂的流程模拟。

对于方程组求根问题，总是希望迭代过程是收敛的。所以需要讨论影响迭代过程的主要因素。大致有如下四个要素。

① 初始点或初始估计值。

② 迭代公式或迭代格式。

③ 收敛判据（Convergence Criterion）。

④ 收敛容差（Convergence Tolerance）。

在抽象地讨论一般性问题的数学类教科书中，通常重点讨论迭代格式及其收敛性问题，对其他影响迭代的要素尤其是初始点问题很难讨论。这的确是个棘手的问题。但是在流程模拟系统中必须解决此问题。本书后续的内容将涉及一些具体问题的解决方案。

常用数学术语 "范数"。多维问题常用到范数进行判敛。向量范数常用来度量向量的 "大小" 及两个向量之间的 "距离"。常用的范数有

① ∞范数（最大范数）：
$$\| X \|_\infty = \max_{1 \leqslant i \leqslant n} |x_i|$$

② 1 范数：
$$\| X \|_1 = \sum_{i=1}^{n} |x_i|$$

③ 2 范数（欧氏范数）：
$$\| X \|_2 = \Big(\sum_{i=1}^{n} x_i^2 \Big)^{\frac{1}{2}}$$

定理：向量范数等价性。设 $\| X \|_s$，$\| X \|_t$ 为 n 维列向量空间 R^n 上向量的任意两种范数，则存在常数 $c_1 > 0$，$c_2 > 0$，使得对一切 $X \in R^n$ 有：$c_1 \| X \|_s \leqslant \| X \|_t \leqslant c_2 \| X \|_s$（该结论不能推广至无穷维空间）。

根据向量范数等价性原理，在某种范数意义下向量序列收敛，则在任何一种范数意义下该向量序列都收敛。向量范数等价性的实用意义在于可根据实际问题的物理意义及数值特征，构造适当的范数用于判敛，而不必拘泥于通用的几种范数形式，往往有利于迭代计算。比如最常见的相平衡泡点迭代计算时，往往根据汽液相的各组分逸度是否相等来判断是否已经收敛，而没有必要硬套范数的形式。如果按照教条依据汽相组成和温度计算范数再用于判敛，不仅程序设计可能麻烦，也容易因为温度、组成的相对数量级变化不定，难于设置通用的、合理的判敛容差，在控制计算结果的有效数字方面不利（比如温度变量趋于收敛而组成尚未收敛但范数的数值已经很小或情况相反）。而用分逸度相等来判敛时有系统总压作为参照，就容易在通用的计算软件中控制有效数字。

3.1.3　与收敛性有关的概念

评价迭代过程局部收敛性时最常用的概念为收敛阶。设迭代序列 $\{X_k\}$ 收敛于 X^*，若存在实数 $p \geqslant 1$，使当 $k \geqslant k_0$，$X_k \neq X^*$ 时：$0 < \alpha_p = \lim_{k \to \infty} \dfrac{\| X_{k+1} - X^* \|}{\| X_k - X^* \|^p} < +\infty$ 成立，则称序列 $\{X_k\}$ 是 p 阶收敛的（Order p Convergence），α_p 称为收敛因子（Convergence Factors）。特别地，当 $p = 1$ 时，称作线性收敛（Linear Convergence）；$p > 1$ 时，称作超线性收敛（Superlinear Convergence）；$p = 2$ 时，称作平方收敛（Quadratic Convergence）。

若对于单变量方程求根问题，p 阶收敛意味着以下关系式成立：

$$\frac{e_{k+1}}{e_k^p} \to C \ (C \neq 0 \ 常数)，即 \lim_{k \to \infty} \frac{e_{k+1}}{e_k^p} = C < \infty \quad C \neq 0 \quad p \geqslant 1$$

其中 $e_k = x_k - x^*$，为第 k 次迭代误差，且迭代过程 $x_{k+1} = \phi(x_k)$ 收敛于方程 $x = \phi(x)$ 的根 x^*。

运用收敛阶概念时要注意以下问题。

① 收敛阶高的算法不一定综合计算效率高。

② 收敛阶高的算法易于选取安全可靠的收敛判据与收敛容差，容易控制迭代精度。

③ 对于复杂的工程问题，往往难于寻求超线性收敛算法。

④ 收敛阶仅仅是对于局部收敛性的评价，而有些常见的高阶收敛算法反而全局收敛性不好。

3.2 线性代数方程组

求解线性代数方程组是数学模型求解的基本技术。许多实用的数学模型都可表达为典型的线性代数方程组，还有许多模型其中的一部分可表达为线性代数方程组。另外，也有许多数学模型在求解的过程中，可用线性代数方程组逼近，最终迭代求出模型的解。在化工流程模拟过程中，如系统属于多级串联系统，如精馏塔，往往会遇到此类模型。

3.2.1 一般形式

线性代数方程组的一般表达形式如下

$$\sum_{j=1}^{n} a_{ij} x_j = b_i \qquad i = 1, 2, \cdots, n \tag{3-9}$$

或写为

$$AX = B \tag{3-10}$$

或

$$AX - B = 0 （隐式方程组形式） \tag{3-11}$$

其中 $A = (a_{ij})_{n \times n}$ 为 n 阶方阵，$B = (b_1, b_2, \cdots, b_n)^{\mathsf{T}}$。

求解线性代数方程组当然也可以使用高斯消去法等类型的算法。但是对于维数较高的情况，往往使用迭代法具有占用工作单元较少，程序结构简单，计算效率较高并且数值稳定性较好等优势。

3.2.2 简单迭代法（Jacobi，雅可比法）

设 A 非奇异，且 $a_{ii} \neq 0$，$(i = 1, 2, \cdots, n)$ 则方程组有唯一解，且可改写成

$$x_i = -\sum_{\substack{j=1 \\ j \neq i}}^{n} \frac{a_{ij}}{a_{ii}} x_j + \frac{b_i}{a_{ii}} \qquad i = 1, 2, \cdots, n \tag{3-12}$$

上式实际上就是原方程组的显式表达形式；

则对应的 Jacobi 迭代公式为

$$x_i^{(k+1)} = -\sum_{\substack{j=1 \\ j \neq i}}^{n} \frac{a_{ij}}{a_{ii}} x_j^{(k)} + \frac{b_i}{a_{ii}} \qquad i = 1, 2, \cdots, n \tag{3-13}$$

或写为"增量格式"，对于编程和讨论都较为方便

$$x_i^{(k+1)} = x_i^{(k)} + \frac{1}{a_{ii}} \left(b_i - \sum_{j=1}^{n} a_{ij} x_j^{(k)} \right) \qquad i = 1, 2, \cdots, n \tag{3-14}$$

收敛性定理：若 A 为严格对角占优阵 $|a_{ii}| > \sum\limits_{\substack{j=1 \\ j \neq i}}^{n} |a_{ij}|$，则 Jacobi 法收敛。

由于 a_{ij} 就是方程组隐式表达式中 $F_i(X)$ 对 x_j 的偏导数，故严格对角占优阵的条件意味着第 i 个方程主要与第 i 个变量有关，而与其他变量的关系不大，即所谓交互作用较小。此时，运用简单迭代法比较奏效。某些由实际工程问题中抽象出来的具有相当物理意义的数学模型都具有此种交互作用较小的特征，此时根据问题的物理意义往往就可以推断使用简单迭代法是能够收敛的，这为选择算法提供了一些依据，而生搬硬套收敛性定理可能是不明智的方案。

简单迭代法是形式最为简单然而内涵很深刻的经典算法，该法的示意性程序将在下面与超松弛法的程序一并给出。

3.2.3 超松弛迭代算法（Successive Over Relaxation Method，SOR 法）

SOR 法的迭代格式如下

$$x_i^{(k+1)} = x_i^{(k)} + \frac{\omega}{a_{ii}} \left(b_i - \sum_{j=1}^{i-1} a_{ij} x_j^{(k+1)} - \sum_{j=i}^{n} a_{ij} x_j^{(k)} \right) \quad i = 1, 2, \cdots, n \tag{3-15}$$

与简单迭代法相比，该法迭代格式有两处较小的不同。其一是增加了一个松弛因子 ω，其二是将和号分成了两部分，和号的前一部分中近似根分量取值为刚刚在本轮次中迭代更新的值，和号后一部分与简单迭代法相同。可以认为，和号前一部分在最大程度上利用了本轮次迭代中刚刚计算出来的新的近似根信息。

本方法是求解大型稀疏矩阵方程组的有效算法。

选取最佳松弛因子可提高收敛性。但通过理论计算最佳松弛因子则非常繁琐，得不偿失。比较实际且有效的方法是通过数值试验调整松弛因子的取值。

定理：若求解线性代数方程组的 SOR 法收敛，则 $0 < \omega < 2$。

定理：设 A 为实对称正定矩阵，且 $0 < \omega < 2$，则解线性代数方程组的 SOR 法收敛。

以下为简单迭代法与超松弛迭代法的 FORTRAN 示例程序，即使使用其他高级语言，道理也是完全相同的。请注意 SOR 法中的程序设计技巧与特点。SOR 法虽公式复杂，但程序反而简单，占用存储单元也少。

雅可比迭代法程序	超松弛迭代法程序
SUBROUTINE JACOBI(N,A,B,X,XX,TOL)	SUBROUTINE SOR(N,A,B,X,TOL,W)
DIMENSION A(N,N),B(N),X(N),XX(N)	DIMENSION A(N,N),B(N),X(N)
K=0	K=0
1　K=K+1	1　K=K+1
DX=−1000	DX=−1000
DO　100　I=1,N	DO　100　I=1,N
DXI=B(I)	DXI=B(I)
DO　50　J=1,N	DO　50　J=1,N
50　DXI=DXI−A(I,J)∗X(J)	50　DXI=DXI−A(I,J)∗X(J)
DXI=DXI/A(I,I)	DXI=W∗DXI/A(I,I)
IF(ABS(DXI).GT.DX) DX=ABS(DXI)	IF(ABS(DXI).GT.DX)　DX=ABS(DXI)
100　XX(I)=X(I)+DXI	100　X(I)=X(I)+DXI

```
IF(DX . LT. TOL) RETURN          IF(DX. LT. TOL) RETURN
DO  200  I=1,N                   GOTO  1
200 X(I)=XX(I)                   END
GOTO  1
END
```

初学者需要仔细研究体会以上程序。在超松弛迭代程序的第8、第9行中，连加计算与简单迭代法是完全相同的，而不是像迭代公式表达的那样分成前后两段。该示例性程序采用了最大范数作为收敛判据。

在多年的教学工作中，作者发现，对于初学者几乎都不能正确地写出超松弛迭代法程序，错误五花八门，甚至有些具备编程经验的人也因为不能领会超松弛迭代法的内涵而写出错误的程序。这个案例非常清楚地告诉人们这样一个重要的道理：

传统的代数符号体系完整、严谨地表达一个在计算机中运行的算法是无能为力的；仅仅熟悉了写在纸上的公式不等于真正掌握了算法执行的具体步骤；只有程序语言才能完整、严谨地表达算法的执行过程，或者可说，只有程序才能真正定义一个算法。这是从事工程计算的初学者必须意识到的重要概念。

3.3 非线性一元方程迭代解法

方程求根是常见的工程计算问题。更为常见，而且从理论和实践两方面看，单变量方程求根也是多变量方程组求根的基础。

本书力图通过一维问题阐明方程求根的原理，并推广至一般迭代过程的规律，使读者能够举一反三，最后进一步过渡到多维问题。

对于隐式方程 $f(x)=0$，满足 $f(x^*)=0$ 的值 x^* 就是该方程的解。x^* 称作方程 $f(x)=0$ 的根，也称作函数 $f(x)$ 的零点。

如果 $f(x)$ 可分解为 $f(x)=(x-a)^m g(x)$，且 $g(a)\neq0$，则称 a 为 $f(x)=0$ 的 m 重根，$m=1$ 称为单根，$m>1$ 称为重根。比如 $x=2$ 就是方程 $(x-2)^2 x=0$ 的二重根。在使用迭代法求根时，许多常用的有效算法在重根附近的迭代效果会显著变差。而流程模拟中最基本、最核心的 PVT 关系计算就经常会遇到此类问题。很多复杂流程模拟计算难于收敛往往与 PVT 关系迭代不能正确收敛或数值精度不够有关。

如 $f(x)$ 在 $[a,b]$ 上连续，且满足条件 $f(a)f(b)<0$，则 $[a,b]$ 是有根区间。判断有根区间也是实际计算时不容忽视的工作。

3.3.1 隐式方程迭代解法

隐式方程形如 $f(x)=0$。针对隐式方程的迭代算法主要有切线法和割线法。

(1) 切线法 (Newton 法)

将 $f(x)$ 在第 k 次近似根 x_k 处作台劳展开，则有

$$f(x)\approx f(x_k)+f'(x_k)(x-x_k)$$

令上式右端为零，构造一元线性方程 $f(x_k)+f'(x_k)(x-x_k)=0$

将以上一元线性方程的根 $x^*=x_k-\dfrac{f(x_k)}{f'(x_k)}$ 作为原方程 $f(x)=0$ 的根的新近似值，则得出迭代公式为

$$x_{k+1} = x_k - \frac{f(x_k)}{f'(x_k)} \tag{3-16}$$

Newton 法的几何意义为逐次用切线代替曲线，求切线与横轴交点的横坐标。如图 3-3 所示。

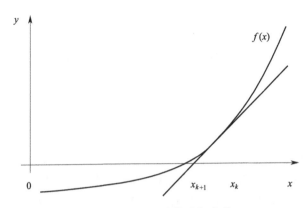

图 3-3 Newton 法的几何意义

Newton 法的特点如下所述。

① 收敛阶较高，为 2 阶收敛。具有较好的局部收敛性。

② 函数性状复杂时，较为依赖初值。一般不具有全局收敛性。

③ 在迭代区间内存在水平切线时（$f'(x) = 0$），可能迭代不收敛。求多重根时收敛阶下降。

④ 如函数不可导甚或无解析表达式时，无法使用该法。故应用的场合受到较大限制。应当指出，如果采用数值导数代替解析导数，虽也构成一种迭代求根方法，很多情况下也有效，但如此方法就不能称为 Newton 法，其算法在收敛域、收敛阶、计算效率等方面的特性有所不同。

对于二阶收敛的算法，在较靠近根的附近，每迭代一次，有效数字约增加一倍。这一特性对于通用计算程序中控制有效数字有很大便利。比如第 k 轮迭代所得近似根与前一轮比已经有 6 位有效数字相同，那么说明本轮所得近似根已经大致具有 12 位有效数字。而 12 位有效数字已基本达到了计算机中双精度 8 字节实型数的最大字长，故一般可以终止迭代。

(2) 割线法

切线法由于需要解析导数，故应用场合受到局限。很多来自实际问题的函数，不仅不可导，甚至有时不连续。切线法的用切线逼近曲线的搜索思路是值得借鉴的，但在复杂问题中经常不适用。若将切线法中的导数 $f'(x_k)$ 用差商 $\dfrac{f(x_k) - f(x_{k-1})}{x_k - x_{k-1}}$ 来代替，同样可用于迭代求根。由此即可得到割线法迭代格式

$$x_{k+1} = x_k - \frac{f(x_k)(x_k - x_{k-1})}{f(x_k) - f(x_{k-1})} \tag{3-17}$$

其几何意义为将割线与横轴交点的横坐标作为下一轮迭代的新的近似值。

该法特点如下所述。

① 收敛速度为超线性收敛。

② 需要两个初始值。该法实为形如 $x_{k+1} = \phi(x_k, x_{k-1})$ 的多步（两步）迭代过程。

③ 不需要解析导数。对函数性状要求不高，甚至对有些不连续的函数也适用。

(3) 三阶迭代法

$$x_{k+1}=x_k-\frac{f(x_k)}{f'(x_k)}\left\{1+\frac{f(x_k)f''(x_k)}{2f'(x_k)f'(x_k)}\right\} \tag{3-18}$$

(4) 王健红迭代法[1]

该法收敛阶为 3，特别适合于化工流程模拟计算中状态方程求根计算。

$$x_{k+1}=x_k-\frac{f'(x_k)}{f''(x_k)}\pm\frac{\sqrt{f'(x_k)f'(x_k)-2f(x_k)f''(x_k)}}{|f''(x_k)|} \tag{3-19}$$

需注意计算时根号内若小于零则取零，根号前±号可按照求根的物理意义确定。如求气相体积根，恒取正号；如求液相体积根则恒取负号。若求密度根，则规律相反。

若非状态方程求根，可按下式求取

$$x_{k+1}=x_k-\frac{f'(x_k)}{f''(x_k)}\pm\frac{\sqrt{f'(x_k)f'(x_k)-2f(x_k)f''(x_k)}}{f''(x_k)} \tag{3-20}$$

式中±号可取一阶导数 $f'(x_k)$ 的符号，则可迭代至较靠近近似值 x_k 的根。该法有如下特点。

① 收敛阶高，收敛快，求重根效果好。一般比以上介绍的三阶迭代法收敛快。

② 从算法上彻底杜绝了状态方程求根时易发生的混淆气液相根或增根的情况。

③ 求状态方程根时具有大范围收敛性。

④ 在状态方程的临界点（重根）附近具有很好收敛性。

⑤ 如状态方程在指定状态下无指定相态的根，则通过迭代过程可识别此种情况。即可判断解的存在性，且符合物理意义。

可以说，此方法是具有适定性的状态方程求根算法。完全可按照计算者的意愿求出指定相态的根，如果所给物理条件下没有指定相态的根，通过迭代便能发现。特别值得指出，此法如果与算法

$$x_{k+1}=x_k-\frac{f(x_k)f'(x_k)}{|f(x_k)f''(x_k)+f'(x_k)f'(x_k)|} \tag{3-21}$$

（此算法为二阶收敛，可用于搜索 $\frac{1}{2}(f(x))^2$ 的极小点）适当地配合使用，则可在确实无指定相态根的情况下求出具有物理意义的合理代替解，为初始值不好时迭代超出定义域给出合理中间结果，使得迭代能够朝正确的方向进行，在实践上彻底解决了 PVT 关系模型及算法的不适定的问题。

在流程模拟计算中，流体 PVT 关系模型求解及相关的相平衡计算是极其基本的计算，在双层法未被应用的年代，这些计算几乎占用了绝大部分的流程模拟计算时间。而在很多苛刻条件下（如存在超临界组分、宽沸程体系、低温、高压等）很多迭代不收敛的内在原因往往就是因为迭代的初始近似远离精确解，使得与 PVT 关系及相平衡有关的方程在定义域之外被使用，因而中间计算结果失去物理意义得出不合理数值或方程根本无解。出现这种情况当然计算无法朝着收敛的方向进行，凑巧成功的机会很少。但是如果采用了具有适定性的综合解决方案，则即使比较复杂的流程模拟计算也可以在很差初始值甚或无初始值（即自动计算初始值）的条件下，逐步地从中间结果方程无解的状态迭代到最终方程组的精确解。作者曾经遇到过许多关于相平衡计算的案例，都是条件极为苛刻的体系，使用著名商业软件无法确定相态、平衡组成、温度等参数。而采用作者的算法则轻而易举地给出指定相态是否存在

以及各项参数的具体数值等明确答案。

表面上仅从数学方面看，王健红迭代法似乎比较复杂。但实际上只是比通常的算法增加了一些"算法计算量"而已。而对处理复杂大系统的化学工程师来讲，算法计算量与过程（对象）计算量相比完全是微不足道的。如果化工计算中的大部分适定性问题都能得到解决，那么许多困扰流程模拟与优化的难题就可能通过基于一系列算法的解决方案给予克服。

总的来说，在解决复杂工程计算问题时，照搬现成算法往往不是最好的解决方案。如果能从问题的物理意义入手，在全面深刻的系统分析之后，经常能较为完美地解决实际问题。

(5) 一般高阶算法

按如下方法可导出一系列高阶算法。

如 $y=f(x)$ 的反函数为 $x=g(y)$，则 $f(x^*)=0=y^*$，及 $x^*=g(y^*)=g(0)$。在 y 处将 $g(y)$ 台劳展开

$$x^*=x+g'(y)(y^*-y)+\frac{g''(y)}{2!}(y^*-y)^2+\frac{g'''(y)}{3!}(y^*-y)^3+\cdots$$

考虑到 $y^*=0$，$g'(y)f'(x)=1$，以及

$$g'(y)=\frac{1}{f'(x)}$$

$$g''(y)=-\frac{f''(x)}{f'^3(x)}$$

$$g'''(y)=\frac{3f''^2(x)-f'''(x)f'(x)}{f'^5(x)}$$

则有　　$x^*=x-\dfrac{f(x)}{f'(x)}-\dfrac{f''(x)f^2(x)}{2f'^3(x)}-\dfrac{3f''^2(x)-f'''(x)f'(x)}{6f'^5(x)}f^3(x)-\cdots$

将上式中的 x^* 换为 x_{k+1}，x 换为 x_k，可由上式得出一系列高阶迭代公式。但实际上，如此导出的高阶迭代法并不好用。尤其是四阶以上算法更是如此。这是因为，目前计算机中常用的实型数的字长大约为 13，即使 10 字节长实型数有效数字也不过在 17、18 左右。那么，如果有较好的初始近似，使用 2、3 阶的算法迭代一两次即可达到最大字长，更高阶的算法无用武之地；而更大的问题是此类不针对特定物理意义的通用算法仅仅是局部收敛性高，全局收敛性反而很差，况且此类高阶算法的"过程（对象）计算量"明显增加，对提高综合效率有害无益。故在实践中必须真正理解各种算法的实质与特点，才能解决实际的复杂化工计算问题。

3.3.2　程序设计

(1) 算法和程序实例

前面说到，印在纸上的公式往往不能真正表达一个算法，只有程序语言才能完整地定义一个算法的执行过程及其本质。最常见的，初学者很容易编出如下的切线法程序（FOR-TRAN）：

（假定方程为 $x^2-2=0$）

F(X)=X*X-2.

DF(X)=2.*X

X=1.

K=0

```
100 K=K+1
    DX=-F(X)/DF(X)
    X=X+DX
    IF(ABS(DX).LT.1.E-4) GOTO 200
    GOTO 100
200 WRITE(*,*) X
    STOP
    END
```

表面上看，此程序没什么问题，计算结果也正确。而一般公开参考书中的程序也大多都是如此的程序结构和风格。但是，对于通用流程模拟软件设计来说，或者说对于复杂大系统求解问题来说，这种设计框架和风格就是有问题的了，更苛刻地说，是不对的，无法操作的。当然，作者在教学中也确曾发现还有更"简练"、更为一丝不苟的"公式翻译式"的程序设计：

```
    DIMENTION XK(10000)
    F(X)=X*X-2.
    DF(X)=2.*X
    XK(1)=1.
    K=0
100 K=K+1
    XK(K+1)=XK(K)-F(XK(K))/DF(XK(K))
    IF(ABS(XK(K+1)-XK(K)).LT.1.E-4) GOTO 200
    GOTO 100
200 WRITE(*,*)XK(K+1)
    STOP
    END
```

显然，这个程序就犯了更为初等的错误，对算法的执行过程没有真正理解。

在解决复杂工程计算的流程模拟软件中，以上算法的算法子程序实际上是应该按以下方式设计的。

算法子程序：
```
    SUBROUTINE NEWTON(X,FX,DFX,TOL)
    DX=-FX/DFX
    TOLER=ABS(DX)
    X=X+DX
    RETURN
    END
```
主调用程序：
```
    X=1.
    K=0
100 K=K+1
    FX=X*X-2
```

```
      DFX＝2＊X
      CALL NEWTON（X，FX，DFX，TOL）
      IF（TOL.LT.1.E-4）GOTO 200
      GOTO 100
200 WRITE（＊，＊）X
      STOP
      END
```

以上程序才是处理复杂大系统问题的正确表达，也更加符合软件工程的要领。其中的算法子程序将切线法的执行过程准确、完整地表达出来，堪称对切线法的真正定义。总结起来，该算法子程序的重要特点是，完成并仅仅完成与算法本身有关的计算量，对整个程序的运行和控制完全交给调用程序，与过程计算有关的全部任务由主调用程序完成，算法子程序不调用函数值计算子程序，算法子程序的功能被削减至"最弱"。如果是做习题、解决简单问题，此种程序思路就显得有些迂回和笨拙。但是，真正要在复杂大系统中使用的话，其高明之处就能看出。比如对通用流程模拟系统来讲，软件必须能为不同的用户计算其不同的流程服务。而化工流程千变万化，难以穷尽。最外层流程级的计算中需要求解代数方程（组），用迭代的方式进行各单元设备的模拟计算；而各单元设备的模拟计算中又需要用迭代的算法计算相平衡；最后相平衡的迭代计算中又内嵌了基本的流体 PVT 关系迭代计算，而真正的计算比用这些文字能表达的还要复杂得多。那么，如果按照常见的不合理的程序结构和风格来编程的话，麻烦就出现了。对于调用次数不定、调用位置不定并且迭代套迭代的功能需求来说，迭代求根算法子程序到底如何设置？是否要将完全相同的迭代算法用不同的名字重复写足够多的遍数，而多少才是足够多？假如只编一个算法子程序，那么多次调用必将形成"递归"的嵌套调用，不仅编程困难而且增加各子系统的交互影响，降低效率，增加隐患，实际上根本无法实现编程。一切困难的根源就在于算法子程序进行了函数值的计算，从事了不应承担的工作，使得整个软件的设计框架和逻辑以算法为中心。对流程模拟这类复杂大系统求解问题，唯一正确、唯一可行的思路就是以复杂的函数值计算即流程模拟计算本身为中心设计程序，在计算函数值的过程中调用算法子程序。实际上，这也是软件工程学中典型的"面向对象"（Object Oriented Programming，OOP）的程序设计原则。可以说，作为化学工程师，通用流程模拟系统设计的前辈们早已与软件工程师的思想不谋而合。这也从一个侧面说明化工流程模拟是极为复杂的工程计算问题，不采取 OOP 的思想是无法实现的。

类似地，正确的割线法算法子程序也可以写出。

割线法子程序：

```
SUBROUTINE SECANT(X,FX,E,K)
COMMON\ITER\X0,FX0
IF(K.LE.1) THEN
DX＝0.1
ELSE
DX＝－FX＊(X－X0)/(FX－FX0)
ENDIF
X0＝X
FX0＝FX
```

```
      E=ABS(DX)/(ABS(X)+1.)
      X=X+DX
      RETURN
      END
```

调用方式：（例如求 $x^2-2=0$ 的根）

```
      T=初值
      TOL=1E-5
      K=0
10    K=K+1
      FT=T*T-2
      CALL SECANT(T,FT,E,K)
      IF(E. GT. TOLER) GOTO 10
      WRITE(*,*) T
      STOP
      END
```

割线法的 C （C++）算法程序如下：

```
double secant(double * x,double fx, short int k)
    {static double x0,fx0; double dx;
    if(k<=1){dx=0.1;} else {dx=-fx*(* x-x0)/(fx-fx0);}
    x0=* x,fx0=fx; * x+=dx;
    return fabs(dx)/(fabs(* x)+1.);
}
```

在实际工作中，也经常见到有人没有按照本节观点而是按照前文所述的不正确思路编写割线法程序。假如在割线法子程序中调用函数值计算子程序，并"严格"按照书面的公式翻译为程序，则往往在同一轮迭代中计算了两次函数值（$f(x_k)$ 和 $f(x_{k-1})$），造成重复计算，虽也能得到最终结果但加倍了过程（对象）计算量，在数学实质上根本就不是割线法了。如果是全流程模拟问题，多算一次函数值就意味着多进行一次极为复杂、迭代套迭代的流程模拟，可见错误的严重程度。

在上述割线法程序中，收敛判据没有采用常见的"绝对误差"或"相对误差"，而是使用了 $\left|\dfrac{x_{k+1}-x_k}{x_k+1}\right|$ 这种略为复杂的形式。其作用是为了在精确根的绝对值较大和较小时都能准确有效地控制有效数字，避免过度迭代或迭代不足。这对既追求速度又要求数值稳定性的复杂化工计算也是很重要的。化工系统不像某些力学体系那样涉及的变量类型较少，而是涉及组成、压力、温度、焓、熵、逸度、流量、液位、黏度、功率、流速、密度等许多量纲差别大、取值数量级差别大、取值基准随意的变量。因此，如果没有合理地设置收敛判据与收敛容差也是经常会导致迭代不收敛或误差放大的结果。这是在实践中不可忽视的。

（2）对算法与程序的评价

在迭代过程中，计算工作量大致分为两种，一是"算法计算量"，即算法本身所必不可少的计算、但与问题的实际背景、物理意义、研究对象的特性无关，二是"对象计算量"或称"过程计算量"，一般是计算函数值或其导数值的工作量，是与研究对象或系统的特性有关的计算。总的算法工作量与求解的实际问题无关，仅与迭代步数有关。无论算法多么复杂，这部分计算量相对于目前的计算机软件和硬件环境来说完全是可以忽略的；而函数值计算与求解的问题有关系。越复杂的问题，计算函数值就越难，这部分计算不仅计算量大，往往还伴随着更深刻的、本质的困难（如模型的不适定性），对整个过程的效率影响较大。对于流程模拟与优化等问题来讲，计算一次函数值实际就是进行一次流程模拟。函数值及其导函数值的计算极其复杂，往往决定了迭代算法的综合效率。有些收敛阶较低的方法，函数及其导函数值的总计算量较少，故有时虽然需多迭代若干轮次，但总的计算量反而要少。

计算机程序语言是描述算法的最佳方式，易于完整、准确地描述算法。而传统的代数符号体系在表达算法时，往往难以准确全面地说明算法执行和操作的关键细节与本质。欲真正掌握一个算法的本质和关键，必须通过其计算机软件设计才可以达到目的。因此，作者也非常不赞成用手算例题的方式去学习算法。手算例题是较为传统的、初学者易于接受的学习方法，然而，这种教学方法很容易给初学者设置框框并导入误区，影响以后设计大型工程软件的能力。

在设计算法软件时，首先应注意程序的可维护性、适应性及消除隐患，程序的各个部分不应过分关联而形成较强的交互作用，其次再讲究提高效率、加快运行速度。源程序代码的写法风格应清楚、朴素易懂，不宜追求所谓的技巧，一味地压缩源程序的长度（程序短并不一定执行步骤少）。对于大型软件系统，好的程序设计应非常易于发现隐患、提高运行的效率和安全，各部分的相互牵连影响较小。有些在程序设计"高手"中流行的编程"技巧"常被初学者所效法，然而其中往往有许多"技巧"是仅仅适用于小系统，而对大系统设计却是非常有害的、不适用的。

3.3.3 显式方程迭代解法

显式方程形如 $x = \phi(x)$。针对显式方程的迭代算法主要有直接迭代、部分迭代和韦格斯坦迭代等。

(1) 直接迭代法 (Direct Substitution，Direct Iteration)

直接迭代法的公式极为简单，即

$$x_{k+1} = \phi(x_k) \tag{3-22}$$

实际上直接迭代法的公式与迭代过程的一般定义式是一样的。

或写成增量格式 $\qquad x_{k+1} = x_k + (\phi(x_k) - x_k) \tag{3-23}$

虽然直接迭代的公式很简单，甚至也称其为简单迭代法，但不论从理论还是数值试验的角度讲，直接迭代都是最重要的，也是最难深刻理解的。对直接迭代的理论和实践有了深刻认识，对其他迭代过程的理解和运用自然会达到较高的水平。为掌握迭代算法的规律，需要对直接迭代的基本规律进行仔细研究与说明。

一般地说，对于直接迭代过程 $x_{k+1} = \phi(x_k)$，不论整个迭代过程如何复杂，在迭代的某一阶段，迭代过程都处于四种基本情况之一：单调收敛、振荡收敛、单调发散、振荡发散。可用图 3-4、图 3-5、图 3-6、图 3-7 四个图形分别表示这四种情况。

由四幅图可观察出如下现象。

① 单调收敛时迭代改进方向是正确的，但步长较为保守。

② 振荡收敛时迭代改进方向是正确的，但步长较为冒进。

③ 振荡发散时迭代改进方向是正确的，但步长极为冒进。

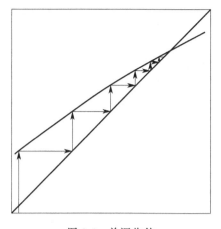

图 3-4 单调收敛

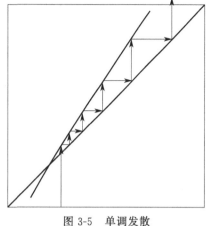

图 3-5 单调发散

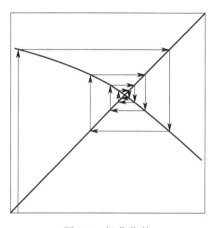

图 3-6 振荡收敛

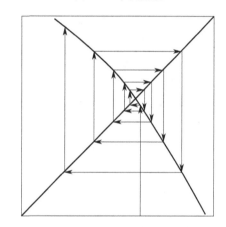

图 3-7 振荡发散

④ 单调发散时迭代改进方向总是错误的,因而错上加错。但是,此时迭代计算仍然能提供关于正确迭代方向的足够信息,即直接迭代方向的相反方向。

因此,不论哪种情况,都可以利用直接迭代的计算结果对迭代过程给予改进,加速收敛或使发散的过程改为收敛的过程。

(2) 部分迭代法 (Partial Substitution)

部分迭代法公式为
$$x_{k+1}=x_k+(\phi(x_k)-x_k)\omega \tag{3-24}$$

如何选取松弛因子 ω 决定了迭代过程的效果。根据以上对直接迭代法的分析,可看出,若对直接迭代的改进量给予适当修正,则可得到收敛性更好的迭代过程。因此,对直接迭代的改进量乘以一个系数——松弛因子。具体办法如下所述。

① 直接迭代单调收敛时,可取 $\omega>1$,在原有正确方向基础上加大步长。即外推。

② 直接迭代振荡收敛时,可选取 $0<\omega<1$,在原有正确方向基础上缩小步长。即内插。

③ 直接迭代振荡发散时,可选取 $0<\omega<1$,在原有正确方向基础上缩小步长。即内插。

④ 直接迭代单调发散时,可选取 $\omega<0$,沿直接迭代的相反方向进行改进。可称"反推"。

(3) 韦格斯坦算法 (Wegstein 算法)

本法也可由隐式迭代的割线法导出。其公式如下

$$x_{k+1}=\frac{x_k\phi(x_{k-1})-x_{k-1}\phi(x_k)}{x_k-x_{k-1}-\phi(x_k)+\phi(x_{k-1})} \tag{3-25}$$

或写为

$$x_{k+1}=x_k+\frac{(x_k-x_{k-1})(\phi(x_k)-x_k)}{x_k-x_{k-1}-\phi(x_k)+\phi(x_{k-1})} \tag{3-26}$$

由上式可看出，本法也相当于每一轮次的迭代都对松弛因子进行选择的部分迭代法。对应的松弛因子相当于

$$\omega_k=\frac{x_k-x_{k-1}}{x_k-x_{k-1}-\phi(x_k)+\phi(x_{k-1})} \tag{3-27}$$

韦格斯坦算法也是一种两步的算法，在流程模拟系统中有着重要的应用。

(4) 程序设计

算法子程序：

```
SUBROUTINE WEGSTEIN(X,FX,ERROR,K)
COMMON/ITER/X0,F0
IF(K . LE. 1) THEN
DX=FX-X
ELSE
DX=(X-X0)*(FX-X)/(X-X0-FX+F0)
ENDIF
ERROR=ABS(DX)/(ABS(X)+1.)
X0=X
F0=FX
X=X+DX
RETURN
END
```

调用程序：

```
     T=初值
     K=0
10   K=K+1
     F=FX(T)      调用函数子程序
     CALL WEGSTEIN(T,F,E,K)
     IF(E . GT. 1E-5) GOTO 10
     WRITE(*,*) X
     STOP
     END
```

按照本书提倡的原则与风格，如果将程序略加改变，就可以适用于通用流程模拟系统中在不同的层次和位置进行复杂方式的调用。示意如下：

```
SUBROUTINE WEGSTEIN(X,FX,ERROR,K,L)
COMMON/ITER/X0(10),F0(10)
IF(K . LE. 1) THEN
DX=FX-X
```

```
      ELSE
      DX＝(X－X0(L))＊(FX－X)/(X－X0(L)－FX＋F0(L))
      ENDIF
      ERROR＝ABS(DX)/(ABS(X)＋1.)
      X0(L)＝X
      F0(L)＝FX
      X＝X＋DX
      RETURN
      END
```

此改动后的程序就可以按各种复杂的方式同时调用，最多为 10 层嵌套。如果读者能仔细看明这个程序，到此就会理解正确的程序设计风格了。

(5) 直接迭代与 WEGSTEIN 迭代的交替使用

在许多情况下，将直接迭代与 Wegstein 迭代交替使用，往往效果较佳。通常是进行 3 至 5 轮直接迭代后，再运用一次 Wegstein 迭代。

3.3.4 局部收敛性问题与局部收敛条件定理

定理：设 x^* 为方程 $x=\phi(x)$ 的根，$\phi'(x)$ 在 x^* 的邻近连续，且 $|\phi'(x^*)|<1$，则迭代过程 $x_{k+1}=\phi(x_k)$ 在 x^* 邻近具有局部收敛性。

推广：若 $|\phi'(x^*)|<1$，则迭代公式 $x_{k+1}=\phi(x_k)$ 所形成的序列收敛。

根据上述定理可知，只要满足 $|\phi'(x^*)|<1$ 这个条件，则不论迭代过程 $x_{k+1}=\phi(x_k)$ 所形成的迭代序列究竟是用于何种目的（比如求最优点、方程求根等），也不论迭代格式 ϕ 是如何推演得到的（比如是隐式方程求解还是显式方程求解），对应的迭代过程一定是收敛的。就是说，此定理不仅是对方程求根算法适用，而是普遍适用于一切迭代过程。换个角度看此问题，也可以说，不论什么迭代过程，其数学实质都是一样的，任何（单步的）迭代过程都是形如 $x_{k+1}=\phi(x_k)$ 的递归计算。即使对于多维的方程组求解问题，虽有细节的不同，而原理是完全相同的。

对本定理的深刻理解，几乎决定了在工程计算实践中运用迭代法解决问题的实际能力。因此，形式最简单的直接迭代算法最需要读者花费力气全面理解其深刻内涵，并具备实践运用的能力。很多复杂的高级计算任务，虽然表面看不出头绪，无法写出其解析公式，但如果能够抓住本质，看透其中逻辑上存在的 $x=\phi(x)$，则解决问题的思路就会非常清晰，而且往往许多表面上看与解方程无关的任务，最终都可转化、抽象为代数方程组迭代求解来完成。

3.4　非线性代数方程组迭代解法**

多维的方程组求解问题，其根本道理与一维问题是完全相同的。核心的、重要的概念已在上一节中详细论述，故本节不多占篇幅，类推即可。尤其是，正因为多维问题难以求解，才有名目繁多的许多算法，令人目不暇给。然而，无论多少种算法，也不论是怎样"创新"的算法，都不过是 $X_{k+1}=\Phi(X_k)$ 而已，区别仅仅是形式 Φ 的产生方式和具体形式不同，故完全无一一罗列的必要。本节仅介绍若干较为经典而重要的算法，目的在于大局上了解思路并推荐若干重要的算法。

必须强调的是，尤其对于多维的非线性（各类）迭代求解问题，假如生搬硬套纯数学文献上的算法，无论其多么复杂、高深（比如区间迭代、同伦延拓等），也无论其多么"创新"（比如"遗传"、"退火"、"智能"之类），往往于复杂的流程模拟实际计算无益。要解决实际问题，必须全面、真正领会数学算法的内涵，结合研究对象的实际物理意义，融会贯通，用其原理，方能收到实效。在流程模拟领域，化学工程师在多年实践中摸索出的一套解决方案（注意：还未构成"算法"）在实践中发挥了巨大而实际的作用。深究起来，这些解决方案中确实也隐含了相当深刻的基本数学原理。

因此，无论是初学者还是从事工程计算的技术人员，必须重视表面上简单的基本问题、基本算法，理解掌握基本原理，形成分析解决问题的基本能力，才能把握复杂工程计算的真谛。

3.4.1 直接迭代法（Direct Substitution，Direct Iteration）

对于形如式(3-5)的方程组 $X = \Phi(X)$

其中 $X = (x_1, x_2, \cdots, x_n)^T$ 为 n 维列向量，

$$\Phi(X) = (\phi_1(X), \phi_2(X), \cdots, \phi_n(X))^T$$

求解此方程组的直接迭代法为

$$X_{k+1} = \Phi(X_k) \tag{3-28}$$

或

$$X_{k+1} = X_k + (\Phi(X_k) - X_k) \tag{3-29}$$

此形式与一维问题的直接迭代法非常相似，只不过运算是向量运算。其收敛性理论方面的结论也与单变量方程求根有些类似。其原理都是相通的。

应注意，对方程组问题，若方程组中各方程之间的交互作用较强，则该法收敛难度大。

所谓交互作用较强是指函数向量对自变量向量的一阶偏导数矩阵（Jacobi 矩阵）

$$J = \frac{\partial \Phi}{\partial X} = \begin{vmatrix} \dfrac{\partial \phi_1}{\partial x_1} & \dfrac{\partial \phi_1}{\partial x_2} & \cdots & \dfrac{\partial \phi_1}{\partial x_n} \\ \dfrac{\partial \phi_2}{\partial x_1} & \dfrac{\partial \phi_2}{\partial x_2} & \cdots & \dfrac{\partial \phi_2}{\partial x_n} \\ \cdots & \cdots & \cdots & \cdots \\ \dfrac{\partial \phi_n}{\partial x_1} & \dfrac{\partial \phi_n}{\partial x_2} & \cdots & \dfrac{\partial \phi_n}{\partial x_n} \end{vmatrix}$$ 不具有对角线占优的性质。

从数学角度看，交互作用较弱往往与函数的凸性及偏导数矩阵的正定有较密切的关系，在这种情况下迭代算法比较易于奏效。有些具有物理背景的数学问题往往具有交互作用较弱的特性。在复杂工程计算过程中，有时会遇到一些多级系统的建模和求解问题。多级系统中的各个子系统发生着类似的物理化学过程，涉及大致相同的类型的变量，比如多级萃取、吸收或精馏等过程系统。有时多级系统的子系统的状态主要是由本级的某些变量决定，受相邻级子系统变量的影响较小。此时的实际多级系统就表现为弱交互作用，实际生产中易于控制，对应的数学模型也相应的表现出弱交互作用，计算时易于迭代收敛。如果多级系统中的各子系统相互影响很大，子系统的状态不仅与本级的变量有关，还强烈地受到相邻级的变量的影响，则此时的多级系统是强交互作用系统，在实际操作时的控制难度也较大，其数学模型也相应表现出强烈的交互作用。对强交互作用的系统数学模型使用直接迭代法通常收敛性不太好，不收敛也时有发生。因此在算法选择时，也应当关注系统本身的物理过程特点。

3.4.2　部分迭代法（Partial Substitution）

与一维问题类似，对于方程组 $X = \Phi(X)$，其部分迭代算法公式为

$$X_{k+1} = X_k + (\Phi(X_k) - X_k) \cdot \omega \tag{3-30}$$

使用部分迭代法有时能改善直接迭代法的收敛性，但对于多维问题，如遇到强交互作用的系统还是容易遇到收敛方面的困难。

3.4.3　牛顿（Newton）算法

对于隐式方程组 $F(X) = 0$，可将解该方程组的 Newton 法看作是一维问题 Newton 法在多维问题上的推广。其格式为

$$X_{k+1} = X_k + \Delta X_k \qquad = X_k - J(X_k)^{-1} F(X_k) \tag{3-31}$$

其中 $J(X_k) = \dfrac{\partial F}{\partial X}\bigg|_{X=X_k} = \begin{pmatrix} \dfrac{\partial f_1}{\partial x_1} & \dfrac{\partial f_1}{\partial x_2} & \cdots & \dfrac{\partial f_1}{\partial x_n} \\ \dfrac{\partial f_2}{\partial x_1} & \dfrac{\partial f_2}{\partial x_2} & \cdots & \dfrac{\partial f_2}{\partial x_n} \\ \cdots & \cdots & \cdots & \cdots \\ \dfrac{\partial f_n}{\partial x_1} & \dfrac{\partial f_n}{\partial x_2} & \cdots & \dfrac{\partial f_n}{\partial x_n} \end{pmatrix}_{X=X_k}$ ，上角标 -1 表示矩阵求逆。

而　　$\Delta X_k = X_{k+1} - X_k$

因在实际计算时求逆就是解如下线性代数方程组：

$$J(X_k) \cdot \Delta X_k = -F(X_k) \qquad k = 0, 1, \cdots$$

故 Newton 法也可写成

$$\begin{cases} X_{k+1} = X_k + \Delta X_k \\ J(X_k) \cdot \Delta X_k = -F(X_k) \quad (k = 0, 1, \cdots) \end{cases} \tag{3-32}$$

在一定条件下，Newton 法具有二阶收敛性。故该法形成的迭代序列有时收敛很快。在计算时每一步计算仅与前一步有关，误差不传播，是自校正的。该法在理论和实践上都有重要意义。但该法非常地依赖初始值，且每步迭代不仅要计算 n 个函数值（过程计算），还要计算 n^2 个分量偏导数值（过程计算）以及（迭代）求解含 n 个未知数的线性方程组（算法计算），故过程计算量极大，效率不一定高。若遇到无法得到解析导数的场合，更会受到限制。特别是在流程模拟计算中，计算函数值或导数值就意味着要进行复杂的流程模拟计算，因而困难较大。但该法提供了解决问题的初始思路，对后续产生的算法有相当大的影响。

针对 Newton 法的弱点，提出了许多改变的方案（因为本质上不存在哪个算法更好的问题，所以此处仅用"改变"而回避使用"改进"，以免给初学者造成概念上的误解）。所谓"拟牛顿法"，就是一系列针对其弱点进行修改得到的方法。

3.4.4　布罗伊登（Broyden）算法

拟牛顿法中较为经典的是布罗伊登算法，即

$$X_{k+1} = X_k + H_k F(X_k) \tag{3-33}$$

$$H_{k+1} = H_k - \frac{(\Delta X_k + H_k \Delta F_k)(\Delta X_k)^{\mathrm{T}} H_k}{(\Delta X_k)^{\mathrm{T}} H_k \Delta F_k} \tag{3-34}$$

其中　　　　　　　　　　　　　　　$\Delta X_k = X_{k+1} - X_k$

$$\Delta F_k = F(X_{k+1}) - F(X_k)$$

在实际计算时，尤其是求解复杂工程问题时，通常宜取初始矩阵

$$H_0 = -J(X_0)^{-1}$$

或其数值近似，否则往往不易收敛。

该法的特点是收敛阶较高，超线性收敛。更重要的是回避了每一轮解析导数的计算，大大减少了算法的过程（对象）计算量，因而往往有较高的综合效率。

3.4.5　Broyden-Fletcher-Shanno 算法

该法是拟牛顿法中较为有影响力的算法，文献 [2] 认为是一种较为稳定的算法。即使在优化搜索领域，该迭代法也是被关注的。

$$X_{k+1} = X_k - B_k F(X_k) \tag{3-35}$$

$$B_{k+1} = B_k + \frac{\mu_k \Delta X_k (\Delta X_k)^{\mathrm{T}} - \Delta X_k (\Delta F_k)^{\mathrm{T}} B_k - B_k \Delta F_k (\Delta X_k)^{\mathrm{T}}}{(\Delta X_k)^{\mathrm{T}} \Delta F_k} \tag{3-36}$$

其中

$$\mu_k = 1 + \frac{(\Delta F_k)^{\mathrm{T}} B_k \Delta F_k}{(\Delta X_k)^{\mathrm{T}} \Delta F_k} \tag{3-37}$$

通常宜取初始矩阵

$$B_0 = J(X_0)^{-1}$$

代数方程组算法子程序的程序设计原则与一维问题是一样的。虽然编程的难度加大，但仍可按照算法子程序不调用函数值子程序的原则编写。也只有如此，方能适应求解复杂问题的需要，而常见公开参考书中所提供的算法子程序，以算法为设计主线，在算法中调用函数值计算子程序在实际复杂工程计算中是难以实现的，即使勉强实现，也会增加系统隐患。

其他多维问题的算法中，常见的还有多维割线法、多维 Wegstein 算法等。其符号公式较为复杂，但原理大致相同。本书不再赘述，具体细节可参考各类教材或手册。

3.5　迭代加速技术*

3.5.1　DEM（Dominant Eigenvalue Method）加速法

所谓加速，是指在不需另计算函数值（对象计算量或过程计算量）的情况下，算出一个（轮）新的近似值。

对任一个求解方程组 $F(X)=0$ 或 $X=\Psi(X)$ 的多维迭代过程 $X_{k+1}=\Phi(X_k)$ 来说，当计算出 X_k 和 X_{k+1} 后，可以按下式加速得出新的近似解[3]，即

$$X_{k+1}^{\mathrm{DEM}} = X_k + \frac{1}{1-\lambda_k}(X_{k+1} - X_k) \tag{3-38}$$

而

$$\lambda_k = \frac{\| F(X_k) \|}{\| F(X_{k-1}) \|} \tag{3-39}$$

或

$$\lambda_k = \frac{\| \Phi(X_k) - X_k \|}{\| \Phi(X_{k-1}) - X_{k-1} \|} \tag{3-40}$$

根据作者的理解，更广义地说，λ_k 可以是相邻两次迭代的误差向量的任意一种范数之比，这个比值揭示了迭代收敛与改进的定量信息。

本方法仅适用于单调收敛的迭代过程。通常每隔 3～5 次迭代运用一次加速。

此方法编程容易，仅需增加几个简单变量作为工作单元和微不足道的少量算法计算。

在流程模拟计算实践中，作者确曾发现该法虽不是普遍适用，但有时该方法极为有效，尤其是对于"交互作用"不强的案例效果明显。

3.5.2 王德人加速法

$$x_*^{k+1} = x^k + \frac{\Delta x^k}{1+\mu_1} \tag{3-41}$$

其中

$$\mu_1 = -\frac{S_{01}}{S_{11}} = -\frac{(\Delta x^k)^{\mathrm{T}} \Delta x^{k-1}}{(\Delta x^{k-1})^{\mathrm{T}} \Delta x^{k-1}} \tag{3-42}$$

式中，$\Delta x^k = x^{k+1} - x^k$；$\Delta x^{k-1} = x^k - x^{k-1}$

本方法[2]计算量与占用内存单元都比 DEM 法略多。表面上看，该法的适用范围应略有扩大，对某些振荡收敛的迭代过程似也可适用。但作者实际使用中发现效果虽有，但不像期待中的那样明显。

3.5.3 讨论

实际上，按照 3.3.3 中讨论的观点来说，迭代加速法同样也是一种大致如 $X_{k+1} = \Phi(X_k)$ 形式的迭代算法，可以为其他的另一个迭代过程 $X_{k+1} = G(X_k)$ 加速，没什么特殊之处。所以称其为"加速"，原因仅在于该法在与其他算法混用时，没有额外进行函数值的计算（过程对象的计算），因而没什么代价就实现了新一轮的迭代，故为加速。所以，有时重复加速也是有效的。但不可能总是加速有效。因为，函数值是迭代进行的根本信息，如果总是不进行新的函数值计算，就不可能得到新的有用信息，加速就进行不下去了。

类似的道理，只要符合原则，其他的迭代算法也可以作为"加速法"使用。实际上，Wegstein 算法（一维的或多维的）也常被当成加速法运用。

3.6 方程组求解的切割技术

在进行复杂的流程模拟计算时，总会遇到形形色色的非线性方程组求解的问题。这时，如果照搬数学文献上现有的通用算法去求解，很难得出期望的结果。事实上，化工流程模拟是一项非常复杂的任务，往往涉及成千上万个非线性方程，而且这些方程涉及的函数定义域狭窄、间断点多、连续性和可微性很差，各变量之间交互作用很强，因此如简单地套用现成的算法往往导致求解效率低下，甚至根本无法求解。因为写在教科书上的算法往往仅在函数的解析性状较好时才有效，在面对诸如流程模拟等难题时就失去了直接套用的前提条件。因此，在化工流程模拟实践中，总是需要先对数学模型进行一定的处理，将复杂问题分解为一系列较简单的问题，然后再根据具体情况，调用适当的算法进行求解。切割技术就是这类分解方法中最重要的一种。可以说，如果不善于运用切割技术，就不可能完美地解决化工流程模拟问题以及其他大型复杂工程计算问题。只要能够对前几节中叙述的迭代过程的基本原理深刻领会，那么理解并巧妙运用切割技术就非难事。

3.6.1 实例

切割技术或方法还不是一个具体的"算法"，难以用经典的代数符号表达，它是一类方法。故先从一实例入手，说明切割技术的原理与步骤。

例 3-1 现有如下隐式方程组：

$$\begin{cases} f_1(x_2,x_3)=0 \\ f_2(x_2,x_3,x_4)=0 \\ f_3(x_1,x_2,x_3,x_4)=0 \\ f_4(x_1,x_2,x_4)=0 \end{cases} \tag{3-43}$$

在实践中可按下述步骤求解此方程组。

① 估计 x_3 的初始近似值 x_3^0。

② 将 $f_1(x_2,x_3)=0$ 看作关于未知数 x_2 的一元方程，由 f_1 求出 x_2 的近似值 x_2^0。

③ 由 f_2 求出 x_4 的近似值 x_4^0。

④ 由 f_4 求出 x_1 的近似值 x_1^0。

⑤ 由 f_3 求出 x_3 的新近似值 x_3^*。

⑥ 比较 x_3^* 与 x_3^0。

⑦ 如果 $|x_3^*-x_3^0|<\varepsilon$，（$\varepsilon$ 为收敛容差），则终止计算，$(x_1^0,\ x_2^0,\ x_3^0,\ x_4^0)$ 即为近似解。

⑧ 如 $|x_3^*-x_3^0|\geqslant\varepsilon$，则设法产生新的 x_3 的近似值 x_3^1。

⑨ 用 x_3^1 代替 x_3^0，返回②，继续下一轮计算，直到从第⑦步退出。

以上计算过程可用信息流图简洁地表示成图 3-8。

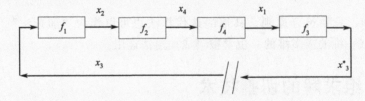

图 3-8 例 3-1 的信息流图

以上求解过程就是用"切割法"完成的。使用切割法，有如下几个特点。

① 选取部分变量作为"切割变量"，如上例中的 x_3，则整个迭代过程从大局看变为仅对切割变量的迭代过程，因此使待求解问题的维数降低。若将全部变量都作为切割变量，则与联立求解所有变量没什么两样，不能起到简化问题的作用。

② 运用切割法可将难解的多个变量联立求解的问题分解转化为一系列易解的较少变量联立求解的问题。

③ 切割法的作用是将原迭代问题转化为另一类迭代问题，其本身并非迭代求根算法。因此，使用了切割法后，仍需使用方程（组）迭代求根算法。但有时，经过变量切割后，方程的某些局部得到简化而可能导出部分解析解。这种情况下，数学模型往往会得到极大简化。

④ 如例 3-1 的第⑧步，若将 x_3^* 直接作为 x_3^0 用于下一轮对切割变量 x_3 的迭代，则实际上对切割变量是在使用直接迭代法。但无论从理论还是实践上，对切割变量采用其他的迭代法也是可行的。比如可以使用韦格斯坦法，布洛伊登法等。

⑤ 切割法的实质可以认为是数值消元法。

再看另一实例。

例 3-2 有非线性方程组如下

$$\begin{cases} f_1(x_1,x_2,x_3,x_4)=0 \\ f_2(x_1,x_2,x_3,x_4)=0 \\ f_3(x_1,x_2,x_3,x_4)=0 \\ f_4(x_1,x_2,x_3,x_4)=0 \end{cases} \qquad (3\text{-}44)$$

在本例中，f_1、f_2、f_3 为关于 x_2、x_3、x_4 的线性方程组。那么此时可采取以下迭代策略求解。

① 估计 x_1 的初始近似值 x_1^0。

② 将 f_1、f_2、f_3 看作关于未知数 x_2、x_3、x_4 的联立线性方程组，则可由此三个方程轻易地求出 x_2、x_3、x_4 的近似值 x_2^0、x_3^0、x_4^0。

③ 由 f_4 求出 x_1 的新近似值 x_1^*。

④ 比较 x_1^* 与 x_1^0。

⑤ 如果 $|x_1^*-x_1^0|<\varepsilon$，（$\varepsilon$ 为收敛容差），则终止计算，（x_1^0，x_2^0，x_3^0，x_4^0）即为近似解。

⑥ 如 $|x_1^*-x_1^0|\geqslant\varepsilon$，则设法产生新的 x_1 的近似值 x_1^1。

⑦ 用 x_1^1 代替 x_1^0，返回②，继续下一轮计算，直到从第⑤步退出。

以上计算过程可用信息流图简洁地表示成图 3-9：

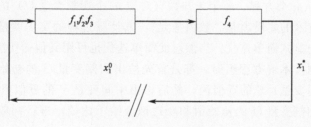

图 3-9 例 3-2 的信息流图

值得指出的是，许多常见的化工过程数学模型都具有类似例 3-2 中方程组的结构形式（比如精馏过程数学模型），此时运用切割技术非常奏效。

以上求解过程就是用"切割法"完成的。使用切割技术可以显著地降低大型复杂方程组的求解难度，大大提高计算效率，是系统模拟工程师必须掌握的方法。反之，不能熟练运用切割技术的人，是无法胜任复杂流程模拟工作的。

3.6.2 原理与效果

对于含 n 个未知数的非线性代数方程组 $F(X)=0$，或写为

$$f_1(x_1,x_2,\cdots,x_n)=0$$
$$f_2(x_1,x_2,\cdots,x_n)=0$$
$$\cdots\cdots\cdots$$
$$f_n(x_1,x_2,\cdots,x_n)=0$$

若选取其中 m 个未知数 $x_{i_1}, x_{i_2}, \cdots, x_{i_m}$ 作为切割变量,并记为 $U = (x_{i_1}, x_{i_2}, \cdots, x_{i_m})^{\mathrm{T}}$, 其余 $n-m$ 个未知数 $x_{j_1}, x_{j_2}, \cdots, x_{j_{n-m}}$ 为非切割变量,或称为中间变量,并记为 $Y = (x_{j_1}, x_{j_2}, \cdots, x_{j_{n-m}})^{\mathrm{T}}$。此时可将 Y 看作这 m 个未知数 U 的函数。其函数关系由方程组中适当的 $n-m$ 个(独立)方程决定(此 $n-m$ 个方程通常不能任意选取)。在此 $n-m$ 个方程中若给定了 m 个切割变量的数值,即给定 U,则由如下 $n-m$ 个方程

$$f_{j_1}(x_1, x_2, \cdots, x_n) = 0 \qquad\qquad f_{j_1}(Y, U) = 0$$

$$f_{j_2}(x_1, x_2, \cdots, x_n) = 0 \qquad 亦即 \qquad f_{j_2}(Y, U) = 0$$

$$\cdots\cdots \qquad\qquad\qquad \cdots\cdots$$

$$f_{j_{n-m}}(x_1, x_2, \cdots, x_n) = 0 \qquad\qquad f_{j_{n-m}}(Y, U) = 0$$

恰好可解出其余 $n-m$ 个未知数 $x_{j_1}, x_{j_2}, \cdots, x_{j_{n-m}}$,即解出 Y。以上这 $n-m$ 个方程可看成用隐函数的形式定义了非切割变量与切割变量间的函数关系。即使不能明确写出这 $n-m$ 个方程,在逻辑上也确实是存在这种关系的。这个道理与自由度分析是一样的。该隐函数关系又可写为

$$G(Y, U) = 0 \quad (可称为中间变量方程组)$$

而原方程组 $F(X) = 0$ 的其余部分可写为

$$H(Y, U) = 0 \quad (可称为切割变量方程组)$$

由于可通过 $G(Y, U) = 0$ 这组方程解出 Y,故无论是否能够将函数 G 变换为具体的显式解析关系式 $Y = Y(U)$,事实上都存在这样的显式函数关系 $Y = Y(U)$。将此显式函数关系代入方程组 $H(Y, U) = 0$,可得到 $H(Y(U), U) = 0$,即等于消去了所有非切割变量 Y,将原方程组求解问题转化为 m 个方程、m 个未知数(对应 m 个切割变量 U)的非线性方程组求解问题。总之,切割技术的实质就是"数值消元",其计算过程的实质就是将原方程组求解问题看作对切割变量的显式简单迭代。当然对此简单迭代也可用其他迭代法进行收敛。特别要指出,通常运用切割技术解方程组时,都是首先给出切割变量 U 的初始值,其次计算出其余非切割变量(中间变量)Y 的近似值,然后再由中间变量 Y 的近似值算出切割变量 U 的新近似值,最后对切割变量 U 的初始值和新近似值给予比较,进行判敛。其较为详细的执行框图如图 3-10 所示。

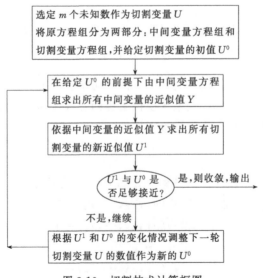

图 3-10 切割技术计算框图

由上述计算框图可看出，整个计算步骤是一个由切割变量 U 计算新的切割变量 U 的过程，也就是说，通过数值消元计算消去中间变量 Y 后，实际上我们得到了关于切割变量 U 的显函数关系，$U=\Phi(U)$。如果将切割变量的新近似值直接作为下一轮迭代的初始值，实际上就是在进行这样的直接迭代 $U_{k+1}=\Phi(U_k)$。显然，对于求解形如 $U=\Phi(U)$ 的显式方程组，也可以使用其他显式迭代算法。如果切割变量只有一个，那么原方程组求解的问题就转化为一元非线性方程求根问题了，其迭代过程的规律也与 3.3 所叙述的完全相同。

使用切割技术，将 n 个未知数的联立求解问题转化为对少数 m 个切割变量的求解问题，将复杂的问题分解为一系列简单的问题，运用成功的关键在于适当或巧妙地选取切割变量与中间变量，并将原方程组适当地分解为中间变量方程组和切割变量方程组。切记：中间变量方程组一定要非常利于求解，求解时应具有较高的数值稳定性、收敛性和较广的收敛域。另外，所选切割变量（组）最宜是那些物理意义明确、易给初值并密切相关的一组变量。在实践中，成功运用切割技术的案例几乎都是充分地利用专业知识，观察出数学模型的内在物理规律，选准切割变量，选取了有利求解的中间变量方程组的形式，最终将难题化解。对切割技术运用得当，可从以下许多方面改善计算效率。

① 容易选取初始值，扩大收敛域　往往选取了切割变量的初值后，中间变量的初值就变得非常容易选取，甚或可直接计算出来。

② 提高数值稳定性　如中间变量方程组的形式适当，比如是线性方程组，就极为利于求解，不易发生误差传递和放大的现象。

③ 减少内存占用　由于切割后回避了大规模方程组的联立求解，故通常许多大型矩阵和向量的工作单元都省去了。

④ 最易被忽视而最重要的是，提高求解过程的适定性　化工过程数学模型的定义域往往非常狭窄、苛刻，各变量之间取值关系受到物理规律的严格约束。所有变量同时迭代极其容易使得迭代中间结果远超出定义域，违背物理规律，因而导致迭代混乱。正确选取切割变量后就能保证后续的计算在数学模型的定义域内进行，迭代中间结果也能保持物理意义，避免迭代失败。

⑤ 提高了算法的收敛性　经过切割后，复杂问题被分解为若干基本简单问题，有利于选取收敛性好的迭代算法，加快计算速度。并且，使用收敛性高的算法，比较容易设置安全而合理的收敛判据和容差。

⑥ 使用切割技术后，整体上或从外层看是仅对切割变量进行迭代，减少了问题的维数，但在求解中间变量方程组时也常常需要迭代。故此时形成外层迭代中嵌套着内层迭代的情况，似乎比较复杂。而联立求解则只有一层迭代，似乎效率较高。其实不然。切割法一般都是针对具有明确物理意义的大型复杂问题，巧妙分解原方程组，使得内层迭代适定性好、求解极其顺利，因而效率很高。如此时采用经典的联立求解，是难以解决上面论述的稳定性、收敛域、适定性、收敛速度等几方面问题的。诚然，如果对方程组所表达的物理对象知之甚少，不能综合运用各专业知识适当选取切割变量和中间变量方程组，勉强应用切割技术，则是难以取得好效果的。使用切割法的极端情况是，假如不做仔细的分析研究，也可以将所有未知数都作为切割变量，然后使用切割计算策略。这种作法，其实就是通常的联立求解，是一种以不变应万变的笨办法。亦即，联立求解就是切割求解的极致。这也从数学角度说明了切割方法与联立求解之间的辩证关系。

⑦ 切割技术是适用于大规模复杂问题的求解技术，绝不是用来求解一般问题甚或习题

的。许多方法都有类似的特点，适用于复杂问题的解法与适用于简单问题的解法是截然不同的。假如对极其简单的问题也采用切割技术，反而是生搬硬套，事倍功半。

3.6.3   方程组的分解

本小节的诸多概念实际上构成了前述切割技术的理论基础。以往某些教材中关于此部分内容有相当多的概念和算法的介绍。单纯从数学角度看，早先的许多概念和算法对于解决一般的大型复杂方程组求解问题来说是有重要理论和实践意义的。但是如果局限于化工流程模拟领域，由于化工工程师已经找到了极其简捷的方案，所以使得早先的许多概念和算法都变成了冗余。故本书不再赘述。

巧妙运用切割技术的关键在于适当选取切割变量（组）和对应的切割变量方程（组）[3,4]。当方程组不太复杂时，变量数和方程数都较少，往往容易直接观察出较佳的切割方案。但对于维数稍多的问题，由于"组合爆炸"的缘故，基本上无法直接观察出合理的切割变量及其对应的方程。即使不考虑问题的物理意义，仅从纯数学的角度，实际上是能够给出选择切割变量及其对应方程的算法的，只不过对此类问题，数学上的合理解往往不是唯一的，也难以从数学角度判定何种方案是最佳的。

方程组分解就是将大型复杂方程组转化为若干简单方程组求解的方法。方程组分解的内容大致包括"分块"和"切割"两部分，目的就是解决切割变量选择及对应的方程选择问题。通俗地讲就是要解决由哪些子方程组去求解哪些未知数以及求解的可行次序。过去（大致在 20 世纪 80 年代前），在过程系统工程领域，求解流程模拟的大型复杂方程组时，分解工作的次序是先进行分块，再进行切割，最终找到适当的切割变量及合理有效的计算次序，从而简化计算。因此产生了许多有效但繁冗的算法用于分块与切割。随着过程系统工程理论与实践的发展，可发现实际上"分块"的本质与"切割"无甚不同，作用与步骤都密切相关。其目的都是寻求最简化、最有利于求解的切割变量集并据此排定迭代计算次序，避免不必要的和难以收敛的迭代。在此认识基础上，已经有若干学者发表了较新的算法[5,6]，其算法不必先进行"分块"，而是直接进行"切割"，直接确定流程模拟的切割变量及迭代计算次序，一气呵成，算法效率很高，切割的结果较佳，简单实用。在此领域内，应当尚有一些较好的同类算法应用于若干大型工程软件，取得很好实践效果，但未见公开刊物上发表。

虽然，随着流程模拟技术的进步，进行方程组分解已经不必先分块再切割按两步进行了，许多过去教材上花费大量篇幅讨论的分块算法也无必要详细介绍了。但为更深刻地认识、循序渐进地理解，还有必要稍许介绍一下关于方程组分块、切割的有关概念。这些概念奠定了流程模拟核心技术的数学基础，是非常重要的。

(1) 子方程组

方程组内由一部分方程所组成的局部，称为该方程组的"子方程组"。

(2) 不相关子方程组

如果某子方程组中所含的变量（未知数）不出现在其他方程中，该子方程组就是原方程组中的"不相关子方程组"。实际上，不相关子方程组就是完全可以不依赖原方程组中其他方程而可以独立求解的一组方程。

如整个方程组确实是仅由若干个不相关子方程组拼凑而成的，则原方程组可直接对应地化为若干个较小规模的子方程组分别求解，并且各子方程组的求解顺序不影响结果。亦即这种方程组是由"可按任意顺序分别联立求解的不相关子方程组"构成的。实际上，如果数学模型真出现这样的情况，则往往意味着要么建模的原型系统在物理意义上就是由不相关的几个子系统组成，根本没有相互的影响，要么就是建模者忽视了某些重要的物理因素导致了不符合实际的模型。

特别地去研究不相关子方程组的求解规律是无实际意义的，是犯了形式逻辑的错误。因为这只不过就是回归到了一般的方程组联立求解问题。

(3) 弱相关子方程组

有些子方程组虽然不是不相关子方程组，但其中所含变量（未知数）在其他方程中出现的频率较少，与其他方程的关联较弱。这可称为弱相关子方程组。在复杂工程问题中，虽然对应模型的变量数与方程数极其巨大，动辄成千上万，但常见的还是存在许多弱相关方程组，假如是线性模型的话，对应的就是所谓稀疏矩阵方程组。经常出现弱相关方程组的现象是有着相当的物理意义背景的。一方面是因为实际系统客观上确实往往由诸多子系统构成，而另一方面是由于建模方法论指导建模者由表及里、去繁就简，经过系统分析而把原型系统主观分解为若干个相互关联的子系统，则对应的模型自然就容易是由若干个弱相关子方程组构成的了。

如果仅从一般的理论或经验上看，只要方程组中没有不相关子方程组，则全部方程就需要一同联立求解。即使存在所谓弱相关子方程组，其性质还是相关，则还是需要联立求解所有方程。但实际上，强调弱相关子方程组的概念就是因为可以利用弱相关子方程组的特点避免联立求解整个方程组，而将原问题转化为同解的一系列简单问题。可以说，弱相关子方程组的概念奠定了本节方程组求解的切割技术的重要理论基础。只有存在弱相关子方程组，切割技术才有实际效果；如果不存在弱相关子方程组，则即使照搬切割的步骤进行，也不会提高计算的效率以及适定性、稳定性等，最极端的情况就是切割所有变量，那么实质还是联立求解，并未将原问题转化为若干简单的子问题而形成有利的解决方案。更为具有实际意义的是，虽然可按照纯数学的方法识别出弱相关子方程组，但由于弱相关子方程组的概念有着较强的实际物理背景，所以对从事化工流程模拟的工程师来说，就能够运用非数学的方法、运用化工的办法轻而易举地识别出弱相关子方程组，并且能够轻易地找到对应的合理切割方案，最终运用切割技术求解复杂的大型方程组。这个巧妙识别弱相关子方程组并切割求解的流程模拟技术就是将在下一章详述的"序贯模块法"。

(4) 方程组分块

分块是将原方程组分解成若干个子方程组。虽然分块的结果是任意的，对于大型方程组来说，其组合数是非常可观的。但是，分块的根本目的是要识别出不相关子方程组和弱相关子方程组，以便为选取切割方案服务。如果不达到这样的目的，则分块就毫无意义。对于原方程组求解问题，经过分块后，这些分解后的子方程组可能有些是不相关子方程组，有些虽然不是完全不相关，但却是弱相关子方程组。这些弱相关子方程组才是关注的要点。如果分块的结果表明，确实存在弱相关子方程组，则必定存在某种计算次序，可以使用切割技术将原问题分解简化为多个简单的子问题求解。最理想的情况是，经过分块后，发现原方程组由若干个弱相关子方程组构成，虽然不能按任意次序、分别独立地求解各个子方程组，但是却可以按照特定的次序、相继将各个子方程组分别联立求解；但如果次序不适当，则无法相继求解。把这样的只能按照特定次序相继求解各个子方程组的方式称作"序贯"求解方式。应当说，通常所称的方程组分块就是特指把可以相继求解（序贯求解）的子方程组从原方程组中识别出来。

例 3-3 不相关子方程组

$$\begin{cases} f_1(x_1,x_5)=0 \\ f_2(x_2)=0 \\ f_3(x_1,x_4)=0 \\ f_4(x_2,x_3)=0 \\ f_5(x_1,x_4,x_5)=0 \end{cases} \tag{3-45}$$

上述方程组中 f_4 和 f_2 构成一个不相关子方程组，而 f_1、f_3 和 f_5 构成另一个不相关子方程组，共有两个不相关子方程组。对原方程组的求解可化为对两个子方程组的分别独立求解。

例 3-4 方程组分块

$$\begin{cases} f_1(x_1,x_4)=0 \\ f_2(x_2,x_3,x_4,x_5)=0 \\ f_3(x_1,x_2,x_4)=0 \\ f_4(x_1,x_4)=0 \\ f_5(x_1,x_3,x_5)=0 \end{cases} \tag{3-46}$$

以上方程组中可识别出第一个子方程组（块）为 $[f_1,f_4]$，第二个是 $[f_3]$，第三个是 $[f_2,f_5]$。虽然这三个子方程组都不是不相关子方程组，但如按特定的排序，可顺利地相继解出各个子方程组从而解出原方程组。具体方案是：首先由第一块可解出 x_1 和 x_4，接着由第二块又可解出 x_2，最后由第三块即可解出最后的两个 x_3 和 x_5。

举以上实例主要是为说明方程组分块的用途和意义。分块的结果可能是不唯一的。对于简单问题，可以直接观察出较佳的分块结果。但方程组规模巨大时，只能借助算法实现。事实上，方程组分解就是针对大规模复杂方程组使用才有实际意义，对简单问题采取此类方案无异于画蛇添足。可用于方程组分块的具体算法较多。近年来，在流程模拟领域，很多早先的算法和求解思路已经被逐渐淘汰。而更为重要的事实是：目前通用流程模拟系统中解决方程组分块的最佳办法不是纯数学的方法，而是最符合化学工程师习惯的按照实际加工单元过程进行分块的方法。详细见下章第四章的叙述。

3.6.4 方程组分解的算法

方程组分解时先分块再切割的算法现在基本上已经被一次直接切割方法所代替[5]。在此领域内有效的算法很多，各有各的适用场合。因为评价切割效果的标准是极为复杂、与具体案例密切相关的，故难以在一般意义上评价哪种切割算法最优。通常来说，较佳的切割方案宜具备如下特征：切割后能形成按子方程组（块）的序贯的依次求解；切割变量少；切割灵敏度较低的变量（方程组中的函数对此变量的偏导数的绝对值较小；其理论依据即迭代过程收敛性定理）；切割后形成的内层迭代是简单的迭代等。

总之，方程组分解技术尤其是其中的切割技术是求解大规模复杂方程组的有效方法，该方法与下一节中将要介绍的双层法经常联合使用，构成了过程系统工程领域的独有的核心技术。

对于这部分内容，即使读者能够按照某种算法机械地手算推出正确结果，也不能说明真正理解其内涵。故本书也未罗列相关算法及手算例题。但是，如果对于较简单的问题，能够具备直接观察出方程组分块及切割的解决方案，就足以说明对此问题的理解已经达到实践所需的程度。

3.7 双层法*

3.7.1 方法原理与技术关键

尽管牛顿法、布罗伊登法、割线法等方法在理论和技术上都较成熟，但在用于化工流程模拟时仍然常常遇到困难。这主要是由于这些方法不具备大范围收敛性，常导致迭代不收敛，并且这些方法往往计算函数值次数过多，导致效率降低。流程模拟问题的复杂性使得人们需要针对具体问题建立行之有效的迭代方法，解决大范围收敛问题与计算效率问题。经过多年的理论研究与数值试验，由化工流程模拟工程师发明了双层法[7,8]这一有力的工具，比较完美地解决了复杂流程模拟数学模型求解的难题。在化工流程模拟过程中，双层法与切割技术及其他常见通用算法配合使用，往往可以收到很好的效果，收敛域明显扩大，数值稳定性增加，计算效率大大提高，成为通用流程模拟系统的核心技术。近二十年来，通用稳态流程模拟软件在化工设计、优化及控制领域发挥了极大的作用，有力地推动了化学工业的技术进步，成为化学工程师不可缺少的工具。这些成就都是与双层法、切割法等核心技术应用紧密相关的。作为从事化工系统工程的专业人员，双层法是必须掌握的重要技术。

双层法的原理是根据问题的物理意义建立一套简化数学模型，求解简化数学模型，得到一个初始解后代入原（严谨）数学模型进行验证，如初始解仍符合原模型则问题已解决，初始解也是原严谨模型的解。如不符合原模型，则根据原模型的验证结果（即代入初始解后原模型方程组的偏差量）修正简化模型的模型参数，继续求解简化模型，如此不断迭代，直至简化模型与原模型同敛为止。简言之，就是用简化模型迭代，用严格模型判敛和修正。由于简化模型是根据一定的物理意义构造出的，且一般是非线性模型，而不是像牛顿法、割线法等是线性近似，故不仅逼近原模型的效果较好，且定义域较宽广，可适应较差的初始值。并且简化模型的形式较简单，连续性、可微性好，有利于选取高阶收敛的迭代算法计算，从而提高计算速度和数值稳定性。如果所选简化模型还具备相当的适定性，则更能扩大收敛域和加速收敛速度。双层法的另一优势在于采用简化模型后，迭代时不用严格模型，故可减少调用严格模型次数，明显提高计算速度和稳定性，收敛范围也明显扩大，也容易避免迭代过程中变量的数值超出严格模型定义域的不利现象。采用双层法后，实际上也相当于外层迭代是对简化模型参数进行，由于一般参数数目较少，故有利于将复杂迭代问题分解转化为一系列较简单的迭代。如果从数学的角度来寻求原理，双层法的理论依据当与数学上的"同伦延拓法"（Homotopy Continuation Method）具有一定联系。因本书主旨为介绍工程技术而非数学专著，故不在此方面多加讨论。

双层法是一种与工程实际结合较紧密的技术，而不是一种程式化的算法。因此使用起来需审视情况、灵活掌握。使用者所具备的化学工程及数值计算的基本功对运用双层法来说至关重要。总的来说，运用双层法的关键有两点。首先是要建立适当的简化模型。简化模型宜具备逼近性好、定义域宽、形式简单易于求导、模型参数少、容易求解等特征。再有就是利用严格模型进行验证的方法及修正简化模型参数的策略。解决这两个关键都不是数学方面的问题，更多的是化学工程（包括热力学、反应工程、分离工程、传递原理、过程系统工程等）方面的问题。

双层法的原理不仅可用于稳态流程模拟，也可以用于动态流程模拟。当用于动态流程模拟时，稍微有些变化。对应的方法可称为跟踪逼近法[9,10]，是一种适用于实时动态模拟的有效方法。跟踪逼近法诞生后，解决了过去长期难以解决的实时动态流程模拟问题。

双层法的原理与计算思路大致可用图 3-11 表示。

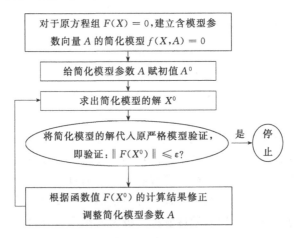

图 3-11 双层法计算框图

从数学方面看，如原严谨模型为 $F(X)=0$（零向量），简化模型为 $f(X,A)=0$，A 为简化模型的参数（向量，其维数不一定与 X 的维数相同，最好是减少）。则双层法的计算目标实际上就是寻求（即迭代）一组简化模型参数 A 的取值 A^*，使得简化模型与原严谨模型同解，即当 $f(X^*,A^*)=0$ 时，也有 $F(X^*)=0$ 成立。那么实质上，原模型的求解问题就变成了一个关于模型参数 A 的隐式方程组 $\Phi(A)=0$ 的求解问题。如根据问题的物理意义构造简化模型，有时可非常容易地选择 A 的初始值，并在迭代求解时具有大范围收敛性。长期的流程模拟实践，证明了双层法的良好效果。

3.7.2 泡点计算的双层法

求泡点是流程模拟中的基本问题。在双层法发明以前，求泡点、露点及平衡闪蒸计算要花去流程模拟的绝大部分时间。这是因为计算过程中需反复调用严格热力学模型，而热力学计算是非常复杂的计算，不仅计算费时，且经常陷于迭代不收敛的窘境。这些困难甚至使得某些专门论述实际相平衡计算的重要著作[11]都认为某些体系的相平衡计算难以收敛。而使用双层法之后，所有问题皆迎刃而解。

典型的求泡点问题如下。

已知：体系压力 P，平衡液相组成 x_i，$i=1,2,\cdots,c$，c 为组分数。

求平衡温度 T 和平衡气相组成 y_i，$i=1,2,\cdots,c$，共有 $c+1$ 个未知数

相应的数学模型形如：

$$\begin{cases} f_i^L = f_i^V \\ \sum\limits_{i=1}^{c} y_i = 1 \end{cases} \quad （共 c+1 个方程）$$

式中，f_i^L，f_i^V 分别为液相与气相的分逸度，是温度、压力、组成的复杂函数。

因 $f_i^L = \gamma_i x_i f_i^0$，$f_i^V = \phi_i y_i P$，则有 $\dfrac{y_i}{x_i} = \dfrac{\gamma_i f_i^0}{\phi_i P}$，若引入参数 $K_i = \dfrac{\gamma_i f_i^0}{\phi_i P}$

可按通常化学工程师习惯改写为

$$\begin{cases} y_i = K_i x_i \\ \displaystyle\sum_{i=1}^{c} y_i = 1 \end{cases}$$

式中，参数 K 通常是由隐式的复杂热力学关系定义的函数，在汽液平衡时就是所谓汽液平衡常数，可表达为 $K_i^* = \dfrac{y_i^*}{x_i^*}$；$\gamma_i$ 为液相活度系数；f_i^0 为纯组分逸度；ϕ_i 为气相分逸度系数。求解以上泡点模型的方法大致有三类。

方案一：调用常规的通用算法，如 Newton 法等，联立求解温度与组成共 $c+1$ 个变量。

方案二：选取温度为切割变量，外层利用最后一个方程对温度迭代，内层利用前 c 个方程对组成迭代。较典型的做法是，外层对温度迭代可使用割线法，内层对 $c+1$ 个组成变量迭代可使用直接迭代、Newton 迭代等方法联立求解。方案二通常比方案一收敛好，计算效率也高。但都存在如下问题。即迭代过程中反复使用严格热力学模型，即反复调用严格模型计算模块去计算活度系数 γ_i、逸度系数 ϕ_i 和逸度 f_i^0 等变量，计算速度慢，并且全部变量未完全收敛之前，汽相组分 y_i 加和不为 1，故严格模型在收敛前是超定义域外推使用的，易导致违背物理意义，中间结果欠合理，往往不能求出指定相态的解，易于误求出增根，影响计算稳定性、收敛性。

以下介绍方案三，双层法。

第一步，首先构造中间参数 K 的简化模型。

根据化工热力学，当液相与气相均为理想系，分别遵从拉乌尔定律和道尔顿分压定律时，则活度系数、逸度系数都为 1，那么中间参数的表达式就简化为

$$K_i = \frac{P_i^{\mathrm{S}}}{P} \quad （P_i^{\mathrm{S}} \text{ 为组分 } i \text{ 的饱和蒸气压}）$$

实际体系与理想体系有一定偏差，则可认为（按严格模型解出的）实际平衡常数就是在（按简化模型解出的）理想的平衡常数上乘以一个系数，则构造简化模型

$$K_i = \frac{P_i^{\mathrm{S}}}{P} A_i$$

应注意，事实上无论实际平衡常数取何值，总可以找到一个系数，使该系数与理想平衡常数的乘积等于实际平衡常数。即确实存在一套（c 个）系数值 A_i 可以用于逼近严格模型解出的平衡常数值。

接下来的任务是如何简化饱和蒸气压的计算。此处，利用较简单的 Clapeyron 蒸气压方程解决。

$$P^{\mathrm{S}} = P_{\mathrm{c}} \mathrm{e}^{h_{\mathrm{c}} \left(1 - \frac{T_{\mathrm{c}}}{T}\right)} \quad （\text{略去组分下标 } i）$$

式中，h_{c} 为蒸气压方程常数，仅与组分有关，是物性常数，可利用正常沸点数据得到

$$h_{\mathrm{c}} = \frac{T_{\mathrm{br}} \ln \dfrac{P_{\mathrm{c}}}{P_{\mathrm{b}}}}{1 - T_{\mathrm{br}}}, \quad T_{\mathrm{br}} = \frac{T_{\mathrm{b}}}{T_{\mathrm{c}}}$$

请注意，Clapeyron 方程具有很强的物理意义。按 Clapeyron 方程，P^{S} 的定义域为 $T = 0^+ \to +\infty$，且当 $T \to 0^+$ 时，$P^{\mathrm{S}} \to 0^+$，而 $T \to +\infty$ 时，有渐进线 $P^{\mathrm{S}} = P_{\mathrm{c}} \mathrm{e}^{h_{\mathrm{c}}}$，$P^{\mathrm{S}}$ 为关于温度的单调函数，且高阶可导。因此，按下式构造的简化平衡常数模型

$K = A \dfrac{P_c}{P} e^{h_c \left(1 - \frac{T_c}{T}\right)}$ 用于双层法是非常理想的形式。

由此，可得简化泡点模型为

$$\begin{cases} \displaystyle\sum_{i=1}^{c} A_i \dfrac{P_{ci}}{P} e^{h_{ci}\left(1 - \frac{T_{ci}}{T}\right)} x_i - 1 = 0 \\ y_i = A_i \dfrac{P_{ci}}{P} e^{h_{ci}\left(1 - \frac{T_c}{T}\right)} x_i \qquad i = 1, 2, \cdots, c \end{cases}$$

此简化模型的第一式为关于未知温度的一元方程，易于使用高阶迭代方法快速、稳定收敛。由第一式求出温度后，可方便地由第二式顺序求出组成。故此模型非常易于求解。又因该模型的机理性较强，故对严格模型的逼近程度很高。实际上，系数 A 有很强的物理意义，即

$$A_i = \dfrac{\gamma_i \phi_i^S \exp \displaystyle\int_{P_i^s}^{P} \dfrac{V_i^L}{RT} dP}{\phi_i} , $$ 指数部分称为 Poynting 因子，在中低压下约等于 1。而活度系数与分逸度系数在很多情况下也约等于 1。故此简化模型的系数在很多情况下约等于 1，这也由大量数值试验结果所证明。那么，此简化模型系数的初始值是非常容易给出的，即

$$A_i = 1 \qquad i = 1, 2, \cdots, c$$

而简化模型系数初始值就是双层法求泡点问题的初始值。原本求泡点问题就有了极为良好和通用的初始值。那么，在进行泡点计算时，实际上就无需人工给定泡点初始值，可由程序自动生成良好初始值。

至此，双层法求泡点的第二步——给出系数初始值并求解简化模型，就变得非常简单了。

第三步，利用严格模型验证与校正模型系数。

此时，将简化模型的解 T, y，连同已知条件 P, x 代入严格模型，求出数学上严格的（注意：不一定是实际的，因严格模型也有偏差）气、液相分逸度 f_i^V, f_i^L，即

$$f_i^V = f_i^V(T, P, y)$$
$$f_i^L = f_i^L(T, P, x)$$

此时，双层法与方案一及方案二有重要差别，即此时虽然整个泡点问题未收敛，但气相组成是归一的，简化解的物理意义也很明确，严格模型完全在定义域内使用，计算稳定，不会误求出非指定相态的增根。并且在每一轮迭代中仅调用一次严格模型，不必反复调用。

第四步，判敛与校正。如由严格模型得出的结果表明：

判敛条件 $\quad f_i^V = f_i^L \qquad i = 1, 2, \cdots, c$

已得到满足，则说明简化模型系数选取正确，简化模型与严格模型同解，泡点问题已解决，输出计算结果 T, y 即可。

如严格模型的验证结果说明判敛条件未得到满足，则需要对系数 A 进行迭代、校正、更新。较为常用、效果较好并具一定物理意义的方式是按下式更新系数 A：

$$A_i^{k+1} = A_i^k \dfrac{f_i^L}{f_i^V} \qquad k = 1, 2, \cdots$$

更新系数 A 后，再转第二步，重新进行简化模型的求解。以上第四步对系数 A 进行更新的方法，大致相当于对 A 进行直接迭代。如收敛性不理想，还可对其进行 Wegstein 迭代

或其他迭代。但通常对于非理想性不强的体系来讲，使用上述直接迭代就能达到很满意的效果。

使用上述方法，因简化模型有很强的物理意义及系数 A 有良好的初始值，故通常对 A 的迭代较易收敛，迭代次数一般很少，并且调用严格模型的次数也降到最低程度，因而计算效率很高。如对早期某些专家认为无法收敛的宽沸程体系[11]，使用双层法也能够轻松收敛。

从数学角度看，双层法是用非线性方程不断逼近原方程，其几何意义是用曲线不断逼近原曲线或用（超）曲面不断逼近原（超）曲面。

3.7.3 平衡闪蒸计算的双层法

最常见的平衡闪蒸问题的描述为

已知：体系压力 P，温度 T，总物系组成 $z=(z_1, z_2, \cdots, z_c)$

求气相分率 β 与平衡气、液相组成 x_i, y_i

相应数学模型为

$$\begin{cases} y_i = k_i x_i \\ x_i = \dfrac{z_i}{(k_i-1)\beta+1} \qquad i=1,2,\cdots,c \\ \displaystyle\sum_{i=1}^{c} \dfrac{z_i(1-k_i)}{(k_i-1)\beta+1} = 0 \end{cases} \qquad (3\text{-}47)$$

应用以上模型时需特别注意，此模型不适于恒沸体系（包括纯组分体系，可视作恒沸体系的特例）。从数学角度看，因恒沸体系有 $y_i = x_i = z_i$，$k_i = 1$，$i=1,2,\cdots,c$。故会导致分母中气相分率前的系数为零，模型的解与气相分率的取值无关，或气相分率值有无限多个解。从物理意义上看，仅仅已知压力、温度和物系组成时，恒沸体系的气相分率也无法确定。如按相律分析，此时体系的热力学自由度（独立强度变量数）已不是 c（组分数）-2（相数）$+2=c$，而是另有附加约束条件。但如果是已知压力、（摩尔）熵和物系组成，则体系的状态可确定。这个事实表明，变量（摩尔）熵的信息量比温度的信息量要大。关于此部分内容，请参看 2.2.1 的讨论。

使用双层法求解上述平衡闪蒸模型的步骤如下。

① 设初始简化模型参数值 $A_i = 1$，$i=1,2,\cdots c$，简化平衡常数模型形如 $k_i = A_i \dfrac{P_i^{\mathrm{S}}}{P}$，其中 P_i^{s} 使用 Clapeyron 形式。

② 求解关于气相分率 β 的一元方程：$\displaystyle\sum_{i=1}^{c} \dfrac{z_i(1-k_i)}{(k_i-1)\beta+1} = 0$，得出 β。

③ 顺序求出 $x_i = \dfrac{z_i}{(k_i-1)\,\beta+1}$ 和 $y_i = k_i x_i$。（此时得出的组成符合归一条件）

④ 调用严格模型求出 $f_i^V = f_i^V(T, P, y)$ 和 $f_i^L = f_i^L(T, P, x)$。

⑤ 判断是否满足条件：$f_i^V = f_i^L$　$i=1,2,\cdots,c$

⑥ 如满足，则计算终止。否则，更新系数 $A_i^{k+1} = A_i^k \cdot \dfrac{f_i^L}{f_i^V}$ 并转至②。（此步也可对系数 A 使用其他迭代）

其他类型的平衡闪蒸计算也可采用类似的方法。并且上述计算步骤也可作为更为复杂的平衡闪蒸计算的内层迭代过程。

3.8 常微分方程组初值问题与动态模拟

一般地，稳态流程模拟系统在设计工作中的利用率较高，而动态流程模拟系统使用较少。所以化工系统工程教材较少地讨论过程动态模型及其求解。随着计算机软硬件技术的突飞猛进，过去较难处理的动态问题也能比较容易地解决了。尤其是化工仿真机的普遍应用，使得通用动态流程模拟的重要性更为突出。化工过程动态模拟在数学上就是常微分方程组的求解问题，并且通常都是初值问题。

3.8.1 实例（连续流动搅拌水槽模拟）

最简单的动态模拟实例当属连续流动搅拌水槽问题，如图 3-12 所示。

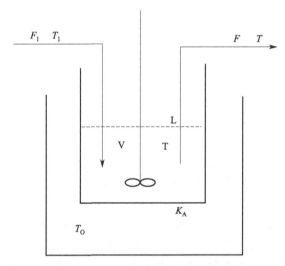

图 3-12 连续流动搅拌水槽示意图

模型假设：搅拌充分因而水槽内为集中参数体系，物性为常数，底部面积为 A 且仅底部对环境散热。

物料衡算：$\rho dV = \rho A\,dL = (F_1 - F)d\tau$，即

$$\rho A \frac{dL}{d\tau} = F_1 - F \tag{3-48}$$

显热衡算（使用简化焓模型时成立）：

$$d(\rho V C_p T) = d(\rho A L C_p T) = \rho A C_p d(LT)$$
$$= F_1 C_p T_1 d\tau - F C_p T d\tau - KA(T - T_0)d\tau$$

即

$$\rho A C_p \left(L \frac{dT}{d\tau} + T \frac{dL}{d\tau} \right) = F_1 C_p T_1 - F C_p T - KA(T - T_0)$$

利用式(3-48)，消去上式中的 $\dfrac{dL}{d\tau}$，可得到

$$\rho A C_p L \frac{dT}{d\tau} = F_1 C_p (T_1 - T) - KA(T - T_0) \tag{3-49}$$

式(3-48)、式(3-49)即构成了流动水槽系统的动态数学模型。L 与 T 为随时间改变的未知函数。

若辅以初始条件，则可求出以上模型的数值解。而通常工程问题都比较复杂，没有求出

解析解的机会。

3.8.2 常微分方程（组）初值问题的一般形式

从数学方面看，上例中的模型是常微分方程（组）初值问题。一般地，常微分方程组初值问题可表达为

$$\begin{cases} \dfrac{\mathrm{d}y}{\mathrm{d}x} = f(x, y) \\ y(x_0) = y_0 \end{cases} \tag{3-50}$$

其中 x 为纯量，y 为纯量或向量。

$$\text{或} \begin{cases} \dfrac{\mathrm{d}y_i}{\mathrm{d}x} = f_i(x, y_1, y_2, \cdots, y_n) \\ y_i(x_0) = y_i^0 \end{cases} \tag{3-51}$$

3.8.3 显式欧拉（Euler）法及其有关概念

求解上述常微分方程组初值问题的基本方法为显式 Euler 法。

(1) 显式 Euler 法

显式 Euler 法的计算公式为（对一维问题）

$$\begin{aligned} y_{k+1} &= y_k + hf(x_k, y_k) \qquad k = 0, 1, 2, \cdots \\ x_{k+1} &= x_k + h \\ y_0 &= y(x_0) \end{aligned} \tag{3-52}$$

或（对 n 维问题）

$$\begin{aligned} y_i^{k+1} &= y_i^k + hf_i(x_k, y_1^k, y_2^k, \cdots, y_n^k) \qquad k = 0, 1, 2, \cdots \\ x_{k+1} &= x_k + h \\ y_i^0 &= y_i(x_0) \end{aligned} \tag{3-53}$$

式中，h 为积分步长；函数向量 $Y = (y_1, y_2, \cdots, y_n)$；$n$ 为问题的维数。

显式欧拉法是形式最简单的算法。但该算法非常清楚地说明了求解常微分方程组的基本原理。其他算法基本上都可以看作是该法的变形。

(2) 几何解释

常微分方程的通解为一族解曲线。当给定初值后，就对应解曲线族中的一条确定的解曲线。对一维问题可用几何方式形象地说明找到这条解曲线的近似曲线的过程。

欧拉法的几何意义是，过点 $A_0(x_0, y_0)$ 引斜率为 $f(x_0, y_0)$ 的积分曲线的切线，此切线与直线 $x = x_1$ 的交点为 $A_1(x_1, y_1)$，再过点 $A_1(x_1, y_1)$ 引以 $f(x_1, y_1)$ 为斜率的切线与直线 $x = x_2$ 的交点为 $A_2(x_2, y_2)$。依此类推，从 $A_{k-1}(x_{k-1}, y_{k-1})$ 出发，作以 $f(x_{k-1}, y_{k-1})$ 为斜率的切线，此切线与直线 $x = x_k$ 交点为 $A_k(x_k, y_k)$。于是便得到过 $A_0, A_1, \cdots, A_{k-1}, A_k$ 诸点的一条折线，如图 3-13 所示。过 (x_0, y_0) 的积分曲线则用此折线来代替。

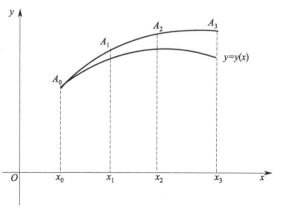

图 3-13 显式 Euler 法几何解释

因此有人亦称这种方法为折线法。

(3) 数值精度与数值稳定性[*]

在用数值法求解常微分方程组时，每一步的计算误差来自两个方面，局部截断误差与舍入误差。截断误差（公式误差）是算法本身造成的，而舍入误差是由于字长不足进行取舍造成的。显然，如果步长 h 过大，由图可见用切线近似原解曲线会有较大偏差，而且这种偏差在后续的计算步骤中还会不断放大，有可能最终所得折线与真实解曲线完全不同，这样的话就失去了数值稳定性。通常采取较小的步长 h 可以在一定程度上减小截断误差，但步长过小则舍入误差将会起主导作用，同样影响最终的解曲线精度。所以步长存在一个比较适中的合理值。可用泰勒展开分析欧拉法的截断误差

$$y(x_{k+1}) = y(x_k + h) = y(x_k) + y'(x_k)h + \frac{h^2}{2}y''(\xi_k) \qquad \xi_k \in (x_k, x_{k+1})$$

对于第 k 步，当 $y_k = y(x_k)$ 成立时，有

$$y'(x_k) = f(x_k, y_k) = f[x_k, y(x_k)]$$
$$y(x_k) + y'(x_k)h = y_k + hf(x_k, y_k) = y_{k+1}$$

则欧拉法的局部截断误差为 $\quad e_{k+1} = y(x_{k+1}) - y_{k+1} = \frac{h^2}{2}y''(\xi_k) \approx \frac{h^2}{2}y''(x_k)$ (3-54)

在实际工程计算时，采用"步长减半法"寻求比较合适的步长是简单有效的。即首先按照步长 h 计算一步，由 $y(x_k)$ 得到 $y(x_k + h)$ 的一个近似值，再按照 $\frac{h}{2}$ 的步长计算两步，得出 $y(x_k + h)$ 的另一个近似值，比较两次所得数值，如果相差较大，则说明步长不太合适，可以调整后再试。

总的看来，显式欧拉法的稳定性虽不是很好，但由于计算简单还是经常被使用的。尤其是该法经过一些变化后，特别适合要求"快速"、"匀速"、"交互"的化工动态仿真机的计算要求。

(4) 程序设计

与代数方程组求解的程序设计原则一样，欧拉法的正确程序设计也应当遵循"算法子程序不能参与过程对象计算"的原则。否则，设计的程序就只能用于求解简单问题，无法在复杂的过程计算软件中应用。示意性的 FORTRAN 程序如下：

```
SUBROUTINE EULER (Y, FX, H)
Y = Y + H * FX
RETURN
END
```

上述程序既可用于求解式(3-52)所表达的问题，也可用于式（3-53）所表达的多维问题。当然，也可以写出这样的程序：

```
SUBROUTINE EULER (X, Y, FX, H)
Y = Y + H * FX
X = X + H
RETURN
END
```

表面上看，后者也无错误。但是，大型化工动态模拟软件设计的实践表明，仅仅因为后者稍微"加强"了一些算法子程序的功能，则会使得程序各个部分的交互影响加大，从而影

响整体的设计。

对于水槽模型式(3-48)、式(3-49)而言，其交互式在线动态模拟示例程序如下（C++语言）：

```
#include<stdio. h>
#include<math. h>
long int n=0; double time=0, dtime=1e-3, f1=1000, t1=25, f=1000, t0=100;
  //赋初值
double cp=1, d=1000; double a=10, k=1000, r; double t=25, l=1.0;
//比热容，密度，底面积，传热系数，半径，温度及液位初值
main () {int kb;    //主程序
    r=sqrt (a/3.14159265);    //由面积求出半径
  integrate:
    gotoxy (1, 5);    //光标移到第一列，第五行
    printf("n=%ld   time=%gHr   \ n",n, time);
    printf("F1=%gKg/Hr   T1=%g℃   F=%gKg/Hr   T0=%g℃   \ n", f1, t1, f,
t0);
    printf("L=%gM   T=%g℃   \ n",l, t);
    if(kbhit ()) {kb=getch ();
      if(kb=='f') f1+=1; if(kb=='F') f1=1; if(f1<0) f1=0; //调节进口流量
      if(kb=='t') t1+=1; if(kb=='T') t1=1; //调节进口温度
      if(kb=='o') f+=1; if(kb=='O') f=1; if(f<0) f=0; //调节出口流量
      if(kb==27) exit (0); //如按 ESC 键，则退出。
    }
    if(l<0) l=0; if(l<=0) f=0; //定义域限制
    process (); //调用单元设备模块
    n++; time+=dtime; //对自变量（时间）积分
  goto integrate;}

process () {double dl, dt;
  dl=(f1-f)/(d*a); //求出液位对时间的导数
  dt=(f1*cp*(t1-t)-k*(a+l*3.14159265*2*r)*(t-t0))/(d*a*cp*l+1.e-128)
//温度导数
  l+=dl*dtime; //对液位积分
  t+=dt*dtime; //对温度积分
  return 0;}
```

3.8.4 隐式欧拉（Euler）法

通常认为，隐式方法比显式方法的数值稳定性好。也称作向后 Euler 法或后退 Euler 法。

对于一维问题

$$y_{k+1} = y_k + hf(x_{k+1}, y_{k+1}) \qquad k = 0, 1, 2, \cdots$$
$$x_{k+1} = x_k + h \tag{3-55}$$
$$y_0 = y(x_0)$$

对于常微分方程组的 n 维问题

$$y_i^{k+1} = y_i^k + hf_i(x_{k+1}, y_1^{k+1}, y_2^{k+1}, \cdots, y_n^{k+1}) \qquad k = 0, 1, 2, \cdots$$
$$x_{k+1} = x_k + h \tag{3-56}$$
$$y_i^0 = y_i(x_0)$$
$$i = 1, 2, \cdots, n$$

如果仅仅从数值分析的理论上看，隐式欧拉法比显式欧拉法的稳定域要大得多。有些文献也认为隐式方法的综合效果优于显式法。但是数值试验的结论却不一定。尤其是对于极其复杂的化工动态计算来说更为明显，其内在原因不仅仅与计算机中的字长不足有关。对于动态流程模拟来说，导数 $f(x, y)$ 的计算就是流程模拟，是最为复杂的计算。由上式可见，在每一步积分求解 y_{k+1} 的过程中，隐式法实际上都要求解一个关于未知数 y_{k+1} 的隐式方程（组），通常避免不了迭代，因而隐式欧拉法在过程（对象）计算量上会有较大的增加同时也因模型本身的复杂性增加了数值不稳定的机会。并且，对于复杂化工流程的动态求解问题，如果采取严谨的隐式算法，则在每一轮的积分过程中，都要联立求解涉及全部流程的成千上万个变量的非线性代数方程组求根问题，这类问题的难度往往比常微分方程组的求解还大。因此，在通用动态流程模拟系统中，既要避免显式法稳定域较小的弱点，又要避免隐式法计算复杂产生的新的不稳定因素，确实需要根据实际问题采取有针对性的策略，这种策略构成了动态流程模拟的核心技术。比较实际的有效方法是在系统分解的基础上，借鉴隐式方法的原理，但表面上使用显式法的格式进行大型常微分方程组的求解。这种解决问题的策略在动态流程模拟实践领域往往就从外在的数学形式上表现为某种"预测-校正"方法。

3.8.5 预测-校正算法

显式欧拉法仅根据初始点的导数信息计算出下一点的函数近似值，因而数值稳定性不甚理想，但隐式欧拉法的过程计算量又太大，并且在求解非线性代数方程组时又会产生新的问题。下述预测-校正算法比显式欧拉法多利用了一点导数的信息，并回避了迭代求解非线性代数方程组的复杂计算，在很多情况下都是富有实效的算法，其计算公式为

$$\begin{cases} y_i^p = y_i^k + hf_i(x_k, y_1^k, y_2^k, \cdots, y_n^k) \\ y_i^{k+1} = y_i^k + \dfrac{h}{2}\left(f_i(x_k, y_1^k, y_2^k, \cdots, y_n^k) + f_i(x_{k+1}, y_1^p, y_2^p, \cdots y_n^p)\right) \\ y_i^0 = y_i(x_0) \qquad x_{k+1} = x_k + h \\ i = 1, 2, \cdots, n \qquad k = 0, 1, 2, \cdots \end{cases} \tag{3-57}$$

式(3-57) 中的第 1 式可看作对 y_i^{k+1} 的预测，而第 2 式便是对此预测的校正。实际上，按照预测-校正的思路还可以构造出多种算法。尤其是在求解复杂工程问题时，可以依据某些物理意义进行预测-校正，往往能收到较好的效果。

3.8.6 动态算法求解稳态问题及其逆问题

从数学模型的角度看，机理动态模型中的导数项为零时，模型就变成了对应的机理稳态模型。故有时使用非线性代数方程组迭代算法不易收敛时，也可以尝试使用动态模型求解稳

态问题。比如文献［11］就给出了用动态模型求解精馏过程稳态解的方法。用动态方法求解稳态问题的基本原理是对系统的动态模型

$$\frac{dy}{dx} = f(x, y)$$

$$y(x_0) = y_0$$

通过选择合适的初始值进行积分求解直至达到稳态。即达到

$$y_k = y_{k+1} = y_{k+2} = \cdots$$

例如对于式(3-48)、式(3-49)所表达的水槽动态模型，当液位 L 和温度 T 不变时，即得到一个稳态解，此时所有的导数也都为零。使用 3.8.3 中提供的 C++程序能够轻易地解出水槽的稳态。

特别指出，如果按照化工仿真机的不断改变操作条件的交互式求解策略，则一般都能按照动态模型求出对应的稳态解。这为迭代法求解代数方程组不易收敛时提供了一种解决问题的另类途径。

一般地说，如果正问题较易解决，则其对应的逆问题就比较难于解决。所以原则上说，利用机理稳态模型求解化工过程的动态过程问题因必要信息的缺失而具有本质的难度。然而，由于化工过程过于复杂多变，往往大型流程的快速动态模拟计算非常困难，所以也确实有时采用机理稳态模型近似地求解过程动态问题。即使某些著名的流程模拟软件也是如此处理过程动态模拟的。其方法的大致思路为：首先在某一稳态解的附近对操作条件给予一定扰动，再解出对应的稳态，然后根据两、三个稳态点，按照主观的或有某种定性依据的理由，考虑系统是否具有一阶、二阶或纯滞后特性，按照过程控制理论的经典方法建立稳态点附近的过程动态模型，最后再按动态模型计算过程动态的规律。当然，按这种方法得到的过程动态规律是不符合机理动态模型的，只是过程动态行为的近似。这种方法只能保证所得稳态解基本上符合模型机理，但变量之间相互依赖的动态（时变）关系却是经验的，可能不符合过程机理。但因为稳态流程模拟技术比较成熟，所以这种动态模拟技术比较简便易行，有时也能满足实际的需要。这种方法的最大问题在于当过程动态机理复杂时，难于表达各个影响因素之间的交互作用，即过程控制领域所谓的"解耦"问题。但如果是直接建立动态机理模型并联立求解，则能表达各变量间复杂的动态关系，也就不存在"解耦"的问题了。

稳态模型动态化的数学方法可大致示意性地表达如下。

设系统的稳态数学模型为 $f(x, y) = 0$，此处 x 为过程控制中所谓的"调节参数"，本质就是与自由度对应的设计变量；y 为"被调参数"，就是稳态模型中的未知数，状态变量。给定 $x = x_0$ 后求解稳态模型，得到稳态解为 y_0，即 $f(x_0, y_0) = 0$ 成立。给设计变量施加扰动 $\Delta x = x_1 - x_0$，再求解出对应的稳态解 y_1，即 $f(x_1, y_1) = 0$ 成立。假如认为 y 随时刻 τ 的变化规律是过程控制中所谓的"一阶特性"，而非"二阶特性"，也无"纯滞后"，则可得到一阶微分关系式

$$\frac{dy}{d\tau} = \frac{\varphi(x)}{T} e^{-\frac{\tau}{T}} \tag{3-58}$$

此即稳态动态化后所得动态模型。式中，T 为"时间常数"，可按经验选择或依据一定的机理估计。如假设 y 对 x 是线性关系，则依据两点稳态值，有关系式

$$\varphi(x) = \frac{y_1 - y_0}{x_1 - x_0} x + \frac{y_0 x_1 - y_1 x_0}{x_1 - x_0}$$

从以上建模过程可以看出，若是存在多个设计变量（调节参数）x_1，x_2，…，且与 y、τ 的关系复杂（诸混合偏导数不为零）时，这种建模和求解的方法就可能与实际偏离较大。不过，在对模型的机理要求不高时，这种方式得到的动态模型在已解出的稳态点附近通常还可使用，而且可能数值稳定性还较好，具有所谓的"鲁棒性"（Robustness）。

3.8.7　动态流程模拟中的常微分方程组初值问题

对于实际流程模拟问题，方程组往往过于复杂，需引入许多中间变量，才容易表达数学模型。故其形式常表现为"微分-代数"混合方程组的形式。

$$
形式一 \qquad \begin{cases} \dfrac{\mathrm{d}y}{\mathrm{d}\tau} = f(x,y,\tau) \\ \phi(x,y) = 0 \\ x\,|_{\tau=\tau_0} = x_0 \end{cases}
$$

此时，在每一步积分过程中，都需要求解复杂代数方程组。对应的 Euler 法形式为

$$
\begin{cases} 由 \quad \phi(x_k,y_k) = 0 \quad 迭代解出 \quad y_k = y(x_k)\ 或\ x_k = x(y_k) \\ y_{k+1} = y_k + hf(x_k,y_k,\tau_k) \quad k = 0,1,2,\cdots \end{cases}
$$

特别地，对于实时在线动态交互式操作型模拟（典型如仿真机）问题，数学模型形如：

$$
形式二 \qquad \begin{cases} \dfrac{\mathrm{d}y}{\mathrm{d}\tau} = f(x,y,\tau,c) \\ \phi(x,y,c) = 0 \\ x\,|_{\tau=\tau_0} = x_0 \\ c = c(\tau)\ 为时变函数或随机干扰变量 \end{cases}
$$

此时的 Euler 法可写为

$$
\begin{cases} c_k = c(\tau_k) \\ 由 \quad \phi(x_k,y_k,c_k) = 0 \quad 迭代解出 \quad y_k = y(x_k,c_k)\ 或\ x_k = x(y_k,c_k) \\ y_{k+1} = y_k + hf(x_k,y_k,\tau_k,c_k) \quad k = 0,1,2,\cdots \end{cases}
$$

在动态流程模拟系统中出现代数方程组的原因大致有两种。一是函数关系过于复杂并且难于写出显式的关系式，故需要引入若干中间变量；二是由于实际过程的物理规律，某些变量几乎没有传递滞后，随时间的变化极快，因而对应的微分方程就退化成为代数方程。最典型的就是动态流程模拟中流量的变化往往不是按照微分方程计算的。

如果对上述动态模型求解时，不是直接利用计算所得到的 $f(x_k,\ y_k,\ \tau_k,\ c_k)$ 进行积分计算，而是再利用实际过程的某种物理规律对其进行"校正"后再行积分，那么就实现了某种预测-校正方法。无数的动态模拟实践证明，基于实际物理信息利用的预测-校正方法是既具备数学理论依据又符合工程计算要求的较好方法。

3.9　化工装置动态仿真**

自 80 年代以来，化工装置仿真机的应用越来越普遍，在化工装置的设计、操作培训、控制系统研究及过程控制优化等方面发挥出越来越大的作用。化工装置仿真机研制应用的主要理论与技术就是化工过程的实时动态模拟，即相关的建模与求解技术。然而，早期的第一代仿真机产品使用的工艺过程数学模型极为粗糙，基本上属于经验模型（黑箱模型），其软件系统结构亦较为混乱，基本上没有运用典型的流程模拟技术，应用效果不理想。90 年代

初产生的第二代仿真机产品对第一代产品进行了改进。但这些改进主要表现在硬件与软件环境方面，对工艺过程数学模型的改进缺乏实质性的成果，基本上停留在大量积累案例和调试经验的水平上。许多有关研制人员在方法上倾向于建立大型动态数学模型库，以供编程人员随时调用，而对模型机理的共性和系统框架的完善化等课题研究深度不够。90 年代中期，有关技术人员将稳态流程模拟的关键技术引入化工装置仿真机的设计制造领域，产生了第三代化工装置仿真机[10]。新一代仿真机的设计与前期产品有本质区别。从设计思想、系统框架到关键技术，均融合了过程模拟领域的许多新观点、新方法、新技术，并结合实时动态模拟的特点给予了发展。在此领域，国内已在关键技术方面达到甚至超过国外产品水平。与国外商品软件相比，差距在于软件的技术集成程度、商品化程度及品牌与资金方面的综合实力。

从数学上看，稳态数学模型表达及其解仅是动态数学模型及其解的一个子集。在相对应的简化假设前提下，动态模型能够不仅得出与稳态模型相同的解，还能得到一系列描述系统动态行为的随时间和随机控制行为变化的解曲线。这种结果对于了解系统在实际生产过程中的规律是极为重要的。如果过程模型在实际控制系统功能仿真的环境下达到了设计的目标，就能充分说明了过程设计的合理性、可控性。因此动态模拟对指导实际生产的设计、操作和控制能提供更深入、全面的信息。

所谓化工装置仿真机，是指综合运用软件和硬件技术对工艺设备及控制工艺设备的控制系统进行整体的仿真。由于工艺设备投资和运行费用高、安全和环保的要求高，故只能对其进行数学模拟。而控制系统相对造价低、运行安全、消耗少，并且控制系统也是人工干预、操作设备的必要工具和界面，故对控制系统的仿真就不限于数学模拟，而是综合地使用了实物模型或物理模型。这样一来，就可以如同操作实际装置一样对化工装置仿真机进行操作和控制了。使用仿真机对装置的规律进行研究的手段就与坐在研究室计算机前仅仅进行数值计算大不相同了。仿真机提供给研究者的不仅是打印纸上一系列的枯燥的计算数据，还有与实际现场完全相同的声音、图像，可直观地感受到装置的动态变化。

在控制系统功能仿真环境下动态数学模型求解的体系结构与通常数值计算教科书上的叙述还是有重要差别的。因此还需要针对性地进行探讨。

动态数学模型求解在数学上表现为常微分方程组初值问题。但实际化工生产过程的仿真问题与一般的常微分方程组初值问题求解有很大不同。后者是固定初值后对系统不加任何人为的控制或干扰，初值选定后，解曲线集合中对应的解曲线（曲面）就确定不变了，故不能表达实际运行过程中各种控制行为和干扰的影响。而后者是将控制行为及干扰的影响不断地施加到动态模型的求解过程中，这种影响是不确定的。故即使初值确定后，模型的解也并不确定。模型的动态仿真解实际上是根据控制或干扰的影响，不断地从新的初值开始新的动态求解，模型的解是按照拟实时的外部干扰从解曲线集合的一个解曲线转移到另一个解曲线。而这种行为才是实际生产中过程动态规律的真正体现。因此，动态仿真带给我们的信息量更充分，更符合实际的不确定操作过程。图 3-14 说明了控制系统模型与动态过程模型联合求解时的算法软件体系结构。

图 3-14　化工装置仿真机软件体系结构

可以说，工艺过程动态模拟同时加上控制系统功能模拟就构成了典型的化工过程系统仿真。

(1) 全局求解策略

3.8.7 中"形式二"给出的实时动态操作型模拟问题的数学模型是化工装置动态仿真数学模型的基础。基于这种认识，产生了一系列相关的严谨而有效的求解策略。

$$
\begin{cases}
\dfrac{\mathrm{d}y}{\mathrm{d}\tau} = f(x, y, \tau, c) \\
\phi(x, y, c) = 0 \\
x\,|_{\tau = \tau_0} = x_0 \\
c = c(\tau) \text{ 为时变函数，一般是操作变量或随机干扰变量}
\end{cases}
$$

x 为时刻 τ 的 m 维向量函数，可称状态变量。$\phi = (\phi_1, \phi_2, \cdots, \phi_m)$ 也是 m 维向量函数。c 为时间 τ 的 l 维向量函数，可称控制变量，相当于独立影响因素的设计变量，代表了控制系统的控制作用或影响。对以上模型，如使用最普通的 Euler 法求解，其算法将演变为

$$
\begin{cases}
y\,|_{\tau = \tau_0} = y_0 \\
c_k = c(\tau_k),\ k = 0, 1, 2, \cdots \quad \text{其取值由人机交互操作通过控制系统决定} \\
\text{由 } \phi(x_k, y_k, c_k) = 0 \quad \text{迭代解出} \quad x_k = x(y_k, c_k) \\
y_{k+1} = y_k + h f(x_k, y_k, \tau_k, c_k) \quad\quad k = 0, 1, 2, \cdots \\
\tau_{k+1} = \tau_k + \mathrm{d}\tau
\end{cases}
$$

由于在以上算法的积分过程中先要对代数方程组 $\phi(x_k, y_k, c_k) = 0$ 迭代求解，故整个计算非常复杂耗时。而跟踪逼近算法[9,10,12]就是解决计算效率的有效手段。其原理大致为：对于第 k 步积分，以上微分方程组中的代数方程通常按下式迭代直至收敛

$$
x_k^{(j+1)} = x_k^{(j)} + \Delta x_k^{(j)} \qquad j = 0, 1, 2, \cdots \text{为迭代的轮次}
$$

式中，$\Delta x_k^{(j)}$ 可以是按照任一代数方程组迭代解法给出的第 j 轮 x_k 的迭代改进量。通常要等到此迭代过程收敛后才进行后续的积分运算。

但是，对于在动态过程中那些大时滞的变量 x 或其某些分量，在相邻两次时间积分之间其数值变化很小，故可采用如下的计算策略求解整个微分-代数混合方程组，即

$$
\begin{cases}
y\,|_{\tau = \tau_0} = y_0 \\
c_k = c(\tau_k) \quad \text{其取值由人机交互操作通过控制系统决定} \\
\text{依据 } \phi(x_k, y_k, c_k) = 0 \quad \text{构造一步迭代，求出} \quad x_k = x_{k-1} + \Delta x_{k-1} \\
y_{k+1} = y_k + h f(x_k, y_k, \tau_k, c_k) \quad\quad k = 0, 1, 2, \cdots \\
\tau_{k+1} = \tau_k + \mathrm{d}\tau
\end{cases}
$$

可以看出，这样的算法就是将每一步积分时都要迭代至完全收敛的代数方程求解计算，分散到后续的积分步骤中进行。这种方法减少了大量复杂的代数计算，明显提高了计算的效率。并且，此解法当控制系统发生作用，将过程控制到稳态时，代数方程将完全收敛。如在一步迭代求解代数方程时结合双层法，计算的效率和稳定性将更为提高。

特别地，对于涉及许多单元过程的复杂流程，如果将所有模型方程均视作完全无区别的方程，则将面对一个维数很高（至少成千上万）的常微分-代数混合方程组的求解问题。"组合爆炸"的难题同样会出现，导致数值稳定性急剧变差。那么，在代数方程组求解领域行之有效的方程组分解概念同样有效。如果按照过程的物理意义，将涉及的方程划分成若干弱相

关子方程组，分别求解则非常有效。尤其是对于动态问题，只要按照实际的过程单元进行划分，则不同的弱相关子方程组往往对应着很不相同的"时间常数"或"时滞"，那么就可以分别针对不同的子方程组采取不同的预测-校正方法，对某些子方程组也可不予校正，而从外层计算看，形式仍然是简单欧拉法。此举不仅提高计算的效率，更重要的是用比较简单的方法解决了所谓"刚性"问题，大大提高了计算的数值稳定性和适定性。

在化工装置仿真机发展的初期，由于系统复杂，某些研制者没有完全认清关于仿真机数学模型的理论问题。早期仿真机产品往往是在缺乏严谨的系统分析（自由度分析、过程机理分析、系统分解等）的情况下，根据经验认定变量的动态行为的模式，再利用若干组稳态设计数据或运行数据确定动态模型的参数，实际上是将稳态数据动态化。对于简单的过程，这种做法行之有效，而对复杂过程设备（如精馏塔）或全流程，由于多变量强交互作用的缘故，这种做法将出现严重失真。

从求解策略上看，早期第一代产品由于没有良好的整体框架，其求解过程也较为混乱，结果导致时间坐标缺失物理意义。甚至直到某些第二代产品，其求解联立微分方程组的方法有时都是不严谨的，既产生失真，又易导致数值不稳定。较常见的问题为，早期仿真机求解微分方程组的策略当方程数较多时易不稳定，其算法实质如下

$$y_1^{k+1} = y_1^k + h f_1(x^k, y_1^k, y_2^k, \cdots, y_n^k)$$

$$y_2^{k+1} = y_2^k + h f_2(x^{k+1}, y_1^{k+1}, y_2^k, \cdots, y_n^k)$$

$$y_3^{k+1} = y_3^k + h f_3(x^{k+2}, y_1^{k+1}, y_2^{k+1}, y_3^k, \cdots, y_n^k)$$

$$\cdots\cdots$$

$$y_i^{k+1} = y_i^k + h f_i(x^{k+i-1}, y_1^{k+1}, \cdots, y_{i-1}^{k+1}, y_i^k, \cdots, y_n^k) \qquad i = 2, 3, \cdots, n$$

由此带来的模型错误只能依靠调试经验的模型参数解决。对于方程数目较少的场合，如此解法不算什么大问题。但化工流程模拟往往涉及成千上万个微分方程，方程数目很多时，弊端就会显露出来。

总之，由于逻辑混乱，早期仿真机产品在模型及求解策略方面问题较多，不胜枚举。

(2) 系统结构模型的应用

在早期仿真机中，凡涉及设备、物流之间的相对位置关系时，皆采用对应的赋值语句人工定义，亦即用代数方法进行流程结构模型的求解。其计算工作繁复冗杂，极易失误，难于修改，往往造成程序体系牵一发而动全身，严重影响研制开发与维护使用。这个缺陷，成为制约早期仿真机技术发展的重要环节。

在第三代仿真机产品中，不仅对工艺过程采取了严谨的建模方案，而且对过程系统的结构，即流程结构也采取了模型化的表达方式[13]。对工艺设备之间的联结关系，采用了过程矩阵，对管网流线，采用了邻接矩阵。使用结构模型后，使得求解策略更为清晰严谨，研制开发工作更为高效。尤其是涉及流程结构的计算，可以全部实现计算机自动识别与处理，极大地提高了模拟工作效率，完全避免了人工处理的失误。这项技术的应用，是在借鉴稳态流程模拟系统技术的基础上发展起来的，可以说是第三代产品的重要标志，也是动态模拟软件实现商品化的技术关键之一。

(3) 工艺过程数学模型的建模与求解

第三代仿真机在建立过程设备模型时，一律从机理出发，列出相应的微分或代数方程组。这与将稳态数据动态化得到的微分方程组有本质的区别。又因借鉴了稳态流程模拟中的

双层法，因而可以使用严格模型进行快速求解计算。比如在每次积分时，都要对所有物流进行平衡闪蒸的严谨计算，而对于早期仿真机，即使其使用的是简化模型，这些计算也是无法快速完成的。

（4）组分、基础物性与热力学模型

运用严谨模型进行流程模拟，必需定义一套符合实际的组分，并利用这些组分的基础物性，结合适当的严谨热力学模型，才能计算出严谨的物流或设备的状态。在这个问题上，动态模拟与稳态模拟是一样的。而早期软件技术难于处理此类问题。其组分的基础物性欠缺，又不能调用严谨热力学模型，特别对于石油馏分和聚合物体系的模拟任务，其模拟手段更是牵强，未有相应的理论体系和实际有效的计算方法。

在建立第三代仿真机的过程中，为处理涉及石油馏分的模拟问题，开发了"实组分切割法"[14]，而对聚合物体系，开发了"链节分析法"[12,15]，这两个方法，经过了大量的实践考验，被证明为严谨、有效、快速，是具有发展前途的方法。

（5）管网流量、压力分配模型

在化工装置仿真机中，由于将系统拓扑结构模型（过程矩阵、邻接矩阵等）输入计算机，故对系统中的管网流线，可以由计算机自动建立对应的联立代数方程组，然后自动进行联立求解，得出流程中全部压力、流量的数值[13]。

（6）控制系统的数学模拟

在化工装置仿真机中，不仅要模拟工艺过程，还要模拟控制系统的行为。总的来说，对控制系统的数学模拟主要是软件问题，不涉及较深刻的物理问题和难度较大的算法。但需指出，若对工艺过程数学模型的全局求解策略有失严谨，则控制系统的模拟结果也受影响。另外，由模拟系统计算出的工艺过程状态值往往具有较多的有效数字，达到稳定状态后，又没有随机干扰，经常是一个常数。这与实际控制系统测量得到的观测值是不一样的。这个差别，有时也会影响有关的控制算法。在动态模拟实践中也应注意。

（7）其他方面

可以说，化工装置仿真机是系统工程技术应用的良好范例。在研制与使用的过程中，充分体现了技术的集成。故技术集成的水平直接关系到仿真机的性能。

在建立仿真机的过程中，需涉及控制系统数学模拟、工艺过程数学模拟和控制系统实物模拟三大任务。一般地讲，其中工艺过程数学模拟的难度较大，有很多需要继续研究的课题。在完成三大任务时，除以上提及的主要内容之外，常常还需要面对如下各类问题。

① 工艺过程数学模拟部分与控制系统数学模拟部分的通讯问题。

② 计算机网络问题。

③ 计算机软件技术问题。

④ 仿真机与实际控制系统或其他软件系统的通讯问题。

⑤ 仿真机与过程优化系统、教学培训系统的集成问题。

⑥ 控制系统实物仿真所需硬件的制作问题。

⑦ 系统联合调试、验收的技术手段问题。

在实施一项仿真机工程的过程中，必需事先考虑到各方面的因素，根据实际情况，采取适当的措施，才能完成仿真机研制这种技术集成度较高的任务。

本 章 要 点

★ 利用图解的方法，通过几何意义了解迭代算法是认识算法本质的重要途径。

★ 对于复杂大系统模型的求解，收敛性的重要意义不仅仅是计算时间的问题，更是保证数值稳定性的问题。

★ 迭代算法中有一类是"与运气有关"的，另一类是"与运气无关"的。

★ 迭代算法的计算量中分为两大类：过程（对象）计算量和算法计算量。

★ 传统的代数符号体系不能完整、精确地表达迭代算法的本质过程和执行步骤。

★ 复杂大系统的程序设计与简单小系统的完全不同。

★ 传统的手算习题方式容易使初学者陷入对算法本质理解的误区。学习算法的唯一正确途径是编程或程序的框架设计。

★ 常用的计算机软硬件所支持的字长通常不能满足数值稳定性的要求。

★ 为达到最终工程计算所需较少有效数字的要求，所有中间计算结果必须维持尽量多的有效数字，以克服常见的误差传递与放大现象。

★ 对复杂计算任务而言，算法模块不应调用涉及过程对象计算的函数值模块。

★ 显式的简单迭代法形式最简单但内涵最深刻，它阐明了所有迭代法的原理。

★ 模型及其求解算法的适定性是容易被忽视的，因此往往导致算法的失败。

★ 算法本身不存在好坏优劣高低之分，只有适用与不适用的区别。

★ 切割法与双层法是流程模拟的核心技术。

★ 化工装置仿真机是流程模拟技术集成的结果。

★ 根据数值分析理论认为是较好的算法，有时与数值试验的结论不同。

★ 切割技术是求解大型复杂方程组的有效方法。

★ 方程组分解的有关概念是切割技术的理论基础。

★ 化工装置仿真机中进行的动态模拟所用的模型与算法与常见教科书中叙述的常微分方程组求解有所不同。

★ 方程组分解的理论用于动态模拟同样有效。

★ 简单套用隐式算法难于解决大型动态模拟系统的刚性问题。

★ 双层法是求解具有较强物理意义的非线性方程组的有效算法，其数学原理可用"同伦延拓"法解释。

思 考 题 3

1. 体系由 C_3、C_4 和 C_5 组成。求体系的泡点、露点温度与组成。压力 P 为 101.325Kpa，摩尔分率为 $X_1=0.3(C_3)$，$X_2=0.3(C_4)$，$X_3=0.4(C_5)$。基础物性为：

组分	T_b/K	T_c/K	P_c/kPa	$V_c/(m^3/kmol)$	ω
C_3	231.048	369.898	4256.66	0.20000	0.1524
C_4	272.648	425.199	3796.62	0.25499	0.2010
C_5	309.209	469.600	3375.12	0.31099	0.25389

平衡常数表达式取如下形式 $k=\dfrac{P_c}{P}\exp\left[h\left(1-\dfrac{T_c}{T}\right)\right]$ （略写组分下标 i）。

物性参数 h 的表达式为 $h=\dfrac{T_b\ln\left(\dfrac{P_c}{P_b}\right)}{T_c-T_b}$。其中 T_b 与 P_b 分别为沸点温度与压力。

2. 考虑用迭代法求 $\sqrt{2}$ 的数值。并进一步考虑计算算术平方根 $\sqrt{a}$ 的迭代算法。

3. 考察迭代过程 $x_{k+1}=\dfrac{1}{2}(x_k+a/x_k)$ 的意义与用途（a 为正实数）。分析其导出方法。

4. 进行如下数值试验：在普通计算器上，任意输入一数（选择弧度为单位），然后反复地按下 cos 键，观察液晶显示的结果。考虑试验过程和结果在迭代过程方面的意义。

5. 用迭代法求解线性代数方程组：
$$\begin{cases}10x_1-x_2+2x_3=6\\-x_1+11x_2-x_3+3x_4=25\\2x_1-x_2+10x_3-x_4=-11\\3x_2-x_3+8x_4=15\end{cases}$$

6. 用 SOR 法求解线性代数方程组：
$$\begin{cases}5x_1+2x_2+x_3=-12\\-x_1+4x_2+2x_3=20\\2x_1-3x_2+10x_3=3\end{cases}$$

7. 求方程 $2x^2+94x-300=0$ 的根。

8. 由方程求根的割线法导出韦格斯坦法的迭代公式。

9. 证明 Newton 迭代求根算法的局部收敛性。

10. 证明 Newton 迭代求根算法的收敛阶为 2 阶。

11. 试分析如下割线法程序设计存在哪些问题和错误。（设方程为 $x^2-2=0$）

```
      SUBROUTINE SECANT（X）
      DIMENSION X（10000）
      F(X)=X*X-2        （定义语句函数）
      K=1
1     K=K+1
      X(1)=0.
      X(2)=1.
      DX=-F(X(K))*(X(K)-X(K-1))/(F(X(K))-F(X(K-1)))
      ERROR=ABS(DX)
      X(K+1)=X(K)+DX
      IF(ERROR.GT.1E-6)    GOTO  1
      WRITE（*，*）X（K）
      STOP
      END
```

12. 用直接迭代法求解方程组 $\begin{aligned}&50x_1^2+x_2^2-51=0\\&2x_1^3-100x_2^3+98=0\end{aligned}$。

13. 利用 P-R 状态方程，求氮气在 273.15K，1000atm 下的比容 V。基本物性数据如下：$T_c=126.2K$，$P_c=33.5atm$，$V_c=89.5cm^3/mol$，$\omega=0.04$。

14. 考虑已知恒沸体系压力 P、摩尔焓 H 和物系组成 Z 时，求恒沸体系气相分率 β、温度 T 及平衡液、气相组成 X、Y 的数学模型及求解策略。

15. 比较下述几种收敛判据的区别：A. $|(x_{k+1}-x_k)/x_k|\leqslant\varepsilon$　B. $|x_{k+1}-x_k|\leqslant\varepsilon$　C. $|(x_{k+1}-x_k)/x_{k+1}|\leqslant\varepsilon$　D. $|(x_{k+1}-x_k)/(1+|x_k|)|\leqslant\varepsilon$

16. 流程模拟时，按以下几种方案指定参数则物流的状态是否必可确定：A. 流量、温度、压力、组成；B. 流量、压力、焓、组成；C. 流量、汽化率、压力、组成；D. 流量、温度、压力、焓、组成。

本章参考文献

[1] 王健红. 一种适应于状态方程求解的高阶收敛迭代算法. 计算机与应用化学，1994，11 (1)：63-66.

[2] 王德人. 多元非线性方程组迭代解法. 北京：人民教育出版社，1979.

[3] 彭秉璞. 化工系统分析与模拟. 北京：化学工业出版社，1990.

[4] 张瑞生，王弘轼，宋宏宇. 过程系统工程概论. 北京：科学出版社，2001.

[5] 孙登文，曲德林，赵奎元等. 信息网络分解的可及向量法. 清华大学学报：自然科学版，1987，27 (4)：21-30.

[6] Zhou Li, Han zhen wei, Yu Kuo tsung. A New Strategy of Net Decomposition in Process Simulation. Comput & Chem Eng, 1988, 12 (6)：581-588.

[7] Boston J F. Sullivan S L Jr. A New Class of Solution Methods for Multicomponent Multistage Separation Processes. Can J Chem Eng, 1974, 52 (1)：52.

[8] 王健红，魏寿彭. 严格法精馏过程模拟的加速收敛技术. 北京化工大学学报，1992，19 (3)：10-13.

[9] Wang J H, Yao F, Yang Z. Generalized rigorous real-time simulation for dynamic distillation process. //沈曾民. 94 Materials & Technology, BUCT-CNU. Beijing：Chemical Industry Press, 1994, 114-117.

[10] 王健红等. 化工装置动态模拟与优化工艺软件平台，化工进展，1997，(4)：49-51.

[11] 郭天民. 多元汽-液平衡和精馏. 北京：化学工业出版社，1983.

[12] 王健红等. 自由基聚合反应过程的超实时动态模拟，化工进展，1997，(6)：36-38.

[13] 秦导. 管道网络拓扑模型分析与计算 [硕士学位论文]. 北京：北京化工大学，2003.

[14] 王健红等. 石油馏分宏观性质计算的实组分切割法. 第七届全国化学工程论文报告会：94 北京论文集. 1211-1214.

[15] 商利容，王健红. PET 聚合反应器建模及在聚合流程动态模拟中的应用. 计算机仿真，2003，20 (2)：99-102.

第4章 流程模拟基本技术

本章重点讨论通用稳态流程模拟系统的设计方法与技术。而动态流程模拟系统及专用流程模拟系统的设计与通用稳态流程模拟系统的设计在原理方面是类似的，可以举一反三。本章主要从操作型流程模拟的角度进行讨论和阐述。而设计型的流程模拟任务也可利用操作型模拟系统解决。

4.1 流程模拟系统的结构与程序设计

4.1.1 流程模拟系统的数据结构

在流程模拟系统中涉及大量数据或信息。必须将数据进行合理的分类才能建立合理的程序结构，提高程序运行质量。必须仔细和严格地考察计算中涉及的数据究竟是输入的还是输出的、静态的还是动态的、全局的还是局部的、临时的还是永久的。只有在确认了数据的各种性质之后，才能正确决定软件系统中信息存储与传递的方式、软件系统的结构。

对于一项具体的操作型稳态流程模拟任务，在流程模拟系统中大致涉及如下几类数据或信息。

① 基本数据　此类数据是对系统的基本定义，是不可缺少的、物理意义很强的数据，一般都对应着独立影响因素或模型自由度。

组分及其基础物性——全局的、静态的、永久的、输入的。

流程拓扑结构——全局的、静态的、永久的、输入的。

输入物流参数——全局的、静态的、永久的、输入的。

流程设备参数——全局的、静态的、永久的、输入的。

② 辅助数据　此类数据中有些属于程序运行中的工作变量，往往是动态的或临时的。

热力学方法与热力学性质计算——局部的、临时的、动态的、输出的。

设备内部状态——全局的、动态的、输出的。

物流状态（输出物流，内部物流）——全局的、动态的、输出的。

数值算法——局部的、临时的、动态的、输出的。

设计或优化指标要求——全局的、静态的、输出的。

输入数据只能由流程模拟工程师在开始执行计算前输入给系统并且不能被再次赋值；全局的数据需要在程序运行的所有环节都能被访问；静态的、永久的数据必须存放在固定的工作单元中不能丢失；临时的、动态的数据应当存放在临时的存储单元中；输出的数据一般是运算的结果。

4.1.2 流程模拟系统的构成

从工程软件设计的观点来看，通用稳态流程模拟系统大致由以下几部分构成：

① 主控程序；

② 基本物性数据库子系统；

③ 热力学性质推算、传递性质推算子系统；

④ 拓扑结构模型与分析子系统；

⑤ 单元过程模型的集合；

⑥ 收敛、控制、优化等算法子系统；

⑦ 输入输出界面。

尽管流程拓扑结构模型及相关算法从理论上提供了全流程建模的简便而完美的方法，但是由于早期计算机软硬件水平的限制，使得刚开始流行的大型通用稳态流程模拟软件的数据输入与输出比较繁琐，格式复杂，工作量大，容易出错。20 世纪八九十年代时，应用最多的一、两个软件无法直接处理流程图表达的工艺过程模型，因此需要经过复杂的培训才能掌握其使用方法，相当于学习一门专业的计算机高级语言。尤其是这些软件在自由度分析方面尚欠完美，所以对复杂化工计算所需的独立输入数据的判断和迭代初始值处理上还有瑕疵。有时输入的信息已经具备求解的条件但系统还是发出错误警告而不运行，也有时没有完全按照设计要求得出运行结果。这些问题使得熟练运用通用流程模拟软件解决实际问题具有一定的难度。

最理想、最简便、最符合化学工程师习惯的工艺模型输入方式就是所谓的"图形组态"式的全流程建模，亦即软件提供一个图形的环境，并有现成的设备、流线等图标，使用者在电脑屏幕上用鼠标操作拖曳图标、流线，直接"画"出工艺流程图（实质上就是第二章中介绍的"信息流图"）。这种图形与工程上常用的工艺流程图（Process Flow Diagram，PFD）或管线仪表图（Piping and Instrumentation Diagram，PID）都比较接近，工艺工程师只要具备操作电脑的简单能力就能迅速掌握"画图"要领，模拟软件可"自动地"将图形转化为用矩阵表达的流程模型，在数值计算时又"自动地"按照代数方程方式进行处理。较早使用图形组态方式的流程模拟软件是 ChemCad（Chemstations 公司产品），以后又有 HYSIM（UniSimDesign 的早期版本）等软件陆续实现了图形组态建模，近年来所有比较流行的流程模拟软件均实现了此功能。能够用图形的方式定义或输出化工流程进而计算复杂化工系统，可以说是通用流程模拟软件在商品化普及推广进程中的重要技术进步，在实践上解决了复杂数据输入输出的难题，而其技术理论基础就是与流程拓扑结构模型有关的一系列概念。

4.1.3 计算步骤

通用稳态流程模拟系统实际就是求解非线性代数方程组的程序。但是由于涉及方程数目非常多，并且对不同的流程涉及不同的方程，所以其程序设计必须按照 3.3 中介绍的方式，采取所谓"OOP"（面向对象编程）的风格才能实现。实际的通用流程模拟软件功能强大，程序复杂，但其运行框架大体如下。

开始

程序初始化，分配基本内存、赋初值　　　　　　　　　　（程序执行）

定义组分并通过数据库输入基本物性　　　　　　　（用户执行）

选择热力学方法（用户执行）

定义、输入系统拓扑结构（图形组态）　　　　　　（用户执行）

流程自由度分析并分配与流程有关的内存　　　　　（程序执行）

定义并输入独立物流参数　　　　　　　　　　　　（用户执行）

输入设备参数（用户执行）

输入设计或优化要求　　　　　　　　　　　　　　（用户执行）

切割与排序　　　　　　　　　　　　　（程序执行，亦可由用户手动执行）

按排定顺序序贯地或迭代地调用各模块至收敛　　　（程序执行）

如果有设计要求或优化要求则进行外圈迭代　　　　（程序执行）

全部迭代收敛的判断　　　　　　　　　　　　　　（程序执行）

输出计算结果　　　　　　　　　　　　　　　　　（程序执行）

打印并退出　　　　　　　　　　　　　　　　　　（用户执行）

(1) 通用流程模拟系统使用指南：

用户在使用通用稳态流程模拟系统软件时，实际的操作步骤与上述程序设计与运行步骤非常类似。大体上可按下述步骤进行。

① 开机并运行流程模拟软件。*

② 选择打开已经保存的案例或建立新案例。*

③ 从物性数据库中选择组分或增删组分，如果涉及石油馏分则需定义"虚拟组分"。*

④ 根据组分的性质选择适当的热力学方法（相平衡、焓平衡、密度等性质的计算）。*

⑤ 选择默认的或用户习惯的工程单位制。

⑥ 在图形组态环境下用鼠标选择设备与流线做出流程图。*

⑦ 对原料流股的状态赋值（原料流股的状态参数为设计变量，对应着自由度）。*

⑧ 对设备参数赋值（设备参数也是设计变量）。*

⑨ 使用默认的或修改迭代算法、收敛容差、迭代限制圈数等算法参数。

⑩ 多数情况下还需要人工进行迭代初始值的选择。*

⑪ 使用默认的切割排序方案或人工指定切割排序方案。

⑫ 如果软件对于用户的输入没有报错则可以执行计算，如报错则按提示修改。

⑬ 运行计算并观察评价计算结果。*

⑭ 调整输入数据以得到最满意的结果。*

⑮ 输出案例的全部结果并可退出程序。*

在以上执行步骤中，标有"*"号的是用户无法回避的步骤。不同的软件其界面有所不同，使用起来也有难易之分，但总的原则步骤大体相同。作为化学工艺工程师，当比较系统地学习了化工系统工程之后，通常对流行的软件使用都能无师自通，只是运用的水平可能有较大的差别。这就好比是下棋的规则虽然很简单，但要达到较高的境界就需要理论的指导和实践的锻炼。

(2) 全流程计算策略

化工系统的数学模型通常是一个大型非线性方程组，原则上可以运用数学上关于大型非线性方程组的通用算法求解。但由于化工系统多变量、严重非线性、尤其是严重的不适定性造成的复杂性和特殊性，照搬通用算法一般并不有效。化学工程师在大量的计算实践中摸索出了一套行之有效的解决方案，开发出适合化工系统特点的算法。最为典型的、风格迥异的两种求解思路一是序贯模块法，二是联立方程法。还有所谓联立模块法，如果从全流程收敛计算的全局来看，其解决方案的思路还是序贯模块法。本书从第二章、第三章数学模型直至求解方法等内容开始，实际上一直围绕序贯模块法的逻辑、思路展开讨论。

序贯模块法求解全流程的方案是最符合化学工程师习惯的，也是形式上最简单的。然而，多年以来，恰是因为其简单，许多公开文献虽花大量篇幅介绍这一方法，甚至在介绍数学模型及其求解手段时也同样隐含地使用了其逻辑和前提（比如只对序贯模块法讨论拓扑结构模型才有意义），但却不明确认定序贯模块法是最为成熟、最为有效的方法；反而推崇联立方程法为最好方法，不脅人云亦云，缺乏深思与实践。究其内在原因，很大程度上在于序贯模块法简单朴素的形式以及自然地产生于化学工程师的实践，故而阻碍了深入挖掘序贯模块法在数学理论层面的深刻内涵，结果得出不符合实际的论断。实际上，在数学领域，往往最简单的形式之中蕴含了最深刻、最普适的道理。

4.2 序贯模块法

4.2.1 基本概念与实例

序贯模块法（Sequential Modular Approach）的设计思想是从软件的组织结构上和处理顺序上模拟实际化学加工流程。序贯模块法的计算顺序完全仿真了实际的加工流程。这种解决方案恰好是化学工程师对实际流程认识的直接反映，也是化工计算从孤立的单元设备计算逐步扩展到多个设备组合计算的自然延伸。可以说，只要是化学工程师，就应该能够理解序贯模块法计算全流程的思路。

序贯模块法的核心概念就是单元过程模块，或简称模块。此处单元过程的含义与化工原理中的单元过程没有本质的差别。在实际化学加工中，所有的单元设备都被人为地设计成利用设备对上游输入的物流进行加工处理，而流出的物流状态完全由输入物流状态和设备本身的性能决定，不可能、也不允许再有其他的因素干扰、影响设备的出口物流状态。并且，虽然从数学上看，m 个变量、n 个方程的方程组可以任意指定其中 $m-n$ 个变量从而解方程得出其余 n 个变量的值；但工程上却绝无可能、也绝不允许任何设备把流出物流的状态改变成流入物流的状态。这个事实是化学加工的物理规律决定的，也是化工装置设计者和使用者的主观意愿和实际目的，是无法改变的。否则，实际的设备就变成不可控制的装置了。这个规律或事实就从实践上、从物理规律上奠定了序贯模块法的理论和实践基础，也成为序贯模块法顺理成章、水到渠成地诞生的内在原因。如果说序贯模块法是数学模型，那么对应的物理原型就是实际流程，而实际流程（物理原型）确实能够按照物料依次从上游通过各个设备流向下游完成加工过程的事实，就确凿地论证了模拟实际流程的序贯模块计算方式能够完成整个流程的模拟计算，能够由原料计算出最终的产品。也就是说，实际流程的可行性也从物理的、实践的角度证明了序贯模块法求解策略的可行性。

单元过程模块是序贯模块法中至关重要的概念，必须从物理和数学两方面深刻领会。

单元过程模块的概念可用图 4-1 表示。

图 4-1 单元过程模块

可以看出，实际加工设备是对输入的上游物流利用物理化学规律进行加工而得到下游物流，而对应的单元模块是对输入的上游物流状态（当然需在已知设备参数的前提下）按模型进行计算而得出下游物流状态。无论是实际设备还是单元模块，都是当且仅当设备参数和上游输入物流（信息）已知时，就能得到该单元的下游输出物流（信息）。故模块与实际设备在加工顺序、物理意义与功能等方面是完全相同的，或说模块就是完全信息化的设备，是实际单元过程的信息翻版，其功能的本质都是对物流状态的变换。可以说，无论是实际过程还是对应模块，都是针对输入物流的物流状态变换器。区别仅在于模块仅是对信息进行加工，而没有实际的物料流动。

序贯模块法具有如下特点：

① 在模块的结构和功能方面模拟了实际装置的结构功能；

② 模块之间的信息传递、上下游关系与实际流程是对应的；

③ 模块为数学模型与解算方法的集成，故最终流程模拟用户不必关心其具体模型与算法；

④ 模块的算法有利于专业研究者继承和发展流程模拟技术；

⑤ 模块有利于化工工程师理解其程序结构和设计思路；

⑥ 最为重要的是，采取模块的方式，恰好巧妙地对全流程数学模型中的所有方程进行了合理的分块，对求解极为有利。也就是说，按实际加工过程进行分类的模块中所涉及的方程，恰好就是不相关子方程组或弱相关子方程组（这一点由物理意义便可轻易看出，无需数学的论证）。故对全流程求解问题来说，就可解决方程组分块这一复杂的难题，使得极为复杂的、涉及排列组合的数学问题利用物理的方法就顺理成章地得到了解决。这就是序贯模块法流行并成功的数学本质原因。换言之，按照单元过程上下游关系将与设备有关的变量及对应的方程集成在一起，恰好就形成了合理的方程及变量的分块，并且按照这样的分块最容易找到合理的切割变量集（即由流量、温度、压力、组成构成的物流向量）、也最容易找到不迭代或迭代最少的计算顺序。由此，化学工程师用最朴素的办法完美地解决了方程与变量的分块问题并为切割排序提供了重要的依据。正是因为序贯模块的深刻数学内涵，使得这个形式上简单朴素的方法在流程模拟计算中发挥了巨大的作用。

单元模块的程序设计结构大致为：

① 由主调用程序传入设备分类与设备序号；

② 按照设备分类与设备序号从物流参数存储区取得输入输出物流序号；

③ 按照设备分类与设备序号从设备参数存储区取得设备参数；

④ 分配、安排计算所需的动态存储单元；

⑤ 按照设备分类调用数学模型并根据输入物流参数和设备参数进行求解；

⑥ 求解完成后对输出物流的状态赋值；

⑦ 释放动态存储单元并退出设备的调用。

由于有单元过程模块的概念，整个流程就可由若干模块相互联结构成。又由于模块中的方程组恰好就是不相关或弱相关子方程组，故原本涉及大型复杂代数方程组求解的整个全流程的模拟计算也就可以化为一系列小规模方程组亦即模块的顺序求解计算，使得计算极大地简化，并且能够显著地提高数值稳定性和扩大收敛域，容易选取迭代初始值。当使用序贯模块法进行全流程计算时，只需要按照实际流程的加工顺序，依次调用相关的单元过程模块，即可像实际流程那样，最终计算出全部设备和物流的状态，当然也就得到了最终产品物流的状态。

例如第二章中所举的流程实例，如图 4-2 所示。

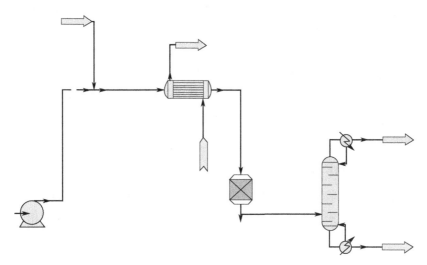

图 4-2 简单化工流程示意

与此对应的信息流图如图 4-3 所示。

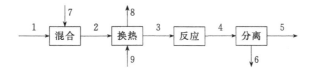

图 4-3 简单化工流程对应的信息流图

此流程共涉及四种单元模块，混合、换热、反应和分离。

对以上流程，使用序贯模块法进行全流程的求解计算，就可以采取以下步骤进行。

① 对混合、换热、反应、分离等所有设备参数赋值。

② 对原料物流（物流 1、物流 7 和物流 9）的状态赋值。

③ 调用混合模块（则物流 2 的状态被算出）。

④ 调用换热模块（则物流 3 和 8 的状态被算出）。

⑤ 调用反应模块（则物流 4 的状态被算出）。

⑥ 调用分离模块（则物流 5 和 6 的状态被算出）。

⑦ 输出结果，结束。

主要计算过程的模块调用顺序如图 4-4 所示。

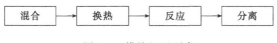

图 4-4 模块调用顺序

可以看出，整个计算过程在流程的层面上并无任何迭代，完全是按照实际流程的加工顺序"序贯"地调用了各个模块。如果存在迭代计算，那么这些迭代也是在单元过程模块内部的计算中存在，而对于流程模拟的用户而言是不必关心的。因此，序贯模块法的计算步骤或方法完全模拟了流程的实际加工过程，非常易于化工工程师掌握。

对此案例的解决方案表明了这样一个重要的理论和实践问题。原本由图 4-1 所表达的工艺流程的数学模型是一套必须联立求解的非线性代数方程组；但是如果按照模块的划分就恰好识别出了混合、换热、反应、分离四个"弱相关子方程组"，并且使得原方程组分解为可以按特定次序（恰好是加工次序）相继求解的四个子方程组，不按此次序则无法求解；最终轻松地按照"序贯方式"实现了全流程的模拟计算，从全局来说避免了迭代，所有的迭代计算都被"封装"到了几个单元模块之中，完全无需流程模拟的用户处理"子方程组"的迭代或联立求解问题。这就是说，使用模块的概念，按照实际加工次序，就恰好完成了3.6中叙述的方程组分块与切割的任务，整个解决方案朴实自然、水到渠成。这就是序贯模块法具有强大生命力的根本原因。

4.2.2 流程切割与排序技术

上一小节的实例是比较简单的情况。如果上例中从分离模块出来的物流 6 不是流向环境而是与原物流 9 相连（则物流 9 不复存在），直接进入换热模块，则流程的信息流图变为如图 4-5 所示。

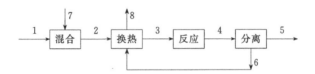

图 4-5 含有再循环物流的信息流图

对此流程，首先计算混合模块仍然不存在什么问题。但下一步若计算换热模块就有问题了。因此时换热模块的一个输入物流（物流 6）来自分离模块，尚未计算其状态，故换热模块无法继续计算下去。如果为了得到物流 6 的状态先计算分离模块，则来自反应模块的上游物流 4 尚未计算，故分离模块也无法计算下去。而若欲先计算反应模块，则来自换热模块的上游物流 3 又未计算并赋值，反应模块也同样无法计算。如此循环上溯，总是不能找到足够的已知条件使得模块的计算进行下去。对于此种情况，物流 6 就是一个"再循环物流"，（当然，也可将物流 3、物流 4 视为再循环物流），换热模块、反应模块和分离模块就构成了"再循环单元组"。当流程中含有再循环物流或再循环单元组时，运用序贯模块法的具体步骤就有所不同，虽然步骤比没有再循环物流时复杂，但也是可以方便地解决的。解决问题的关键，在于将再循环物流给予"切割"[1]。这种"切割"的数学基础和原理就是第三章中叙述的代数方程组的切割求解技术。对于本例，可以选取物流 6 的全部变量作为切割变量，亦即切割物流 6。如图 4-6 所示。

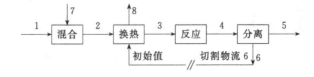

图 4-6 切割再循环物流

在序贯模块法的流程模拟系统中，执行切割任务的一套计算也完全封装在一种称为"收敛块"的子程序之中。收敛块同样是由输入物流的状态计算出输出物流的状态。只不过此时在物理上输入物流和输出物流是同一个物流。收敛块的作用是，当输入物流没有初始值的定义时，就按照系统默认的或用户指定的初始值给输出物流参数赋初始值；而当输入物流已被其他模块的计算作为输出而赋值时，就根据计算得到的信息、按照一定的算法调整、更新输出物流的数据；最后还要给出输入、输出物流的全部参数是否完全一致的判断。如果在一定的标准（收敛判据与容差）下，收敛块的输入输出物流的参数已经完全一致了，则可作为主程序停止计算的信息依据。

对本例，考虑了收敛块后的信息流图，如图 4-7 所示。

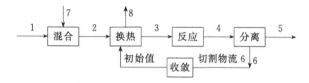

图 4-7　切割再循环物流并插入收敛块

此处收敛块的作用是：

① 产生切割物流的初始近似值；

② 根据计算得到的信息、按某种算法的规则产生新一轮的切割物流的近似值；

③ 比较计算值与初始近似值的差别，判敛。

需要强调，收敛块调用一次仅仅执行一轮次的迭代，而决非"将迭代进行到底"。其中道理请参考第三章关于迭代算法程序设计的讨论。

在流程模拟系统中，对普通用户来说一般不需要考虑收敛块的插入位置问题，软件系统会自动根据工艺流程的计算特点在适当的位置插入收敛块，而用户仅仅需要定义自己的工艺流程。对少量高级用户才有可能自己指定切割物流、插入收敛块进行迭代计算。

当选定了切割物流并在适当的位置插入了收敛块以后，对于上述信息流图的调用计算顺序就成为：

① 调用"混合块"；

② 调用"收敛块"；

③ 调用"换热块"；

④ 调用"反应块"；

⑤ 调用"分离块"；

⑥ 视收敛块的计算结果返回第 2 步或结束计算。

这种计算步骤如果用简捷的表达，也可表示为

切割物流 6，（混合）→（收敛→换热→反应→分离）

上述表达中也可不写收敛块，并不影响对计算顺序的理解。括号内的一组模块就是所谓的"再循环单元组"。从数学方面看，再循环单元组是必须放在一起联立求解的模块，在数学上对应着若干个必须同时求解的"弱相关子方程组"。这个概念与第三章中叙述的方程组分块密切相关。

对于图 4-5 所表达的具有再循环物流的工艺流程，虽然不能简单地按照加工次序直接"序贯"调用各个模块，但是在使用了收敛块后，仍然可以避免将流程中涉及的所有方程同

时联立迭代，仅仅对切割物流进行迭代即可实现全流程的模拟计算。实践说明这种方案的模拟计算综合效率是很高的，尤其是这种方法非常有利于迭代初始值（物流状态）的选取，并且降低了外圈迭代计算的维数、明显增加了收敛域的范围。取得这种实践效果的根本原因仍然在于模块的概念恰好解决了弱相关子方程组的识别问题，而实际加工顺序也为切割排序提供了相当有用的信息。如果不考虑外圈收敛块的迭代计算，那么在每一轮次中对整个流程仍然是"序贯方式"计算的。

在使用序贯模块法求解全流程的时候，根据流程的结构，选取切割物流并寻求对应的计算顺序的工作过程，就称为"切割排序"。可以说，切割排序是化工系统工程中最经典的概念和技术之一，是化工系统工程的核心技术。

对于图 4-5 所示的流程，实际上还可以有其他的可行的切割排序选取方案。

比如

切割物流 3，（混合）→（收敛→反应→分离→换热）

或

切割物流 4，（混合）→（收敛→分离→换热→反应）

可见，切割的方案往往不是唯一的。那么就存在哪个切割排序方案更为有利于迭代计算的问题。这个问题并非纯粹的数学问题，需要结合实际进行判断。一般地说，原则上可按照以下经验判断有利于减少计算量的切割方案。

① 切割的流线应尽量少。

② 被切割的物流易于选取初始值。

③ 应尽量切割那些"不太敏感"的物流。

第 3 条的意义具有数学理论上的基础，即第三章中介绍的迭代收敛性定理。

对于简单的流程能够使用直接观察法确定切割排序方案就足以说明真正理解了序贯模块法及其切割排序方法。但对于模块较多、再循环较多的流程则直接观察较为困难，需要按照一定的算法实现。在这一领域，最实用的算法往往不被公开发表。早期解决序贯模块法的切割排序问题需要经过"分隔"、"切断"和"排序"等几个步骤，涉及很多算法；后来的算法实现了一步到位同时完成切割排序，简捷明了。文献 [1] 介绍的算法切割排序一气呵成，具有较为实用的价值和一定的理论依据。读者可参考其详细内容并结合实际加以运用。

4.2.3　收敛模块与控制模块的原理及作用

通过上一小节的分析，可看出，当插入收敛块后就产生了相应的（被）切割物流。对于收敛块来说，上游输入物流就是（被）切割物流的计算值，下游输出物流就是（被）切割物流的迭代更新值。因此，由于插入收敛块，整个流程的计算过程就形成了：设法给出一个切割物流的"初试值"，然后就按一定的程式化步骤由其他过程单元模块计算出新的切割物流的"计算值"，一直进行到初试值与计算值相等为止。如果用向量 $X = (f, p, t, z_1, z_2, \cdots, z_c)^T$ 表示切割物流的流量、压力、温度和组成，那么，实际上这种计算过程就是在进行着形如 $X_{k+1} = \Phi(X_k)$ 的迭代过程。这个迭代格式 Φ 虽然无法写出其具体的数学关系式，但确实存在着这种固有的关系，这种关系是由一系列的程序表达的。那么使得这个迭代过程收敛的方法就是显式方程的迭代算法。亦即，收敛块的数学实质就是显式方程（组）迭代的收敛算法模块。第三章中介绍的迭代法程序实际上就是通用流程模拟系统中的收敛块程序。

既然收敛块实际就是在执行形如 $X_{k+1} = \Phi(X_k)$ 的迭代，而其目标是要求得方程组 $X = \Phi(X)$ 的解，那么如果采取直接迭代法收敛效果如何呢？实践证明，往往采取直接迭代法也是能够收敛的，甚至有时收敛得还很快。根据迭代收敛的理论，这就说明 $\Phi(X)$ 通常对 X 的各个偏导数的绝对值比较小，在实际过程中就对应着相关的再循环物流的状态不太敏感，随其上游加工设备的变化不大。这种规律也为选取合适的切割物流提供了许多实践的依据。假如进一步考虑这个问题，可以明显地看出，在实际加工设备之中，上游设备的输出物流直接流入下游设备成为输入物流，在此过程中物流的状态是不变的（若非要考虑变化，比如向环境散热，则又需对应一个换热模块），是不存在"收敛块"的，这岂非表明，实际系统中各设备之间的物流完全是按照物理的方式进行着"直接迭代"，并且最终实际装置会达到平稳运行，也就是说这种物理上的直接迭代是"收敛"了。虽然生产装置上还有复杂的控制系统在起作用，但其实并不影响问题的实质。所以实际过程中的直接迭代能收敛也意味着完全模拟实际加工过程的序贯模块法计算也能使用直接迭代法收敛。换个角度看问题，也说明实际装置在设计的时候，就考虑到了使得装置易于控制、易于达到平稳、尽量降低各单元间的影响程度的装置特性。这个事实，也再次表明了序贯模块法是对实际加工过程的非常逼真的模拟，是有着深刻的数学、物理背景的方法。

前面的讨论实际上都是默认模拟任务是操作型的流程模拟，亦即给定原料和设备求算中间产品和最终产品。事实上，模块的概念就是针对操作型模拟任务的，所以通常的通用流程模拟系统都是按照操作型任务进行设计的，并且也没有必要专门研发在核心计算层面上直接针对设计型任务的软件系统。解决设计型的模拟任务可以依托操作型模拟系统通过一定的辅助技术手段来完成。在序贯模块法中，解决设计型问题的关键模块就是"控制块"。典型的设计型任务是，给定原料和产品，寻求合适的设备参数来完成指定的加工任务。

例如，假设某固定床反应器，已经给定原料状态和加工任务，即给定了必须完成的转化率，需要选取合适的催化剂装量来实现此设计任务。催化剂装量是设备参数，在操作性模拟系统中对应着自由度，是事先应给定的设计变量，而现在变成了需要求解的未知数。对于操作型的模拟系统而言，如果没有设备参数，则所有模块就都无法进行计算，无法执行。那么为了完成这样的设计型任务，可以采取"不断假设设备参数（催化剂装量），进行操作型模拟，观察操作型模拟的结果，与设计要求（Design Specifications）相比较，适当调整设备参数"的策略，这种策略也是操作型模拟系统解决设计型任务的通用方法。对本例，具体措施可用图 4-8 表达。

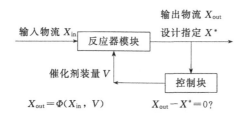

图 4-8　用控制块解决设计型模拟任务

执行步骤如下所述。

① 为了让反应器模块能够执行计算，首先需要对反应器的设备参数输入 V 给一个猜测值（初始值）。

② 由输入物流参数和设备参数执行反应器模块，计算出输出物流参数。

③ 将计算的输出物流状态与设计指定值进行比较。

④ 如果模拟计算的输出物流状态与设计指定值相符，则说明设备参数的猜测值正确，设计计算任务完成；否则，按某种规则，由控制块根据计算信息给出新的设备参数猜测值。转至步骤②，继续执行。

按照以上的过程进行下去，实际上就是在设法完成这样一个任务，即：不断地调整、选择设备参数 V，使得关系式 $X_{out} - X^* = 0$ 成立。这种选择与调整是由"控制块"来完成的。因为输出物流状态是输入物流状态与设备参数的函数，即 $X_{out} = \Phi(X_{in}, V)$，因此，控制块的作用从数学上看就是在求解如下隐式方程

$$F(V) = 0$$

所以控制块实际就是隐式方程的求解算法模块，实际上在第三章中给出的示意性的割线法子程序就是通用流程模拟系统的控制块程序。

同样需要提醒的是，控制块调用一次仅仅执行一轮次的迭代，而决非"将迭代进行到底"。

总之，在操作型模拟系统中使用了控制块以后，就可以解决设计型的流程模拟问题。这就没有必要对同样的单元模块写出很多不同的程序版本以适应五花八门的设计要求，只需要按照操作型任务建立一个模块即可，大大地优化了软件系统的结构，提高了综合计算效率，也更符合化工设计工程师的习惯，相应的代价只是在操作型模拟计算的外层再增加一圈隐式方程求解的迭代而已。

那么，可能会产生这样一个问题：既然按照操作型模拟设计的模块，通过使用控制块可以解决任何设计型的模拟问题，那么为什么不可以反过来，所有的基础模块都是设计型的，然后在解决操作型模拟任务时使用控制块呢？表面上看这种思路是不错的，数学上也没有问题，实践上也确实能够实现。但是，这个表面上并不复杂的问题实际上蕴含了极其深刻的道理，有着深刻的物理、数学、大型软件设计方面的背景。甚至对此问题的解释影响到对序贯模块法的评价，影响到是否存在更好的全流程求解策略问题。并且确实有人认为操作型的序贯模块法在处理设计型问题时增加了一层迭代，所以并非最好的方法，并力图使用其他的更"高级"的方法实现复杂流程模拟。然而，多年的过程系统工程领域的实践确凿地说明，还是以序贯模块法为核心计算层的策略是最为有效的、可靠的，而其他的探索被证明是理论脱离了实践，更精确地说，是缺乏全面、深刻地运用相关的理论。对此问题的具体解释大致可从以下多个角度说明。

① 设计型的计算涉及各种不同的设计参数组合，对于任何一个单元过程都很难是唯一的。故很难用一个基本模块表达所有设计型的任务。

② 在操作型模拟的外圈再增加一层对设计要求的迭代实际上非常容易，可适应各种设计要求，而程序仅需要一个而不是很多个控制块。更重要的是，增加控制块的调用并不影响原来程序的结构，控制块与其他单元模块完全是并列的关系，软件结构完美，没有增加各个模块之间的交互作用，没有增加软件系统的隐患。

③ 增加的设计型迭代往往只是对很少的设计参数执行迭代，通常仅仅迭代一个设计参数。

④ 由于最为复杂的、涉及对象的计算都在操作型模拟中解决，所以对设计要求的迭代都是极其简单的算法计算，完全不存在本质方面的计算难度，初始值也容易选择。

⑤ 设计过程对象的计算中存在着严重的数值稳定性问题，所有中间结果都必须具有充

分多的有效数字才能保证最终结果的少数有效数字，故所有层次的迭代计算都必须在苛刻的判据下收敛。而对于设计要求来说往往不需要很多有效数字，并且工程上的惯例还要留出设计裕量。那么把对设计要求的迭代放在最外圈就非常适宜，往往对付几个轮次迭代后再考虑设计裕量就可满足工程要求，实际上有时基本不迭代也能做出符合工程设计的正确决策，甚至像有些工程专家所说的，只要能够精确模拟工艺，提供精确的（操作型）模拟信息，那么有时拍拍脑袋也能给出合理的设计。

⑥ 对设计参数的迭代仅仅涉及算法的计算，与过程无关，过程对象模型的适定性等问题都在模拟中解决。那么假如对设计要求的迭代不收敛，很容易被证明是无解，说明设计要求不合理。但是反过来，想在设计条件合理的假定下去证明流程模拟无解就是很困难的了。

⑦ 由于物理规律、过程机理等方面的原因，几乎常见的数学模型习惯上都是隐含地以操作型模拟为前提建立的。那么即使单元模块的输入输出外部功能按照设计计算的要求编制，而实际上在模块的内部，在核心计算层面上仍然避免不了对设计要求的迭代。总的单元模块内部计算量不减少反而可能增加。

⑧ 单元模块按照设计型编制，实际上"增强"了基本模块的功能，而对大系统设计这恰恰是最大的弊病和忌讳。其最终影响是增加了各个子系统的相互干扰，增加隐患，扰乱软件整体框架，反而影响系统实现非常复杂的功能。

⑨ 由于建模的习惯及物理规律等原因，某些变量容易准确地或近似地表达为其他变量的显函数（注意：近似表达为显函数也是很重要的规律，因此时容易使用"双层法"解决计算难题），比如换热量、焓、流量、液位、逸度等，这些变量适合作为函数而不适合作为自变量出现在模型的数学关系式中，对这些变量的求解容易避开迭代；有些变量就难于表达为其他变量的显函数，求解这些变量时不得不进行迭代，这些变量就适合在模型表达式中作为自变量出现，比如温度及许多常见的设计参数。对后一种变量的求解放在外层迭代是有利的，能够减少总的迭代计算量，更重要的是能提高求解过程的适定性。而基本的模块按照操作型需要编制恰好更符合这种规律。

⑩ 在工程设计、工程计算的实践上，化工工程师也更容易理解、更习惯处理操作型问题，最经常遇到的也是操作型模拟问题。即使常见的单元过程数学模型，其原始形式也大都是操作型的。

⑪ 按照操作型模拟实现序贯模块法正好完全仿真了实际的化学加工过程，在物理上符合上下游关系的实际，也符合上游物流是下游物流的实际独立影响因素的事实。尤其是，在实际化工生产中真正能够直接人为控制的因素只有"流量"，其他物理量比如温度等都是通过某些流量而被间接控制的，那么物流的上下游关系决定着许多基本的因果逻辑关系。所以操作型模拟是更基本、更处于核心层的计算。

⑫ 数学模型本身存在系统偏差、引用的模型参数也存在偏差、实际生产中无论施工制造还是测量控制也都存在误差，加之设计裕量的考虑，设计计算非常精确并无意义，适于放在外层进行迭代。

⑬ 因为与前述⑤、⑦、⑨诸条类似的原因，实际上许多设计型问题从数学上看都是对应的操作型问题的"逆问题"之一，而逆问题往往解决起来比较麻烦。

⑭ 以操作型模拟为基础，容易实现各种设计计算、优化计算等复杂功能，容易按照"面向对象"的方式编写框架明晰、结构合理的大型软件。

总之，无论从物理、数学、化工等诸方面看，操作型的模拟问题是基本问题，应当作为计算的核心层优先给予解决，整个流程模拟系统的主框架也应当遵循操作型模拟的逻辑来构造。如果硬将设计型问题作为基本问题则即使从逻辑角度看也是不符合化工工程师习惯的。

4.2.4 优化模块的原理与作用

在讨论了使用控制块解决设计型问题之后，实际上解决优化问题的策略也就一并解决了。有关的内在的道理和解决办法实质上都是相同的。就是说，只要在操作型模拟系统中设置"优化块"就可以在不影响系统框架的前提下解决优化问题。

对于不涉及系统拓扑结构调整的"参数优化"问题，忽略约束条件，则一般地可表达为求极小点问题

$$\min_u y = F(X,u) \tag{4-1}$$

因为 $\min_u y = F(X,u)$ 与 $\max y = -F(X,u)$ 是"同解"的（注意：并非"相等"，而是"同解"，许多公开出版物对此问题的描述都出现了初等失误，故特别澄清），所以仅需讨论极小点问题。

此处 y 即是所谓目标函数，在化工生产中往往是蒸汽耗量、燃料耗量、原料耗量等，其性质是操作型模拟计算的结果；X 是系统变量，是决定操作型模拟结果的所有独立影响因素，对于流程模拟问题，它是自变量，通常就是各个原料物流（广义：包括公用工程中的加热蒸气等）的状态和设备特性，X 确定后，y 的数值就被确定了；u 是优化计算的决策变量，亦即优化问题(4-1)的自变量，它必然是 X 中的一个分量（而其他分量在优化问题中都变成了常数），常见的优化决策变量往往是换热面积、加热量等。

不论使用何种优化（迭代）算法，其迭代过程算法的本质及收敛的规律与第三章中描述的 $x_{k+1} = \phi(x_k)$ 都是一样的，与是否方程求根或求极小点无关。优化迭代计算可表示为

$$u_{k+1} = \varphi(u_k)$$

或者 $u_{k+1} = u_k + \Delta u_k$

而当优化算法的迭代格式选定后，$\varphi(u_k)$ 或者 Δu_k 就完全是由流程模拟结果 $y = F(X,u)$ 决定的函数。

同样，无论何种优化算法，其算法计算量与过程对象计算量（即流程模拟 $y = F(X,u)$）相比都是微不足道的。优化的效率在于更快、更准地通过操作型模拟计算出一系列的 y。

那么，可以按照"面向对象（OOP）"的原则设计优化块，优化块完成如下功能。

① 给出决策变量的初始值。

② 根据算法的格式和操作型流程模拟的结果 $y = F(X,u)$ 确定改进量 Δu_k。

③ 提供是否可终止优化迭代的信息。

可用图 4-9 示意优化块的作用。

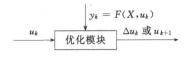

图 4-9 仅迭代一步的优化块功能

应当指出，优化块与收敛块、控制块类似，每次调用仅仅执行一个轮次的迭代，而不是"将迭代进行到底"。而且，优化块中仅仅执行优化算法的计算，而涉及流程模拟的过程计算信息在调用时由调用程序传入。其程序设计的框架与第三章中介绍的方程求根算法完全相同。当然，这种优化算法子程序的设计风格与大多公开文献提供的现有程序完全不同，对优

化算法子程序本身的设计来说明显增加了编写难度，但是，却大大降低了整个流程模拟与优化的软件的设计难度，提高了整体系统可靠性和解决各种复杂计算任务的能力，使得系统具有良好的、简洁的结构，并且也是唯一能够适应复杂优化调用的程序设计结构。

按照本小节的思路进行优化块的设计以及前面提及的收敛块、控制块的设计思路，就使得收敛块、控制块、优化块等算法块完全处于与单元过程模块并列的、相同的位置，完全处于系统中的被调用的从属位置。只有如此，才能使通用流程模拟软件按照操作型流程模拟的逻辑进行主框架的设计，从而完成各种各样复杂的、嵌套或递归的设计型、优化型计算任务。

在实际工程设计工作中，设计工程师在普通的设计计算时总是受到潜在的优化意识影响，自觉或不自觉地进行着优化工作。虽然表面上设计工程师并未调用优化算法，但他们在反复进行流程模拟计算时，不断地观察着模拟结果的变化，通过控制块调整计算，往往也从实际效果上达到一定程度的优化。对于实际生产问题，实际受控的决策变量可以允许变动的范围很小并且变动范围是给定的，那么设计者有时在进行若干次模拟计算后就能比较判断出"较优的"解决方案。由于模型本身的误差、控制系统检测误差等原因，实际上处于最外层的优化计算追求数学上的"最优"是毫无意义的。因为数学模型的最优解绝不可能是实际过程的最优解，只是优化计算能定性或半定量地提示设计者改进的方向和幅度而已。所以实际上优化块的直接利用效率应该说并不高，真正重要的还是操作型流程模拟计算。

使用优化块进行优化计算会增加一圈外层迭代，每一轮优化计算都要先进行操作型模拟计算，而操作型模拟通常也涉及大量的迭代。但是，与上一小节讨论设计型计算的模式完全相同，没有必要围绕优化问题设计流程模拟系统，而只需将优化块作为操作型模拟系统的一个子程序就能适应各类优化问题。上一小节论证控制块编程、设计型计算任务提出的十几条理论实践方面的理由也完全适用于优化块和优化型计算任务。

4.3　联立方程法与联立模块法**

作为全流程求解策略，序贯模块法来自于化学工程师的计算实践，是目前应用最广的计算方法。但是，早期并未在多个理论层面全面深入地研究该方法的基本问题，加之该法较容易理解运用，形式简单，使得某些专家学者对其理论基础产生怀疑，并提出更为"前沿"、更为"高级"的明显具备数学理论依据的方法。由于大型通用流程模拟系统的研发是非常困难的，需要巨大的人、财、物的投入才可能成功，使得有机会亲身参与大型通用流程模拟系统研发的专家学者的人数不多，因而在编程实践中获得直接心得体会的机会较少，不了解数值分析理论与数值试验理论之间的差别，不熟悉面向对象的大系统设计原则。诸如此类的原因使得许多研究有素的学者亦对通常公开文献中推崇的新方法表示赞同。最为典型的观点就是：对于设计型或优化型问题，由于系统或某些单元设备的输出规定在模块计算中无法直接输入和解决，必须在序贯计算结束后才能判断是否满足设计规定。若不满足，则需改变某些设备参数和操作参数，再进行重复计算，增加了一层外圈的迭代。这似乎将严重影响计算效率。基于这种"为了克服序贯模块法缺点"的思路，"联立方程法"就被提出并得到某种理论上的推崇。

联立方程法的基本思想是对系统的全部模型方程进行联立求解。也就是说，将涉及模拟计算的所有方程，不分层次，不分物理意义，不区分涉及哪些单元、哪些物理量或哪些组分，也不区分是模型本身、是设计规定还是优化目标，统统放在同一层面，同一位置，统统拿来，最终依靠数学家提供的通用算法进行联立求解。

许多教科书的评论都推崇联立方程法。如果将相关的观点大致综述一下，则从联立方程法的思路上看，对该法会得出如下的分析结论。

化工系统的数学模型为一大型非线性方程组。设计规定等条件可视为一组等式或不等式约束，以一些简单的方程形式加入到模型方程中。所以联立方程法在过程设计和过程优化方面是很有潜力的（可以避免序贯模块法中迭代的嵌套）。

使用联立方程法容易利用高阶收敛方法，容易通过多占用内存的途径赢得计算时间；由于初始值设定算法的发展，联立方程法容易设置初始值；因为各方程的地位平等，所以容易处理局部流程修改的问题，也容易处理优化型和设计型的计算问题；容易实现对大系统的分解。

面对的问题仅仅在于，对于化工系统来说，模型方程的维数通常是很大的，方程数和变量数都很大，但在每一个方程中出现的变量以及每个变量在方程中出现的次数却很少，即该方程组的系数矩阵或偏导数矩阵是一个稀疏矩阵。由于模型方程具有高度稀疏性，当使用典型的、依赖函数解析特性的迭代算法（比如牛顿-拉夫森算法）时，每一次迭代都要解一次维数很高的稀疏矩阵线性方程组，若采用一般解法，如高斯消去法，则随着方程组维数 n 的增大，所需计算机内存容量和运算时间将分别以 n^2 和 n^3 的比例增长。例如，在运算速度为每秒 100 万次的计算机上，10 阶线性方程组的求解只需要 110 个内存单元，CPU 时间不到 0.05s；100 阶线性方程组的求解需要约 10^4 个内存单元，CPU 时间为 1min 左右；当维数提高到 1000 阶时，则需约 10^6 个内存单元，CPU 时间高达 20h。对于化工系统来说，上千阶的模型方程并不罕见，所需内存容量和运算时间用现有计算机是很难满足的。因此需要针对稀疏矩阵方程求解的特殊需要而开发专门的解法，尽可能只对非零元素进行运算，以提高运算速度。同时采取某种压缩方法来贮存系数矩阵中的非零元素，以减少存贮空间。联立方程法一般采用牛顿-拉夫森法、拟牛顿法、马夸特（Marquardt）法或某些综合方法对方程组中所有变量同时求解。故联立方程法的主要问题在于如何保证大型方程组迭代收敛的稳定性和众多变量初值的合适假定。至今，文献上报道的联立方程法大多是试验性的，目前这种方法主要用于方程数不多（例如小于 100）的系统（本书作者注：此处论及的实际都是"算法工作量"，并不涉及"过程对象"计算）。

联立方程法虽然能够克服序贯模块法的主要缺点，较适用于系统的优化计算和设计型计算，但它本身也存在一些显著的弱点，除前面已提到的收敛稳定性问题和初值问题之外，还有以下几个问题：

① 需要较大的内存和比较复杂的计算程序，如稀疏矩阵技术；

② 无法利用序贯模块法中花费大量人力、物力开发的单元模块；

③ 方法的灵活性导致用户容易作出相互矛盾的规定，当运算出错或发散时，诊断也比较困难。

随着计算机软件硬件技术的突飞猛进，似乎联立方程法的弱点能够逐步得到克服，而其设计计算或优化计算与基本流程模拟计算同时收敛的优势将逐步发挥出来。

然而，仅仅从单一的某种理论出发，忽略了其他相关的理论与实践，往往就容易产生"理论脱离实际"的问题。也就是说，所谓理论脱离实际其本质是没有看透所有相关的理论。

要解决理论实践脱节的问题，不仅要多强调实践，更要强调学习、理解更多的理论。

由于计算机软硬件技术以远远超出人们预料的速度发展，即使目前的普通个人电脑运算速度也达亿次，而内存则轻易可达 10^9 字节。在这种技术条件支持下，算法工作量已经不算什么，按说已经足够克服联立方程法的弱点。事实上在其他某些工程计算领域也要求解规模巨大、甚至比化工流程模拟还大的方程组，在使用了先进的计算机技术后都产生了明显的技术进步。而遗憾的是联立方程法在目前条件下仍然未见长足的发展。

真正制约联立方程法发展的症结不在于计算速度和内存容量，也不在于是否使用优秀的通用数学算法，也不在于迭代的收敛性本身。因为有关纯算法计算的工作量并非化工流程模拟的瓶颈。问题在于，不考虑物理背景的、经过抽象的算法虽然是数学家的智慧结晶，其原理毫无疑问地总是会指导人们的计算实践。但这些好的算法有时并不能直接照搬套用其外在的格式。几乎比较优秀的算法如果考察其起源，往往也都有对应的物理对象，这些对象与化工流程是完全不同的；而且在使用常见的算法时实际上都有一个潜在的、隐含的使用前提，即是表达模型的函数需要具备足够好的解析性质。这一点最容易被后来者忽视。而化工流程模拟恰恰在这方面与其他工程计算区别较大，其函数的定义域复杂而狭窄，间断点多，连续性和光滑性差，各变量之间的交互影响复杂（本质是混合偏导数复杂、函数性状复杂），相互之间的数学物理约束也复杂，不同的变量在取值的数量级和物理量纲上完全不同，各变量从机理上就处在很不相同的微观宏观尺度，模型的物理化学意义复杂，经验关系式多，隐函数表达式多，甚至有些物理量（如熵、焓）的取值基准比较任意。总之，从适定性和数值稳定性的角度看，无论模型本身还是求解过程都是不具备良好求解条件的。亦即与过程对象本身有关的计算具有很大难度，这是本质上的难度，不是仅仅使用高阶收敛算法、改善收敛性、提高计算速度和内存容量能解决的。这就是化工流程模拟与其他许多工程计算的不同之处，与教科书上阐述算法所用的习题就更是天壤之别。如果未曾亲身经历许多流程模拟的程序设计和调试计算，仅仅解算（尤其是手算）公开文献上的案例，是不可能体会到这种难度以及单一算法的局限的。

如果采用联立方程法进行流程模拟，首先遇到的难题就是初始值无法选取。较外层的迭代涉及的温度、压力、流量等尚属易选初始值的变量，而很多内部核心层的迭代既不易选择初始值又更不可能让用户在每一处迭代都选取初始值；其次模型函数根本就不可导，实际上也根本不存在函数的解析表达式，函数是由一系列的程序定义的，是最复杂的计算，难度远远超过纯算法方面的计算，使得许多有效的算法都会降阶或失效，无法提供正确的迭代方向；只要在任何一个微小的环节，中间结果尤其是核心计算层的结果越出了定义域（最简单的例子就是组分摩尔分数加和不归一），那么所有其后的计算就可能失去物理意义，而这是不可能避免的；随之而来的误差放大就会导致程序执行的崩溃。在第二章中提及的平衡闪蒸，只不过是流程模拟中最基本的、反复执行的核心计算，然而如此基本的计算在趋于恒沸条件时都具有严重的不适定性，很多流程模拟程序都无法保证百分百地精确求解。在很多物理意义上的突变点、临界点附近，流程模拟计算都会遭遇类似的难题。所以，将所有变量、所有方程置于同等的位置，采取同等的求解算法是不可能解决实际复杂大系统问题的。只有对于简单小问题，联立方程的思路才能发挥优势，然而实际化工流程模拟中根本没有简单小问题。

在化工流程模拟系统中，方程数目和变量数目非常多，动辄成千上万。不同的变量及方程分属着不同种类的宏观过程、描述着性质不同的微观规律、表达着不同量纲和取值数量级的物理量、方程本身的形式从简至繁变化多样；如果单纯抽象地从数学上看，各个变量及方程确实无甚区别，就是处于相同的层面和位置，无所谓先后、内外之别，但在物理上、工程上不同的变量及方程确实有完全不同的性质，是有先后、内外之别的，也是有不相关、弱相关和强相关之别的。只有充分地利用变量、方程之间的内在联系的信息，才能将复杂问题分解为系列的简单问题加以求解。

认真地考虑了许多理论与实践问题后，就可以认识到，如果从化学工程、软件工程、数值试验、过程控制等多学科理论的层面上，深入地、全面地加以分析，就会发现实际上序贯模块法具有坚实的理论与实践基础。本书前四章内容几乎自始至终都在围绕此观点进行着铺垫与论述，细心读者是可以体会到的。本章的前面几节比较具体地讨论了序贯模块法解决设计型问题和优化型问题的思路和优势。正是序贯模块法用简单朴素的、符合化学工程师的方式实现了合理的方程组分解，使得在物理意义上密切相关的方程和变量放在一起求解，在计算的核心层面上消除不适定性带来的不利影响，分散解决各个不同性质的难点，为外层的迭代计算创造了有利的条件，控制了误差的传递和放大，因而取得了良好的实践效果。序贯模块法可以说是解决复杂大系统问题的一个经典案例，分析研究其成功的原因对于指导过程系统工程的理论和实践都有重要的意义。

当然，原始的序贯模块法也并非十全十美。其全流程求解策略简明有效，但内部单元模块的计算效率问题仍需解决。因为单元模块的计算量占用了大量的资源，这是由数学模型本身的复杂性决定的，属于本质上的难题。

对原始的序贯模块法在某些环节上给予改进也是许多流程模拟工程师关心的问题。因为确实有公开文献在理论上不甚认可序贯模块法，致使某些商业软件出于商业宣传的需要也不愿正面承认采用了序贯模块法，而是变通地宣称在序贯模块法基础上进行了诸多改进。是否确有改进只有程序设计者本人清楚。然而，在所有对原始序贯模块法的改进之中，确实有一种方法几乎彻底解决了单元模块计算的适定性和数值稳定性这个本质上的难题，并成数量级地提高了序贯模块法的整体计算效率。这一方法就是"联立模块法"。

联立模块法求解全流程的思路还是与原始序贯模块法本质相同的。不同的是，该法对外层的流程层面上的迭代收敛策略使用了第三章中介绍的双层法。双层法从数学上看与同伦延拓法（Homotopy Continuation Method）有着一定的联系，其成功的关键在于选取适当的同伦函数。对于化学工程师来说，无需过多地从数学层面考虑问题，仅需按照某些化学化工基本理论，在建模方法论指导下，构造单元模块的简化模型（务必注意：并非多数公开文献上说的是"线性模型"，其说法不过是以讹传讹），形成"简化单元模块"，就巧妙地、简单地解决了这个数学问题。简而言之，将双层法与序贯模块法结合，就形成了联立模块法。

联立模块法的基本思想是额外建立一套近似模型来逼近各单元过程的严格模型，产生一套简化单元模块。进行全流程层次的模拟计算时，使用该套简化单元模块代替严格模型单元模块进行模拟。简化单元模块由于形式简单、定义域宽、解析性好，因而计算时收敛域宽、易选初值、易于使用高阶收敛算法、过程对象的计算量也大大减少、数值稳定性也明显增加。甚至当遇到不合理初值时，严格模型将处于无解的条件下，简化模型反而能提供符合物理意义的外推解，不必导致迭代中断并给出合理迭代方向。对某些种类的单元模块，甚至有可能使用线性模型作为简化模型，将计算量减到最小。总之，进行一次流程级模拟仅需调用简化单元模型，无疑极大地提高了计算的适定性、稳定性及综合效率。当基于简化模块的全流程模拟计算收敛后，再将简化模型的解与严格模型的解进行比较。请注意，此时因为所有未知数都已经由简化模型解出，并且更重要的是，这些未知数是符合诸如组分归一等重要物理约束的，各变量取值基本都在严格模型的定义域之内，所以将近似解代入严格模型会得到两方面的好处，首先是仅调用严格模块一次而非反复迭代调用，其次是保证计算的物理意义。那么通过比较严格模型与简化模型的解，就可以利用严格模型的结果校正简化模型中的模型参数，经过简化模型参数校正后，再从全流程的层面上利用简化模型求解；当简化模型的参数校正量为零时，就意味着简化模型与严格模型同解，那么整个流程模拟计算就完成了。这种联立模块法不仅大大减少了复杂严格模型的调用次数，加快了计算速度，更为重要的是提高了迭代过程的适定性和数值稳定性。关于联立模块法的概念，可以参考第三章中双层法的原理以得到更透彻的理解。总之，使用简化模块进行流程级计算处于迭代的内圈，涉及的计算在数学上都极为简单；在此计算的外层进行模型参数的校正，外圈迭代变成对模型参数的迭代，往往减少了迭代的维数。

最容易考虑到的、最容易实现、效果也较好的简化模型方案就是针对占用计算资源最大且适定性最差的热力学性质计算模型给予简化。主要就是使用简化的焓模型和逸度模型。对于绝大多数体系，都能够依据一定理论推出较为适用的简化模型，这些简化模型的模型参数都具有明显物理意义，容易选取初始值。文献 [2] 在提及联立模块法的简化模型时，介绍了用线性模型作为简化模型的方法。当然，这并非不可行。但是，如果所有简化模型都是用非物理意义的数学方法建立的线性模型，则不仅计算量并未明显减少，且这种方法的本质与通用的数学方法如牛顿-拉夫森等差别就不大，失去了许多使用简化模型的意义，在数学上与同伦延拓法的本意也不太相符，最主要的是解决不了根本的模型适定性问题。因为，只要是复杂过程的线性模型，就一定是难于外推使用的模型。最典型的问题比如对组成变量求解，很多方程简化成组成的线性函数后，会严重违背组成归一原则，这样的一套组成变量再代入其他方程中计算，结果不堪预测。另外，用"摄动法"计算得到简化模型，其实也是受到函数解析性的制约。流程模拟所用函数过于复杂，写不出解析表达式，"摄动法"得出的线性模型既不能大范围外推，更不能表达诸变量间复杂的交互作用（即混合偏导数等问题）。所以总的说来，建立简化模型仍然应当尽量符合过程的基本机理（见 2.3.1 机理模型的特征），尤其是质量和能量恒算，只不过比严谨模型更多地使用简化假设而已。最典型的简化假设就是理想的气相或液相体系。

由于在调用简化模型单元过程后已经求出了各模块的上下游物流及所有未知数，所以在调用严格模型时就可能避免一些非独立的、涉及过程中间变量、中间状态（如精馏塔各块塔板上的汽液相流量）的计算。只要所有独立变量都处于两种模型同解的状态，那么即使由简化模型计算出的非独立变量也就与严格模型同解。故联立模块法在用严格模型求解整个系统模型时只需求解各单元过程的外部变量、即单元过程的输出和输入物流变量，减少了计算量。它不像联立方程法那样需要同时迭代求解外部变量和内部变量、涉及了过多的、不同层次的计算，所以在联立模块法中外圈迭代的维数要比联立方程法少得多，所需内存也可大为减少。又因为可以继承运用已有的模块，故也可充分利用序贯模块法在单元模块方面的丰富积累。

使用联立模块法，可以（但并不必需）在利用严格模型校正简化模型的同时处理设计规定方程，甚至处理优化问题，亦即在外圈迭代校正模型参数的同时进行设计型和优化型的计算，将关于设计规定或优化搜索的迭代分散到模型参数校正的同一层次上去，这就实现了模拟与设计或优化同时收敛的效果，也正是所谓联立方程法的重要优点。

实际上，以上简短叙述的联立模块法只是阐述了该法的原则或原理，距离形成"算法"、直接指导编程还有相当大的差异。在这种联立模块法的大原则下，还有许多细节可以有不同的选择，那么就形成了联立模块法的不同变种。比如，在迭代的哪个阶段、哪个时机进行模型参数的校正就可以根据不同的理解、不同的出发点而有不同的选择，对设计规定或优化的处理也可以有不同的具体选择，对简化模型的形式及其校正方式也可有不同的选择。但无论怎样变化，以及如何被程序设计者命名，万变不离其宗，原理都是一样的。只要透彻地理解了序贯模块法与双层法的思想，就能够顺利地理解联立模块法，也就能够设计出适当的联立模块法的程序框架。

关于对联立方程法与序贯模块法的比较，还可以参看 4.2 的论述以便加深理解。总之，经典的序贯模块法巧妙地对所有变量和方程进行了分组，体现了不同变量和方程的先后、内外层次的区别，体现了许多化学加工和实际过程控制方面的物理意义，其总体框架是解决全流程模拟的较好方法；而联立模块法在全局计算策略上继承了序贯模块法的优点，并有效解决了序贯模块法局部计算效率不高的问题，是目前最为实用的流程模拟方法。

4.4　动态流程模拟系统[**]

4.4.1　动态模拟的特点

总的来说，通用动态流程模拟系统设计与通用稳态模拟系统设计的原理是相同的。但是，由于在稳态模拟问题中往往作为设计变量给予指定的与传递规律有关的影响因素（比如压力）在动态模拟问题中是未知数（未知函数），以及其他动态模拟需要涉及的过程控制问题、计算稳定性问题、模型适定性问题等，实际上使得通用动态模拟系统的设计难度远远大于稳态模拟系统的设计。因此在以下几方面，动态模拟在理论和技术上都提出了新的要求：系统的结构与程序设计，控制系统的模拟，压力平衡与管网流量计算，管网拓扑结构自动分析，工业应用领域。

总的说来，通用动态流程模拟系统的研发比通用稳态流程模拟系统要困难。因此，商业化的通用动态流程模拟系统产生得较晚。这些困难表现在以下几方面：

① 动态流程模拟的变量数、方程数更多、未知数为时间的函数，自由度分析问题更为复杂；

② 动态流程模拟往往与过程控制系统的关系更为密切；

③ 动态过程涉及流程更大的操作范围使得模型的适定性问题更为突出；

④ 动态模拟对计算的稳定性和计算速度要求更高。

由于这几方面的内在原因，使得通用动态流程模拟系统在设计时会遇到许多技术上的困难。如，程序规模增大，既涉及代数方程组求解又涉及微分方程组求解、程序结构难于确定，系统拓扑结构模型复杂则使用"图形组态"方式定义流程非常复杂，对应稳态解存在的初始条件未必对应动态解，动态解的输出并非一组数据而是一组随时刻变化的序列，误差分析与控制更为困难，在稳态模拟中可以序贯求出的流量在动态模拟中只能全局联立求解，在稳态模拟中往往作为设计变量的压力（已知数）只能按物理意义进行全局的联立求解，在稳态模拟中不考虑的与仪表、阀门有关的变量必须考虑，动态模拟的输入往往具有实时交互性而非一组不变的独立变量取值，整个微分方程组具有强烈的"刚性"而又难于使用通用的数学算法解决，多数经典的基本化工规律的模型都是以稳态为隐含、潜在的前提研发得到的、故用于动态过程时或许产生严重误差，动态模拟对计算速度的要求更高，对计算机硬件的要求更高。因此，在稳态流程模拟技术已经相当成熟并在工程设计中广泛应用后的相当长时期内，严格机理模型的化工动态全流程模拟都未能实现。在当时的硬件条件下，使用低档微机（386 机型以下），即使如精馏塔的严格机理（超）实时动态模拟，也是在 20 世纪 90 年代初才解决并应用于实际工程项目的[3,4]，比稳态模拟晚了许多年。甚至可以说，即使是目前的通用动态模拟技术，也只能保证计算到系统呈现稳态时的状态是可靠的，与稳态模拟达到同等的精度，而对于中间"过渡过程"的模拟计算只有定性、半定量的参考意义，无法确切地评价、预测动态计算的误差。对于过程控制等领域需要精确计算系统动态行为的场合，就需要针对实际系统进行专用的动态模拟程序的开发。

4.4.2 动态模拟的数学描述

无论如何，稳态流程模拟技术都是动态流程模拟技术的重要基础。动态流程模拟涉及的是大致如下形式的微分-代数方程组

$$\begin{cases} \dfrac{\mathrm{d}y_i}{\mathrm{d}\tau}=f(\boldsymbol{x},\boldsymbol{y},\tau,\boldsymbol{c}) \\ \phi(\boldsymbol{x},\boldsymbol{y},\boldsymbol{c})=0 \\ \boldsymbol{y}|_{\tau=\tau_0}=\boldsymbol{y}_0 \\ \boldsymbol{c}=\boldsymbol{c}(\tau)\text{为时变函数或随机干扰变量（向量）} \end{cases} \tag{4-2}$$

在动态模拟时，每个物流（除非来自系统外界区的原料物流）都有流量、温度、压力、组成等变量需要被求解；每个单元设备中的每个相的状态也有液位（持料量）、温度、压力、组成等变量需要被求解，而像精馏塔等复杂设备往往需看作许多单元设备的集合，因此未知数的分量 y_i 的数目是非常巨大的，几万或几十万都有可能。当然，可以使用通用的数学算法去求解(4-2)这种数学模型。

但是，因为在物理上各个单元过程的"时滞"是不一样的，所以全流程的动态模型必然表现为数学上所谓的刚性方程组，即不同的方程有不同的稳定域，有不同的合理积分步长。如果使用简单的显式欧拉法求解此类常微分-代数方程组问题，则步骤为

$$\begin{cases} \boldsymbol{y}|_{\tau=\tau_0}=\boldsymbol{y}_0 \\ \text{由 } \phi(\boldsymbol{x}_0,\boldsymbol{y}_0,\boldsymbol{c}_0)=0 \text{ 迭代解出 } \boldsymbol{x}_0 \\ \boldsymbol{c}_k=\boldsymbol{c}(\tau_k) \\ \boldsymbol{y}_{k+1}=\boldsymbol{y}_k+hf(\boldsymbol{x}_k,\boldsymbol{y}_k,\tau_k,\boldsymbol{c}_k) \\ \text{由 } \phi(\boldsymbol{x}_{k+1},\boldsymbol{y}_{k+1},\boldsymbol{c}_{k+1})=0 \text{ 迭代解出 } \boldsymbol{x}_{k+1} \\ k=0,1,2,\cdots \end{cases}$$

则代数方程组的迭代求解处于每一步积分之间，程序设计相对容易，计算量不太大，但显然难于兼顾不同方程的数值稳定性和计算精度。

如果采取对应的隐式算法，则(4-2)的求解为

$$\begin{cases} \boldsymbol{c}_k=\boldsymbol{c}(\tau_k) \\ \boldsymbol{y}|_{\tau=\tau_0}=\boldsymbol{y}_0 \\ \text{由 } \phi(\boldsymbol{x}_0,\boldsymbol{y}_0,\boldsymbol{c}_0)=0 \text{ 迭代解出 } \boldsymbol{x}_0 \\ \text{联立}\begin{cases} \phi(\boldsymbol{x}_{k+1},\boldsymbol{y}_{k+1},\boldsymbol{c}_{k+1})=0 \\ \boldsymbol{y}_{k+1}=\boldsymbol{y}_k+hf(\boldsymbol{x}_{k+1},\boldsymbol{y}_{k+1},\tau_{k+1},\boldsymbol{c}_{k+1}) \end{cases}\text{解出 } \boldsymbol{x}_{k+1}\text{和}\boldsymbol{y}_{k+1} \\ k=0,1,2,\cdots \end{cases}$$

此时代数方程组的迭代与微分方程组的迭代纠缠在一起，因此隐式算法的编程难度和迭代计算量都要大许多。

更为重要的是，无论显式的还是隐式的算法，在迭代求解其中的代数方程组时，毫无例外地都要对流程中所有的（向量）变量 x 和 y 联立求解，而实际上这是一个复杂的稳态全流程模拟问题。根据本章前面几节的讨论可知，这种计算的难度是非常大的。唯一与稳态流程模拟略有不同的是，如果在前一步积分计算时，能够得到微分-代数方程组的精确解，那么此时迭代求解代数方程组可能具有较好初始值，而其他模型适定性、数值稳定性、收敛性等问题都是同样存在的。

4.4.3　动态序贯模块法

因此，对于方程组规模过于巨大的动态流程模拟来说，无论照搬何种好的算法，都不能解决刚性问题，不能解决计算效率问题。而实际可行的策略仍然是序贯模块法。

动态序贯模块法与稳态序贯模块法的基本原理是一样的。该法仍然是按照实际的加工单元将方程及变量分块，同一单元过程涉及的变量与方程相互之间是强相关的，而不同的单元过程对应的子方程组之间是弱相关的。模拟计算的基本单位仍然是过程单元模块，并且仅需要对所有单元模块循环调用一圈（不存在切割排序问题），就能实现一步动态模拟，完成对一个时间间隔的积分。设整个系统的待求变量（函数）y 由各个单元的待求输出 u_j 组成

$$y = (u_1, u_2, \cdots, u_m)^T \quad (m \text{ 为过程单元总数})$$

则动态序贯模块法的模块就如图 4-10 所示。

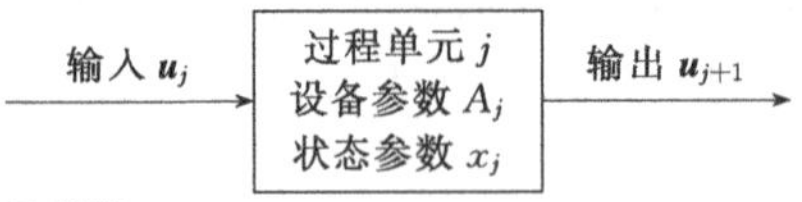

过程单元模型
$$\phi_j(u_j, u_{j+1}, x_j, A_j) = 0 \quad \text{和} \quad \frac{\mathrm{d}u_{j+1}}{\mathrm{d}\tau} = f_j(u_j, u_{j+1}, x_j, A_j, \tau)$$

图 4-10　动态流程模拟的单元模块

那么，如果采取简单显式欧拉法，求解过程将大致形如

$$\begin{cases} u_{j+1}|_{\tau=\tau_0} = u_{j+1,0} \\ \text{由 } \phi_j(u_{j,0}, u_{j+1,0}, x_{j,0}, A_j) = 0 \text{ 迭代解出 } x_{j,0} \\ \text{积分得 } u_{j+1,k+1} = u_{j+1,k} + h \cdot f_j(u_{j,k}, u_{j+1,k}, x_{j,k}, A_j, \tau_k) \\ \text{由 } \phi_j(u_{j,k+1}, u_{j+1,k+1}, x_{j,k+1}, A_j) = 0 \text{ 迭代解出 } x_{j,k+1} \end{cases}$$

对于所有的设备单元从头至尾循环一遍 $j = 1, 2, \cdots, m$ 之后，最后再对时间积分 $\tau_{k+1} = \tau_k + h$，如果是交互式的实时动态模拟问题，则可在此位置处理实时操作变量 $c_k = c(\tau_k)$ 的问题，亦即处理与控制系统操作有关的问题。

如此使用了动态序贯模块法之后，在每一步积分过程中，不必对全流程联立求解稳态模拟问题，而只需要分别按照各单元求解较小的单元过程稳态模拟问题。并且，虽然模型中涉及代数方程组，但并不需要进行"切割排序"计算，编程的难度大大减小，计算的稳定性、适定性大大提高，计算的速度相应地得到数量级的提高。

特别指出，按照动态序贯模块法计算时，各个单元模块完全可以根据本身的时间特性选取不同的积分步长，也可以根据本身的物理规律采取"预测-校正"的方法积分计算，明显提高数值稳定性，克服系统的刚性，而在全局的宏观结构上却仍然看似简单显式欧拉法。无

数计算实践证明，这种动态序贯模块法具有结构清晰，易于编程，易于解决复杂动态问题，计算效率高、数值稳定性好等诸多优点。

同样地，在许多细节问题的处理上，可以有一些不同的选择，因而可形成特点不同的求解方法的变种。并且，在稳态模拟中行之有效的双层法，也可以与动态序贯模块法结合使用，形成"跟踪逼近"方法[3,4]，进一步提高动态模拟的效率和稳定性。

与稳态模拟非常不同的是，动态模拟时通常物流的流量不是像稳态模拟那样可以按照物料守恒序贯地计算出来，流量通常也不是由模型中的微分方程式积分计算出来。最常见的方法是，动态单元模块中不涉及流量的计算，而将全流程中所有关于流量计算的方程式集中起来，在完成每一步积分后，根据各单元模块计算的压力节点的压力信息联立求解所有的流量变量。由于压力节点与管道网络非常复杂，与交互式的控制系统（仪表阀门）又密切相关，所以流量分布的管网计算对动态模拟系统是个难题，成为研发通用软件系统的瓶颈之一。许多早期动态模拟工作就是因为尚未妥善解决流量管网的拓扑结构模型以及根据拓扑模型自动产生对应方程组并求解的理论和技术，才无法实现动态模拟系统的通用性、图形组态方式动态建模以及流程调试修改的高效性。因而早期确有一些动态模拟工作在遇到类似难题后不得不半途而废。

有关文献[4~6]论及了通用动态模拟的框架设计及管网流量计算自动建模的理论和技术，这些文献介绍的理论与技术都有非常坚实的实践基础，是来自于数十项大型动态模拟软件工程项目的实践总结。

4.5 化工装置仿真机**

化工系统工程理论与技术的典型应用是通用稳态流程模拟软件系统。此类软件已经广泛地在工程设计、操作条件分析与优化、过程先进控制等领域使用，并带来巨大的经济效益。尤其是在化工的规划设计等部门，通用稳态流程模拟软件与其它专用设备设计与校核软件配合使用，明显地提高了化工装置的设计水平，已经成为设计部门不可或缺的工具。可以说，如果某个化工设计单位不具备熟练掌握通用稳态流程模拟软件的高级专门人才，则该设计单位就不可能达到较高的设计水平、设计资质。

随着稳态流程模拟技术水平的提高，很多情况下也对动态流程模拟提出了新的、更高的要求。尤其是一些与间歇操作、过程控制、过程优化有关的设计、操作、控制问题，仅仅利用稳态模拟的结果是不易满足实际需要的。对于稳态流程模拟，其模拟结果为代数方程组的根，对应着流程中所有物流和设备的稳态，容易按照工程师的需要输出到文本文件或用打印机打印出来，便于分析、观看；而对动态模拟来说，其计算结果表现为所有物流状态和设备状态随时间不断变化的曲线，是时间的函数，因为是用数值方法计算得出的数值解，所以这些曲线是用列表方式表达的函数，如果将动态计算结果输出到文本文件，则文件将会很大，打印出来也会非常繁冗，使得有用的信息被淹没在无用的信息中，无法直观地了解过程的动态规律，不利于工程师分析解决问题。另外，还有一类非常重要的动态模拟任务，不允许将所有动态计算结果完全计算出以后再事后仔细观察、分析结果，而是需要实时地、即时地、直观地考察工艺过程动态规律以及控制系统的作用，那么这时的动态模拟就需要采取"仿真机"的形式实现。这种仿真机的研发过程比较全面地涉及了数学模型与求解的理论与技术，并需要使用过程系统的实物模型。可以说，化工装置仿真机是化工系统工程理论与技术全面应用的高端产品，并在化学工程的许多领域都有重要的应用。

4.5.1 系统构成

化工装置仿真机是由三部分组成的：工艺过程动态数学模拟子系统，控制系统功能动态模拟子系统以及控制系统操作界面实物仿真子系统。其中第一部分工艺过程动态数学模拟子系统基本上就是一套过程动态模拟软件，用于模拟实际生产中投资和运行成本均占主要部分的工艺设备与流程，是仿真机的核心部分；第二部分控制系统功能动态模拟子系统是对操作、控制工艺装备的控制系统的模拟软件，实际上，这部分与实际控制系统的软件在功能上没有什么差别；而第三部分控制系统操作界面实物仿真子系统是为了达到与实际装置相同的操作和观察效果而建立的人-机操作仿真界面，也是第一、第二两部分的联系纽带。第一、第二部分都是在电脑中运行的软件，第三部分是配备了相关驱动软件的支撑硬件。前两部分可以分别在两台电脑中运行，也可在同一台电脑中运行两个不同的进程。仿真机的三个部分之间进行即时的通信以模拟实际整套装置。第三部分也是用户的操作终端。各部分通过局域网通讯进行信息交换。整个系统的结构如图 4-11 所示。

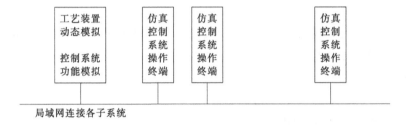

图 4-11 化工装置仿真机系统结构

在各个子系统之间的信息传递可以用图 4-12 表示。

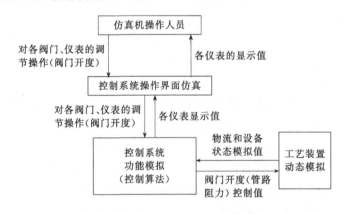

图 4-12 化工装置仿真机各子系统之间的信息交换

实际上，在化工装置仿真机中工艺子系统与控制子系统之间的关系也是完全仿真实际生产过程的。其中最大的不同仅仅是，实际装置中有检测仪表直接测量出工艺设备的状态并传递给控制系统的核心运算部分，而在仿真机中是将工艺过程动态模拟的结果传递给控制系统；实际装置中有执行机构进行阀门的开关操作，而在仿真机中根据阀门开度的命令在工艺管网计算时改变管路的阻力。

对于化工装置仿真机来讲，所需的动态模拟技术要求更高。这不仅是因为仿真机集成了动态工艺模拟、控制系统模拟和控制界面实物仿真等几项技术，而且对工艺计算的速度提出了更高的要求，尤其是不仅要求计算快速，更要求计算的"匀速"。所谓匀速，就是要求每一步积分求解微分-代数方程组的用时必须一致，不能相差太多，否则就会导致所观察的系统动态行为失真。

以动态流程模拟技术为基础实现化工装置仿真机后，就可以直观、方便地观察、分析动态模拟的结果。更重要的是提供了与实际完全相同的操作、控制生产装置的界面，不仅可以方便地完成一般的分析研究任务，还可以实现操作技能培训的功能。如果在化工装置仿真机中增加教学管理子系统，就可以形成所谓仿真培训器产品（Operator Training System，OTS）。其系统结构大致如图 4-13 所示。

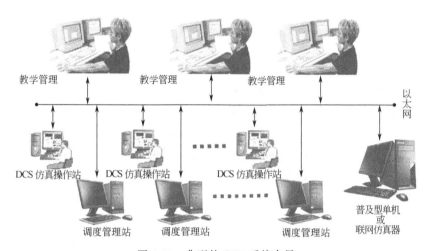

图 4-13　典型的 OTS 系统布局

由于数学模型及求解算法等方面原因，早期的化工仿真机产品未能很好地解决动态流程模拟的计算速度与精度问题，所以往往动用高档计算机系统作为硬件支撑，并难用于系统优化方面的工作，而随着理论与技术的进步，近年来使用普通微机就可以运行基于严格机理模型的仿真机系统。

4.5.2　关键技术

化工装置仿真机的研制过程大致涉及通用动态流程模拟系统技术，控制系统模拟技术，控制系统操作界面仿真技术三方面。其中最关键的是动态流程模拟技术。由于近年来大型化工装置的控制大都采用 DCS（Distributed Control System，集散控制系统），所以对后两项技术有两种典型的解决方案。第一种是建立通用仿真控制系统用以模拟各种类型的集散控制系统软硬件；第二种是直接采用真实 DCS 对工艺系统模型进行控制操作。第一种解决方案灵活性强，程序结构紧凑，易于适应各种类型的控制系统，研制工期不受控制系统的制约，但研制难度较大；第二种方案则避免了额外研制控制系统模型，比较方便，但仿真机制作工期容易受到 DCS 的影响，并且适应不同类型的控制系统比较麻烦。

4.5.3　应用领域

随着动态流程模拟技术的进步，化工装置动态仿真技术已经广泛地用于化工装置操作技能培训，并且开始用于工艺过程的分析与优化，解决用稳态模拟无法解决的任务。在过程先进控制、过程设备状态监控、化工生产安全分析等领域，也开始发挥重要的作用。

对于教学机构，使用化工装置仿真机可以解决大型化工流程的生产实习问题，强化学生的动手操作能力，培养理论联系实际的能力。这种教学手段不仅大大降低了生产实习的成本，也极大地提高了学习过程的安全性。并且，由于仿真机运行的"超实时性"，往往在仿真机上短期的学习就能达到在实际装置上较长时间学习的效果。

本 章 要 点

★ 来源于实践的、形式简单的方法中往往蕴含了更为深刻与全面的理论。

★ 序贯模块法的理论基础在于方程组分解及其切割排序技术。

★ 图形组态方式建模的理论基础是流程拓扑结构模型。

★ 序贯模块法用化工的知识巧妙地解决了数学的问题。

★ 使用收敛块可以解决不能直接序贯求解的流程计算问题。

★ 收敛块的数学本质是显式方程的迭代解法。

★ 使用控制块可以解决设计型的流程模拟问题。

★ 控制块的数学实质是隐式方程的迭代解法。

★ 收敛块、控制块、优化块的迭代过程本质及在模拟系统中应处的位置是完全相同的。

★ 操作型模拟问题是解决实际设计或优化问题的真正关键。

★ 优化算法只能定性地或半定量地提供关于优化设计的信息。

★ 流程模拟系统的程序主框架必须按照操作型模拟来设计，收敛块、控制块、优化块等算法均处于从属地位。

★ 将双层法原理用于序贯模块法可以提高计算的效率。

★ 序贯模块法与双层法集成运用，可以形成一系列的算法"变种"，有效解决各类实际流程模拟问题。

★ 由于复杂化工计算中最难于克服的是模型的适定性问题，所以联立方程法在没有解决适定性问题时很难解决实际工程问题。

★ 联立方程法仅对简单的、专门的问题可能有效；不适合处理复杂的通用的问题。

★ 动态流程模拟系统中运用序贯模块法后，同样也可以将方程合理分类、简化求解。

★ 化工装置仿真机是全面综合运用化工系统工程理论和技术的、软硬件集成的产品。

★ 印在书上的结论不一定总是最好的或正确的，可能是偏颇的或有问题的，包括本书。

思 考 题 4

1. 尝试进行收敛块的程序设计（直接迭代法，部分迭代法）。

2. 尝试进行控制块的程序设计（割线法）。

3. 思考优化模块的设计框架。

4. 思考联立模块法的不同实现方案。

5. 尝试将 3.8.3 中水槽动态模拟的例题用仿真机的形式解决。

6. 有条件的话，在化工装置仿真机上进行实际操作。

本章参考文献

[1] Zhou L, Han Z W, Yu K T. A New Strategy of Net Decomposition in Process Simulation. Comput. & Chem. Eng, 1988, 12 (6): 581-588.

[2] 张瑞生，王弘轼，宋宏宇. 过程系统工程概论. 北京：科学出版社，2001.

［3］ Wang J H，Yao F，Yang Z. Generalized rigorous real-time simulation for dynamic distillation process. In：沈曾民. 1994 Materials & Technology，BUCT-CNU：Beijing：Chemical Industry Press，1994，114-117.

［4］ 王健红等. 化工装置动态模拟与优化工艺软件平台. 化工进展，1997，(4)：49-51.

［5］ 秦导. 管道网络拓扑模型分析与计算. 北京：北京化工大学，2003.

［6］ 秦导，王健红. 管道网络拓扑模型与分析计算. 北京化工大学学报，2002，29 (2)：24-28.

［7］ 杨友麒. 实用化工系统工程. 北京：化学工业出版社，1989.

［8］ 杨冀宏，麻德贤. 过程系统工程导论. 北京：烃加工出版社，1989.

［9］ 郑春瑞. 系统工程学概述. 北京：科学技术出版社，1984.

［10］ 王弘轼编著. 化工过程系统工程. 北京：清华大学出版社，2006.

［11］ 孙登文，曲德林，赵奎元等. 信息网络分解的可及向量法. 清华大学学报（自然科学版），1987，27 (4)：21-30.

［12］ ［日］高松武一郎等著. 化工过程系统工程. 张能力，沈静珠译. 北京：化学工业出版社，1981.

［13］ 彭秉璞. 化工系统分析与模拟. 北京：化学工业出版社，1990.

［14］ Boston J F. Sullivan S L Jr. A New Class of Solution Methods for Multicomponent Multistage Separation Processes. Can J Chem Eng，1974，52 (1)：52.

［15］ 魏寿彭. 石油化工生产过程最优化. 北京：中国石化出版社，1994.

［16］ 王健红，魏寿彭. 严格法精馏过程模拟的加速收敛技术. 北京化工大学学报，1992，19 (3)：10-13.

［17］ 朱开宏. 化工过程流程模拟. 北京：中国石化出版社，1993.

第5章 运筹学方法*

5.1 概述

5.1.1 基本概念

运筹学（Operation Research，OR）是近代应用数学的一个重要分支，主要是研究如何将生产、管理等事件中出现的运筹问题加以提炼，然后利用数学方法进行解决的学科[1,2]。所谓运筹问题，实质上是指如何在时间、空间的范围内，对既有的人、财、物进行巧妙的优化部署，安排合理的次序或位置，最终达到利益的最大化。运筹学的思想在古代就已经产生了。但是作为一门数学学科，用纯数学的方法来解决最优方法的选择安排，却是在20世纪40年代才开始兴起的一门分支。随着科学技术和生产的发展，运筹学已渗入很多领域里，发挥越来越重要的作用。运筹学本身也在不断发展，现已成为包括好几个分支的数学领域。

Operation Research原意是操作研究、作业研究、运用研究、作战研究，译作运筹学，是借用了《史记》"运筹于帷幄之中，决胜于千里之外"一语中"运筹"二字，既显示其军事的起源，也表明其某些思想和原理在中国已早有萌芽。作为一门现代科学，运筹学是在第二次世界大战期间首先在英美两国发展起来的，有的学者把运筹学描述为就组织系统的各种经营作出决策的科学手段。P. M. Morse与G. E. Kimball在他们的奠基作中给运筹学下的定义是："运筹学是在实行管理的领域，运用数学方法，对需要进行管理的问题统筹规划，作出决策的一门应用科学。"运筹学的另一位创始人定义运筹学是："管理系统的人为了获得关于系统运行的最优解而必须使用的一种科学方法。"它使用许多数学工具（包括概率统计、数理分析、线性代数等）和逻辑判断方法，来研究系统中人、财、物的组织管理、筹划调度等问题，以期发挥最大效益。

现代运筹学的起源可以追溯到几十年前，在某些组织的管理中最先试用科学手段的时候。可是，现在普遍认为，运筹学的活动是从二次世界大战初期的军事任务开始的。当时迫切需要把各项稀少的资源以有效的方式分配给各种不同的军事经营及在每一经营内的各项活动，所以美国及随后美国的军事管理当局都号召大批科学家运用科学手段来处理战略与战术问题，实际上这便是要求他们对种种（军事）经营进行研究，这些科学家小组正是最早的运筹小组。第二次世界大战期间，OR成功地解决了许多重要作战问题，显示了科学的巨大物质威力，为OR后来的发展铺平了道路。当战后的工业恢复繁荣时，由于组织内与日俱增的复杂性和专门化所产生的问题，使人们认识到这些问题基本上与战争中所曾面临的问题类似，只是具有不同的现实环境而已，运筹学就这样潜入工商企业和其他部门，在50年代以后得到了广泛的应用。对于系统配置、聚散、竞争的运用机理深入的研究和应用，形成了比较完备的一套理论，如规划论、排队论、存贮论、决策论等，由于其理论上的成熟，电子计算机的问世，又大大促进了运筹学的发展，世界上不少国家已成立了致力于该领域及相关活动的专门学会，美国于 1952 年成立了运筹学会，并出版期刊《运筹学》，世界其他国家也先后创办了运筹学会与期刊，1957 年成立了国际运筹学协会。

运筹学的特点是：①运筹学已被广泛应用于工商企业、军事部门、民政事业等研究组织内的统筹协调问题，故其应用不受行业、部门之限制；②运筹学既对各种经营进行创造性的科学研究，又涉及组织的实际管理问题，它具有很强的实践性，最终应能向决策者提供建设性意见，并应收到实效；③它以整体最优为目标，从系统的观点出发，力图以整个系统最佳的方式来解决该系统各部门之间的利害冲突。对所研究的问题求出最优解，寻求最佳的行动方案，所以它也可看成是一门优化技术，提供的是解决各类问题的优化方法。

运筹学的研究方法有：①从现实生活场合抽出本质的要素来构造数学模型，因而可寻求一个跟决策者的目标有关的解；②探索求解的结构并导出系统的求解过程；③从可行方案中寻求系统的最优解法。

运筹学的具体内容包括：规划论［包括线性规划（Linear Programming）、非线性规划（Non-Linear Programming）、整数规划（Integer Programming）和动态规划等］、图论、决策论、对策论、排队论、存储论（Inventory Theory）、可靠性理论等。

数学规划即上面所说的规划论，是运筹学的一个重要分支，早在 1939 年苏联的康托洛维奇（H. B. Kahtopob）和美国的希奇柯克（F. L. Hitchcock）等人就在生产组织管理和制定交通运输方案方面首先研究和应用线性规划方法。1947 年旦茨格等人提出了求解线性规划问题的单纯形方法，为线性规划的理论与计算奠定了基础，特别是电子计算机的出现和日益完善，更使规划论得到迅速的发展，可用电子计算机来处理成千上万个约束条件和变量的大规模线性规划问题，从解决技术问题的最优化，到工业、农业、商业、交通运输业以及决策分析部门都可以发挥作用。从范围来看，小到一个班组的计划安排，大至整个部门，以至国民经济计划的最优化方案分析，它都有用武之地，具有适应性强，应用面广，计算技术比较简便的特点。非线性规划的基础性工作则是在 1951 年由库恩（H. W. Kuhn）和达克（A. W. Tucker）等人完成的，到了 20 世纪 70 年代，数学规划无论是在理论上和方法上，还是在应用的深度和广度上都得到了进一步的发展。

图论是一个古老的但又十分活跃的分支，它是网络技术的基础。图论的创始人是数学家欧拉。1736 年他发表了图论方面的第一篇论文，解决了著名的哥尼斯堡七桥难题，相隔一百年后，在 1847 年基尔霍夫第一次应用图论的原理分析电网，从而把图论引进到工程技术领域。20 世纪 50 年代以来，图论的理论得到了进一步发展，将复杂庞大的工程系统和管理问题用图描述，可以解决很多工程设计和管理决策的最优化问题，例如，完成工程任务的时间最少，距离最短，费用最省等。图论受到数学、工程技术及经营管理等各方面越来越广泛的重视。在化工流程模拟领域，有些涉及系统分解的方法最初就是利用图论得到解决的。

决策论研究决策问题。所谓决策就是根据客观可能性，借助一定的理论、方法和工具，科学地选择最优方案的过程。决策问题是由决策者和决策域构成的，而决策域又由决策空间、状态空间和结果函数构成。研究决策理论与方法的科学就是决策科学。决策所要解决的问题是多种多样的，从不同角度有不同的分类方法，按决策者所面临的自然状态的确定与否可分为确定型决策、风险型决策和不确定型决策；按决策所依据的目标个数可分为单目标决策与多目标决策；按决策问题的性质可分为战略决策与策略决策，以及按不同准则划分成的种种决策问题类型。不同类型的决策问题应采用不同的决策方法。决策的基本步骤为：①确定问题，提出决策的目标；②发现、探索和拟定各种可行方案；③从多种可行方案中，选出最满意的方案；④决策的执行与反馈，以寻求决策的动态最优。如果决策者的对方也是人（一个人或一群人）双方都希望取胜，这类具有竞争性的决策称为对策或博弈型决策。构成对策问题的三个根本要素是：局中人、策略与一局对策的得失。目前对策问题一般可分为有限零和两人对策、阵地对策、连续对策、多人对策、理智或非理智对策与微分对策等。

决策的任务是寻求最优策略，使获利最大或损失最小。

决策过程（Decision Process）是运筹学所围绕的中心问题，是为解决当前或未来可能发生的问题选择最佳方案的过程。决策过程的要素为：

① 自然状态或客观条件、客观规律，即被研究对象的特性；

② 行动方案或称策略，即决策人所作出的决策；

③ 收益或损失，损益值，有时表达为目标函数，即决策的结果。

总之，必须量化决策的结果，才能评价行动方案的优劣，同时也必须量化决策方案，才能运用算法得出可执行的方案。

可见，决策的过程就是依据一定客观规律，适当选择策略，以图收益最大或损失最小。

将影响决策过程效果的影响因素抽象为变量，就称为"决策变量"。则决策的目的就是要合理地选取决策变量的取值。一个优化问题的决策变量与优化对象的实际自由度密切相关。通常都是将影响系统行为的独立的主要影响因素选为决策变量。如所选决策变量中有若干变量间存在着固有的相互依赖关系，即并非各自独立，那么应放弃不独立的变量作为决策变量。判断各变量之间的关系是否相互依赖，不是一个数学问题，而是物理问题，也就是前述的决策过程的要素①。

决策过程有不同的模式，各有其不同的特点。对同样的实际需求，往往可用不同的决策模式去解决，而同一决策模式也可用于看起来不同的实际任务。正确选择决策的模式，常常是顺利解决问题的关键。其实质就是对研究对象的运行机制进行深入的分析、正确而巧妙地选取描述对象的数学模型。必须指出，完美解决运筹问题的关键，往往不在于具体的算法，而在于客观而简洁地描述对象（系统）。往往当找到了描述对象的适用模型之后，解决问题的思路也就随之打开。

排队论（Queueing Theory），又叫随机服务系统理论，起源于 20 世纪初。当时的美国贝尔（Bell）电话公司发明了自动电话后，满足了日益增长的电话通讯的需要。但另一方而，也带来了新的问题，即如何合理配置电话线路的数量，以尽可能减少用户的呼叫次数。如今，通讯系统仍然是排队论应用的主要领域。1949 年前后，开始了对机器管理、陆空交通等方面的研究，1951 年以后，理论工作有了新的进展，逐渐奠定了现代随机服务系统的理论基础。排队论主要研究各种系统的排队队长，排队的等待时间及所提供的服务等各种参数，以便在尽量减小投资的前提下求得更好的服务。它是研究系统随机聚散现象的理论。

可靠性理论是研究系统故障、以提高系统可靠性问题的理论。可靠性理论研究的系统一般分为以下两类。

① 不可修系统   如导弹等，这种系统的参数是寿命、可靠度等。

② 可修复系统   如一般的机电设备等，这种系统的重要参数是有效度，其值为系统的正常工作时间与正常工作时间加上事故修理时间之比。

5.1.2 常见手段与方法

运筹学中的研究内容较常见的是各种优化问题。从所有可能的方案中搜寻最优方案的方法就是最优化方法。在实际优化问题中，大致可分为参数优化问题和结构优化问题两类。结构优化往往以参数优化为前提。在求解时，也经常将结构优化问题转化为参数优化问题进行计算。最优化方法概括起来有两大类：确定性搜索方法和随机性搜索方法。确定性搜索方法包括无约束最优化方法和有约束最优化方法。无约束最优化方法包括一维最优化方法和多维最优化方法。有约束最优化方法包括线性规划、非线性规划、整数规划和混合规划。随机性搜索方法包括模拟退火算法、粒子群优化算法和遗传算法等。总的来说，有些算法是与"运气"有关的，而有些算法是与"运气"无关的算法。

在运筹学的参数优化问题当中，最基本、最经典的理论当属无约束最优化问题。

无约束最优化问题的一般表达为：求函数 $f(u)$ 的最小点，即

$$\min f(u)$$

对于求极大点的问题，可以转化为同解的"负目标函数极小化问题"。其根据是：
由于

$$\max_u f(u) = -(\min_u -f(u))$$

故

$$\max_u f(u) 与 \min -f(u) 同解。$$

实际上，对于优化问题，人们真正关心的是最优点，而非最优值。只有求出最优点，才能得出决策的行动方案，解决实际问题。

在实际决策过程中，由于物理规律及客观环境条件的限制，决策变量通常不能随意取值，而是受到许多方面的限制，只能在一定的区域内取值，或说对于决策变量有若干"约束条件"。此时的优化问题即所谓规划问题。如果目标函数与约束条件全部都是决策变量的线性函数，就形成常见的所谓线性规划问题，即

$$\min_u J = \sum_{j=1}^n c_j u_j$$

$$\sum_{j=1}^n a_{ij} u_j = b_i, \quad i=1,2,\cdots,m \qquad u_j \geq 0, j=1,2,\cdots,n$$

线性规划问题是一类很基本的优化问题，既有理论研究价值又有实践指导意义。有时许多非线性规划的复杂问题也可转化为一系列的线性规划问题逐步逼近求解。

假如目标函数或约束条件中有任何一个关系式不是决策变量的线性函数，那么就形成了**非线性规划**问题，即

$$\min_{u \in R} f(\boldsymbol{u}) \quad R = \{\boldsymbol{u} \mid g_i(\boldsymbol{u})=0, \ h_j(\boldsymbol{u}) \geq 0, \ i=1,2,\cdots,m, j=1,2,\cdots,l\}$$

在规划问题中，若决策变量只能取整数值，则形成"整数规划"问题。若决策变量只能取值 0 或 1，则形成"01 整数规划"问题，若决策变量中仅对部分变量限制取值为整数，则称为混合整数规划。类似地，还有混合 0-1 整数规划。

动态规划（Dynamic Programming）也是运筹学的一个重要分支，是解决多阶段决策过程（Multistep Decision Process）优化问题的重要途径。1957 年，美国数学家贝尔曼（R. E. Bellman）在解决此类问题时提出了一个最优化原则，即著名的最优化原理（Principle of Optimality）。一个过程的最优策略须具有如此性质：对于任何初始决策及其造成的任何

初始状态，由此一决策导致的此一新状态开始，以后的一系列后续决策皆应最优。或说在任一确定的决策阶段上，后续决策皆应最优。无论过去的初始状态和决策如何，对以前决策所形成的状态而言，余下的诸决策必须构成最优策略。这一理论是个"原理"而非定理，阐明了序贯决策过程的基本规律。如果在从事相关的优化工作时违反了这个原理，则就会导致违背基本逻辑的错误。这个原理也不是一个具体的算法，而是一种考虑问题的思路。这种思路具有很强的实践指导意义。动态规划方法问世以来，在经济管理、生产调度和最优控制等领域产生了深刻的影响。某些实际问题如果用多阶段决策模型来表述，可以比较方便地得到解决方案。但当系统状态过多或阶段过多时，动态规划可能遭遇"组合爆炸"的困扰。

5.1.3 实例

首先看一个比较一般化的最优选址问题，即选择仓库位置 (x, y)，使至 100 个用户的总费用最少。

$$f(x, y) = \sum_{i=1}^{100} A_i B_i \sqrt{(x-a_i)^2 + (y-b_i)^2} \qquad \text{（设走直线）}$$

约束：$(x-10)^2 + (y-5)^2 \geqslant 4$，（如在坐标点（10，5）处有半径为 2 的湖不能通过）

式中，(a_i, b_i) 为第 i 个用户的位置；A_i 为运价（费用/里程货量）；B_i 为运量。

这个问题宜作为有约束的非线性规划问题求解。

类似下面的化学反应工程中的问题也是常见的。

例 5-1 最佳反应时间问题

间歇釜中的反应 $A \xrightarrow{k_1} B \xrightarrow{k_2} C$，一级串行反应，B 为目的产物，C 为副产物。欲使 B 的收率最大，求反应时间。

解：

$$\begin{cases} -\dfrac{dC_A}{dt} = k_1 C_A \\ -\dfrac{dC_B}{dt} = k_2 C_B - k_1 C_A \end{cases}$$

积分第一式得 $C_A = C_{A0} e^{-k_1 t}$ 后代入第二式得出

$$-\frac{dC_B}{dt} = k_2 C_B - k_1 C_{A0} e^{-k_1 t}$$

解此微分方程得

$$C_B = \frac{k_1 C_{A0}}{k_2 - k_1} (e^{-k_1 t} - e^{-k_2 t})$$

求导数得到

$$\frac{dC_B}{dt} = \frac{k_1 C_{A0}}{k_2 - k_1} (-k_1 e^{-k_1 t} + k_2 e^{-k_2 t})$$

$$\frac{d^2 C_B}{dt^2} = \frac{k_1 C_{A0}}{k_2 - k_1} (k_1^2 e^{-k_1 t} - k_2^2 e^{-k_2 t})$$

根据极值点存在的必要条件令一阶导数为零，可解出

$$t^* = \frac{\ln k_2 - \ln k_1}{k_2 - k_1}$$

同时可证明

$$\frac{\mathrm{d}^2 C_B}{\mathrm{d}t^2}\bigg|_{t^*}=\frac{k_1 C_{A0}}{k_2-k_1}\left(\frac{k_2}{k_1}\right)^{-\frac{k_1}{k_2-k_1}}(k_1^2-k_2 k_1)<0 \text{ 恒成立}$$

故 t^* 确为极大点，在此时刻产物浓度 C_B 最大。

这两个例子都是比较简单的，甚至可以求出解析解。然而，实际化工过程优化中遇到的函数都极为复杂，不仅函数往往不连续、不可微，有时甚至根本没有解析表达式，因此解决起来难度较大。

5.2 无约束极值问题的基本概念

5.2.1 局部极值

设 $f(u)$ 为域 R 上的实函数，u 为 n 维向量。对于 $u^* \in R$，如存在某个 $\varepsilon>0$，使所有与 u^* 的距离小于 ε 的 $u \in R$（即 $\|u-u^*\|<\varepsilon$）均满足：

$f(u)\geqslant f(u^*)$，则称 u^* 为 $f(u)$ 在 R 上的一个局部极小点，$f(u^*)$ 为局部极小值。

若以上定义中 $f(u)\geqslant f(u^*)$ 换为不等号 $f(u)>f(u^*)$，则 u^* 称为 $f(u)$ 在 R 上的一个严格局部极小点，$f(u^*)$ 为严格局部极小值。

5.2.2 局部极值存在条件

定理 1（必要条件）：如定义在域 R 上的 n 元实函数 $f(u)$ 在 u^* 处可微，且在该点取得局部极值，则必有：$\nabla f(u^*)=\mathbf{0}$；（零向量），u^* 亦称为驻点。

定理 2（充分条件）：若 u^* 是域 R 的内点，$f(u)$ 在 R 上二次连续可微。如 $f(u)$ 在 u^* 处满足：$\nabla f(u^*)=\mathbf{0}$（零向量），且在 u^* 处 $f(u)$ 的二阶偏导数矩阵（Hesse 矩阵）$H(u^*)=\left(\frac{\partial^2 f(u^*)}{\partial u_i \partial u_j}\right)_{n\times n}$ 正定，则 u^* 为 $f(u)$ 的严格局部极小点，$f(u)$ 为严格局部极小值。

注：二次型 $z=\sum_{i=1}^{n}\sum_{j=1}^{n}a_{ij}x_i x_j=x^{\mathrm{T}}Ax$ 为 x 的二次齐次函数，其中 $a_{ij}=a_{ji}$ 均为常数。A 为 $n\times n$ 阶对称矩阵。若对任何 x，且 $x\neq 0$，有 $z>0$，则称 z 是正定的，相应地称矩阵 A 为正定的。

定理：二次型 $z=\sum_{i=1}^{n}\sum_{j=1}^{n}a_{ij}x_i x_j=x^{\mathrm{T}}Ax$ 正定的充要条件是 A 的各阶主子式均大于零，即

$$\begin{vmatrix} a_{12} & a_{12} & \cdots & a_{1i} \\ a_{21} & a_{22} & \cdots & a_{2i} \\ \cdots & \cdots & \cdots & \cdots \\ a_{i1} & a_{i2} & \cdots & a_{ii} \end{vmatrix}>0 \qquad i=1,2,\cdots,n$$

而二次型负定的充要条件是 A 的各阶主子式负正相间，即

$$(-1)^i \cdot \begin{vmatrix} a_{11} & a_{12} & \cdots & a_{1i} \\ a_{21} & a_{22} & \cdots & a_{2i} \\ \cdots & \cdots & \cdots & \cdots \\ a_{i1} & a_{i2} & \cdots & a_{ii} \end{vmatrix}>0 \qquad i=1,2,\cdots,n$$

关于极值点存在条件的定理是指导优化计算的重要理论依据。不论是适用解析的方法，还是数值计算（迭代）的方法，极值点存在条件都对优化计算有重要的意义。在实际工程计算中，直接利用极值点存在的充分条件求取极值点往往是难度较大的，而较多使用的是极值点存在的必要条件。

5.2.3   凸函数及凸函数极值

凸函数在最优化研究中有着重要的意义。首先看"凸集"的概念。设集合 $S \subset R^n$，如果对于任意的 $\boldsymbol{u}_1$，$\boldsymbol{u}_2 \in S$，都有

$$\alpha \boldsymbol{u}_1 + (1-\alpha)\boldsymbol{u}_2 \in S \qquad \forall \alpha \in [0,1]$$

则称 S 是凸集。亦即，如果 $\boldsymbol{u}_1$，$\boldsymbol{u}_2 \in S$，则连接 $\boldsymbol{u}_1$ 和 $\boldsymbol{u}_2$ 的线段全都属于 S。

可以证明，R^n 的子集 S 为凸集的充要条件为：

对任意 $\boldsymbol{u}_1$，$\boldsymbol{u}_2$，$\cdots$，$\boldsymbol{u}_m \in S$，有 $\sum\limits_{i=1}^{m} \alpha_i \boldsymbol{u}_i \in S$ 成立。

其中 $\sum\limits_{i=1}^{m} \alpha_i = 1$，$\alpha_i \geqslant 0$，$i=1,\cdots,m$。可用图 5-1 示意凸集与非凸集。

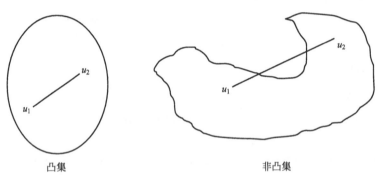

凸集   非凸集

图 5-1   凸集与非凸集示意

称 $\boldsymbol{u} = \alpha \boldsymbol{u}_1 + (1-\alpha)\boldsymbol{u}_2$ 为 $\boldsymbol{u}_1$ 和 $\boldsymbol{u}_2$ 的凸组合,称 $\boldsymbol{u} = \sum\limits_{i=1}^{m} \alpha_i \boldsymbol{u}_i$ 为 $\boldsymbol{u}_1,\cdots,\boldsymbol{u}_m$ 的凸组合。凸集具有一些特别的性质。如凸集的交集还是凸集，凸集的代数和还是凸集。在凸集概念的基础上，再讨论凸函数。

设 $S \subset R^n$ 是非空凸集，$\alpha \in (0,1)$，f 是定义在 S 上的函数。如果对于任意的 $\boldsymbol{u}_1,\boldsymbol{u}_2 \in S$，都有

$$f(\alpha \boldsymbol{u}_1 + (1-\alpha)\boldsymbol{u}_2) \leqslant \alpha f(\boldsymbol{u}_1) + (1-\alpha)f(\boldsymbol{u}_2)$$

则称函数 f 为 S 上的凸函数。如果当 $\boldsymbol{u}_1 \neq \boldsymbol{u}_2$ 时上式中的严格不等式成立

$$f(\alpha \boldsymbol{u}_1 + (1-\alpha)\boldsymbol{u}_2) < \alpha f(\boldsymbol{u}_1) + (1-\alpha)f(\boldsymbol{u}_2)$$

则称函数 f 为 S 上的严格凸函数。

如果存在一个常数 $c > 0$，使得对任意 $\boldsymbol{u}_1$，$\boldsymbol{u}_2 \in S$，有

$$\alpha f(\boldsymbol{u}_1) + (1-\alpha)f(\boldsymbol{u}_2) \geqslant f(\alpha \boldsymbol{u}_1 + (1-\alpha)\boldsymbol{u}_2) + c\alpha(1-\alpha) \| \boldsymbol{u}_1 - \boldsymbol{u}_2 \|^2$$

则称 f 在 S 上是一致凸的。

如果 $-f$ 是 S 上的（严格）凸函数，则称 f 为 S 上的（严格）凹函数。图 5-2 示意了凸

函数、凹函数、非凸非凹函数的图形。

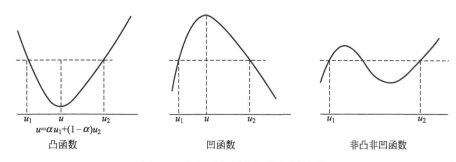

图 5-2 凸函数与凹函数的几何解释

凸函数具有一些特有的性质。

① 设 f 是定义在凸集 S 上的凸函数，实数 $\alpha \geqslant 0$，则 αf 也是定义在 S 上的凸函数。

② 设 f_1，f_2，是定义在凸集 S 上的凸函数，则 $f_1 + f_2$ 也是定义在 S 上的凸函数。

③ 设 f_1，f_2，…，f_m 是定义在凸集 S 上的凸函数，实数 α_1，α_2，…，$\alpha_m \geqslant 0$，则 $\sum_{i=1}^{m} \alpha_i f_i$ 也是定义在 S 上的凸函数。

如果 $S \subset R^n$ 是非空开凸集，f 是定义在 S 上的可微函数，那么 f 为凸函数的充要条件是

$$f(y) \geqslant f(u) + \nabla f(u)^{\mathrm{T}} (y - u), \quad \forall u, y \in S$$

这个条件的几何意义是凸函数的图形位于图形上任一点切线的上方；凸函数任意两点间的线性插值大于函数值，亦即凸函数图形在弦的下方。

另一个凸函数充要条件的表达为：如果 $S \subset R^n$ 是非空开凸集，f 是定义在 S 上的二次可微函数，那么 f 为凸函数的充要条件是在 S 的每一点二阶偏导数矩阵（Hesse 阵）半正定。

通俗地讲，在凸函数的性质中，与最优化问题直接相关的一个重要性质就是：凸函数的驻点就是其极小点，并且是全局极小点。有许多种类型的实际最优化问题，其目标函数都具有凸函数的背景，因此容易依据相对来说"较弱"的驻点条件来求出其全局极小点。

还有所谓"凸规划"问题。可行域为凸集的凸函数的规划问题即为凸规划。凸规划的局部最优点就是全局最优点。因此，如果能够认定某个规划问题属于凸规划，则在求解时就可以有更为有效的手段。比如典型的线性规划问题就是凸规划问题。

5.2.4 迭代算法分类

在本章第一节中所举的两个最优化例子都比较简单，甚至都可以得出解析解。而实际工程计算所遇到的目标函数往往非常复杂，对于化工流程优化来讲，目标函数的计算就意味着进行流程模拟。也就如前面几章所阐述的，关于过程对象的计算量非常大，并且对应模型（函数）的适定性较差。通常都需要利用迭代方法求得最优化问题的数值解。在 3.3 中已经强调了，实际上不论迭代过程的目的如何，其迭代、收敛的基本规律都是相同的。也可以说，所有的迭代过程都可以视作 $u_{k+1} = \phi(u_k)$ 的格式，写为增量的格式就都形如 $u_{k+1} = u_k + \Delta u_k$。收敛的条件都是要求 ϕ 对 u 的（偏）导数的绝对值小到一定的程度。各种不同的迭代算法的区别仅仅在于格式 ϕ 的来源或产生方式不同。

但是迭代算法还是可以按其特点分为若干类型的。

大多数算法都是与运气有关的，即对于不同的初始值会有不同的效果。也有一些算法是与运气无关的，比如一维搜索的 Fibonacci 算法、线性规划问题的单纯形表算法。如果根据迭代过程所依据的信息类型来区分，还可以分为直接法与间接法。直接法在迭代搜索时仅仅依据函数值大小的信息决定迭代的方向与步长，比如坐标轮换法、鲍威尔法等；而间接法往往利用目标函数的某种解析性质比如梯度等信息进行迭代，比如最速下降法、共轭梯度法、牛顿法等。在直接法中又有两种不同的思路，一种是消去法，在迭代的过程中逐步抛弃不存在最优点的区域，另一种是爬山法（下山法），每次迭代都试图找到函数值增大（减小）的新点。不同的目标函数类型、不同的应用目的往往适于使用不同的算法。各种算法无分高低优劣，是否好的算法，与其本身形式的简单或复杂没有关系，而仅与使用效果有关。

只有了解不同的迭代算法属于何种类型，具备何种特点，才能够在计算实践中正确地评价、正确地选择适宜的算法，指导工程计算工作，把握正确的方向。而作为化学工程师，是完全没有必要死记硬背各种算法的具体格式的。在第 3 章中，本书还强调了表达算法的正确方式是计算机程序的观点，对用于优化的迭代也是一样，所以也没有必要进行大量的手算例题来熟悉优化算法。因为通过手算掌握迭代算法的传统完全是个误区。

5.3 一维搜索的原理与方法

5.3.1 （一维搜索）序贯消去法

在一维搜索时，首先确定极值点存在的区间，再根据一定的法则和信息逐步消去区间中不含极值点的部分，逐步缩小极值点存在的区间，直至极值点存在区间小到满足精度需要为止。计算完成时得到的结果是一个很小的满足精度要求的极值点存在区间。此类方法称为消去法。如每次消去部分区间时仅需计算一点的目标函数值，则称为序贯消去法；如每次消去部分区间时需计算一点以上的目标函数值，则称为同时消去法。

序贯消去法的思路如下所述。

设目标函数 $f(u)$ 在区间 $[a_0, b_0]$ 上为下单峰函数（仅有一个局部极小点，特别注意：此处并未要求函数是可微或连续的），则取 $[a_0, b_0]$ 内二点 $u_1 < u_2$，计算出 $f(u_1)$ 与 $f(u_2)$。此时有三种情况。

①

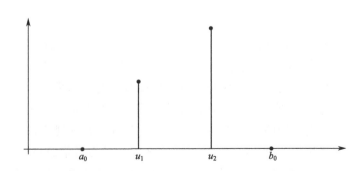

此时 $f(u_1) < f(u_2)$，则最小点必在区间 $[a_0, u_2]$ 内，可消去区间 $(u_2, b_0]$。

②

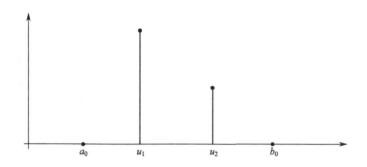

此时 $f(u_1) > f(u_2)$，则最小点必在区间 $[u_1, b_0]$ 内，可消去区间 $[a_0, u_1)$。

③

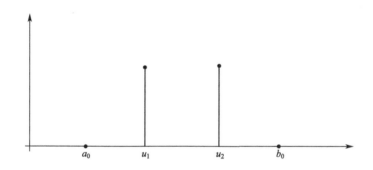

此时 $f(u_1) = f(u_2)$，则最小点必在区间 $[u_1, u_2]$ 内，可消去区间 $[a_0, u_1)$ 和 $(u_2, b_0]$ 中的任意一个。

实际上对于情况③，在数值计算的误差比较大时应当特别注意。假如区间内两点函数值实际上有微小的差别，但由于数值误差及有效数字长度问题导致判断为函数值相等，则可能造成误差的进一步扩大甚至计算失误，影响计算精度。这些"数值试验"的规律，是从代数符号所表达的公式本身不易看出的。

用框图可表示消去法的程序步骤，如图 5-3 所示。

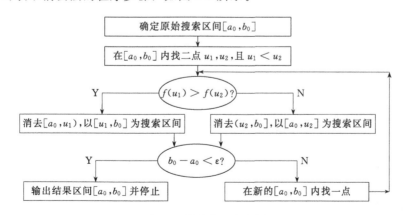

图 5-3 消去法程序框图

消去法区间缩短率可用于评价消去法的计算效率。应用消去法时，当在原始区间 $[a_0, b_0]$

中计算了 n 个点的函数值后，可得出此 n 个函数值中的最小值 $f(u_m)$ 及对应的最小点 u_m。同时也可得到与 u_m 左侧相邻的点 u_l 以及与 u_m 右侧相邻的点 u_r。即：$f(u_m) = \min\limits_{1 \leqslant i \leqslant n} f(u_i)$，$u_l = \max\limits_{u_i < u_m}(u_i)$，$u_r = \min\limits_{u_i > u_m}(u_m)$。则实际的最小点 u^* 必在区间 (u_l, u_r) 之中，即 $u_l < u^* < u_r$。则定义 (u_l, u_r) 为 n 次计算搜索后的"不定区间"，给出 n 次搜索后的一个近似。

"不定区间长度"为 $L_n = u_r - u_l$。那么 n 次计算后的"区间缩短率"定义为

$$E_n = \frac{L_n}{L_0} = \frac{u_r - u_l}{b_0 - a_0}$$

区间缩短率 E_n 的值与计算（搜索）的次数 n 有关，n 增加则 E_n 减小；还与 n 个点的位置分布有关，即与搜索方案有关。显然，E_n 越小越是较好的搜索方案。

5.3.2　Fibonacci 法（菲波那奇法）

(1) Fibonacci 序列

递推式 $$\begin{cases} F_0 = 1 \\ F_1 = 1 \\ F_n = F_{n-1} + F_{n-2} \quad n \geqslant 2 \end{cases}$$

通项 $$F_n = \frac{1}{\sqrt{5}} \left\{ \left(\frac{1+\sqrt{5}}{2} \right)^{n+1} - \left(\frac{1-\sqrt{5}}{2} \right)^{n+1} \right\}$$

当 $n \to \infty$，$F_n = \frac{1}{\sqrt{5}} \left(\frac{1+\sqrt{5}}{2} \right)^{n+1} \approx 0.4472135955 \times (1.61803398875)^{n+1}$

(2) 区间缩短率与计算函数值次数

如果利用 Fibonacci 序列指导选择序贯消去法中选点的位置，就构成了 Fibonacci 算法。该法是与"运气"无关的一种序贯消去法。在同类算法中是计算效率最高的算法，即达到同样的区间缩短率时计算函数值次数最少。该法的区间缩短率为

$$E_n = \frac{1}{F_n}$$

若要求区间缩短率小于 δ，则根据 $E_n = \frac{1}{F_n} < \delta$，可有 $F_n > \frac{1}{\delta}$，因当 $n \to \infty$ 时（注意：n 充分大时，实际上此处大或等于 4 即是充分大，不影响结论）有 $F_n = \frac{1}{\sqrt{5}} \left(\frac{1+\sqrt{5}}{2} \right)^{n+1}$，故可解出：

所需计算函数值次数为 $\quad n > \dfrac{\lg \dfrac{\sqrt{5}}{\delta}}{\lg \dfrac{1+\sqrt{5}}{2}} - 1 \qquad n \geqslant 4$ 时成立

例如要求区间缩短率为 $\delta = 0.001$，则需计算函数值次数为 $n > 15.027$，故取 $n = 16$ 次方可满足要求。

(3) 计算公式与步骤

原始区间为 $[a_0, b_0]$，第 k 次消去的搜索区间为 $[a_{k-1}, b_{k-1}]$，第 k 次消去的搜索点为 u_k 和 u_k'，并且 $u_k \leqslant u_k'$。则第 k 次消去时在 $[a_{k-1}, b_{k-1}]$ 上的搜索点为

$$\begin{cases} u_k = b_{k-1} + \dfrac{F_{n-k}}{F_{n-k+1}}(a_{k-1} - b_{k-1}), & f(u_{k-1}) < f(u'_{k-1}) \\[3mm] u'_k = a_{k-1} + \dfrac{F_{n-k}}{F_{n-k+1}}(b_{k-1} - a_{k-1}), & f(u_{k-1}) > f(u'_{k-1}) \end{cases} \qquad k = 1, 2, \cdots, n-2$$

$[a_k, b_k]$ 为第 k 次消去区间后所余的区间。

当 $k = n-1$ 时，$\dfrac{F_{n-k}}{F_{n-k+1}} = \dfrac{F_1}{F_2} = \dfrac{1}{2}$，则 $u_{n-1} = u'_{n-1} = \dfrac{1}{2}(a_{n-2} + b_{n-2})$，两个搜索点重合为一个点，无法比较函数值 $f(u_{n-1})$ 和 $f(u'_{n-1})$ 的大小。但此时可取

$$\begin{cases} u_{n-1} = \dfrac{1}{2}(a_{n-2} + b_{n-2}) \\[3mm] u'_{n-1} = \dfrac{1}{2}(a_{n-2} + b_{n-2}) + \varepsilon(b_{n-2} - a_{n-2}) = u_{n-1} + \varepsilon(b_{n-2} - a_{n-2}) \end{cases}$$

式中，ε 称为"分离度"，为一充分小正数。实际上，正确的取值范围是 $0 < \varepsilon < 0.5$。

(4) 算法的特点与需要注意的问题

Fibonacci 法在序贯消去法中是最快的方法，而且是确定的、与运气无关的方法。无论函数性状如何，只要给定了原始区间和要求的缩短率，在搜索之前就能确定所需计算函数值的次数。并且能适用于函数不连续、甚至没有解析表达式的场合。故能用于序贯试验优化设计问题，减少试验次数，优化试验方案。

但是，该法由于需事先根据原始区间和缩短率确定计算次数 n，然后才能开始迭代搜索，所以限制了该法在某些场合的应用。比如，当收敛要求为相邻两次计算的目标函数值之差小于某一容差时，即要求 $|f(u_{k+1}) - f(u_k)| \leqslant \varepsilon$ 时，因无法先确定区间缩短率，则无法确定计算次数 n，也就无法计算 F_n 及 F_{n-1} 等菲波那奇数，故算法无法进行。另外，Fibonacci 法如作为多维搜索过程中的一维搜索子程序使用也不甚方便。并且，该法如按照"面向对象"的编程方式则算法的程序设计比较麻烦。

Fibonacci 法属于直接法。如果与利用了某种函数特性的算法比较，或者与受运气影响的算法相比，它就不一定总是最快的了。

(5) Fibonacci 法程序框图（见图 5-4）

5.3.3 黄金分割法

Fibonacci 法虽然效率较高，但每次搜索的时候区间缩短的比率 $\dfrac{F_{n-k}}{F_{n-k+1}}$ 总是变化的，比较麻烦。对于 $|f(u_{k+1}) - f(u_k)| \leqslant \varepsilon$ 类型的判敛要求也不适用。但是，当计算函数值次数 n 较多时，$\lim\limits_{n \to \infty} \dfrac{F_{n-1}}{F_n} = \dfrac{2}{1 + \sqrt{5}} = 0.61803398874\cdots$，因此提示可采用固定的区间缩短率 $\lambda = \dfrac{2}{1 + \sqrt{5}} = \dfrac{\sqrt{5} - 1}{2}$ 来代替 Fibonacci 法中的 $\dfrac{F_{n-k}}{F_{n-k+1}}$。由于序列 $\left\{\dfrac{F_{n-1}}{F_n}\right\}$ 收敛至 λ 的速度很快，故以恒定值 λ 代替 $\dfrac{F_{n-k}}{F_{n-k+1}}$ 进行区间消去的效果差别不大。因此，如选定 λ 为每次区间消去的比率，则 n 次计算函数值后的区间缩短率为

$$E_n = \lambda^{n-1}$$

若给定 n 次计算函数值后的区间缩短率要求 δ，则满足此要求所需计算函数值的次数为

$$n \geqslant \dfrac{\lg \delta}{\lg \lambda} + 1$$

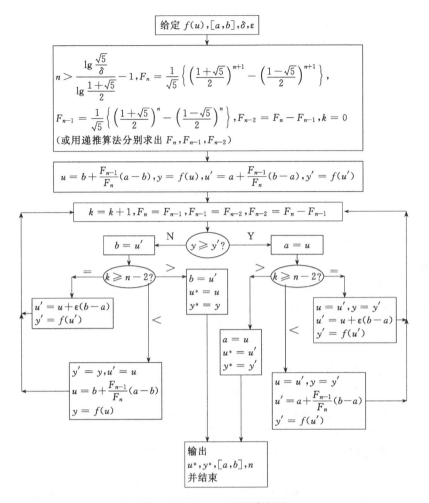

图 5-4 Fibonacci 法程序框图

因 λ 的数值约为 0.618，故黄金分割法也被称为 0.618 法。

那么，黄金分割法的迭代公式为：

在计算了 k 次函数值、进行第 k 次迭代时，在不定区间 $[a_{k-1}, b_{k-1}]$ 上的取点，即

$$\begin{cases} u_k = b_{k-1} + \lambda(a_{k-1} - b_{k-1}) & \text{当 } f(u_{k-1}) < f(u'_{k-1}) \text{ 时使用，} \\ & \text{消去 } [u'_{k-1}, b_{k-1}]，\text{并令 } b_k = u'_{k-1}, u'_k = u_{k-1}, a_k = a_{k-1} \\ u'_k = a_{k-1} + \lambda(b_{k-1} - a_{k-1}) & \text{当 } f(u_{k-1}) > f(u'_{k-1}) \text{ 时使用，} \\ & \text{消去 } [a_{k-1}, u_{k-1}]，\text{并令 } a_k = u_{k-1}, u_k = u'_{k-1}, b_k = b_{k-1} \end{cases}$$

$$k = 1, 2, \cdots$$

实际上，黄金分割法与 Fibonacci 法的效率非常接近。因为两者的区间缩短率的比值为

$$r = \frac{E_n^{0.618}}{E_n^{\text{fibonacci}}} = \frac{\lambda^{n-1}}{1/F_n} = \lambda^{n-1} F_n = \left(\frac{2}{1+\sqrt{5}}\right)^{n-1} \times \frac{1}{\sqrt{5}}\left[\left(\frac{1+\sqrt{5}}{2}\right)^{n+1} - \left(\frac{1-\sqrt{5}}{2}\right)^{n+1}\right]$$

$$= \frac{1}{\sqrt{5}}\left[\left(\frac{1+\sqrt{5}}{2}\right)^2 - (-1)^{n-1}\left(\frac{1-\sqrt{5}}{2}\right)^n\right] = \frac{1}{\sqrt{5}}\left[\lambda^{-2} - (-1)^{2n-1}\lambda^n\right]$$

$$= \frac{1}{\sqrt{5}}(\lambda^{-2} + \lambda^n)$$

故当 n 充分大时，有 $\lim\limits_{n\to\infty} r = \dfrac{1}{\sqrt{5}}\left(\dfrac{1+\sqrt{5}}{2}\right)^2 = 1.1708203932499\cdots$。可见两者的区间缩短率很接近。并且，对于给定的最终区间缩短率要求 δ，也可估计出两种算法所需的计算函数值次数的差别为

$$d = n_{0.618} - n_{\text{fibonacci}} = \left(\frac{\lg\delta}{\lg\lambda} + 1\right) - \left[\frac{\lg\dfrac{\sqrt{5}}{\delta}}{\lg\left(\dfrac{1+\sqrt{5}}{2}\right)} - 1\right]$$

$$= \left(\frac{\lg\delta}{\lg\lambda} + 1\right) - \left(\frac{\lg\dfrac{\sqrt{5}}{\delta}}{\lg\lambda^{-1}} - 1\right) = \frac{\lg\sqrt{5}}{\lg\lambda} + 2 = 0.327724\cdots$$

故当 n 比较大时（实际上大于 4 即可），黄金分割法所需计算函数值次数至多比 Fibonacci 法多一次。

黄金分割法的程序框图如图 5-5 所示。

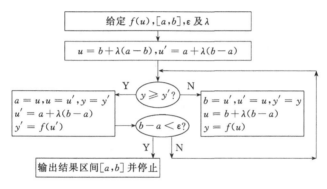

图 5-5　黄金分割法程序框图

由框图可见，黄金分割法比 Fibonacci 法要简单得多。但计算效率差不多。

5.3.4　牛顿（Newton）法

牛顿法是需要利用目标函数解析性质的算法。实际上牛顿法是根据目标函数 $f(u)$ 的驻点条件得出的。即根据极值点存在的必要条件 $f'(u)=0$，利用 3.3.1 中针对方程 $f(x)=0$ 求根的牛顿法 $x_{k+1} = x_k - \dfrac{f(x_k)}{f'(x_k)}$ 求取方程 $f'(u)=0$ 的根。则有迭代求极值点的牛顿算法

$$u_{k+1} = u_k - \frac{f'(u_k)}{f''(u_k)}$$

该法对于二次函数迭代一次即可求得最优点。此牛顿算法具有经典的理论意义，对某些比较简单的实际优化问题也十分有效。许多在计算实践中效果较好的算法从某种意义上都可看成是在牛顿法基础上的改进。

对于最优化迭代算法，其关于迭代过程的一般问题与方程求根迭代是完全相同的。根据第三章的讨论可知，此算法是二阶收敛的。同样，该算法对于函数的解析性要求较高，需要二阶可导，并且通常不具有全局收敛的特性。需要注意的是，由于牛顿法求极值点的本质依据是驻点条件，即极值点存在的必要条件而非充分条件，所以按照上述迭代过程计算，如果迭代过程确实存在吸引点，迭代能够收敛，则所得结果实际上有三种可能：极小点、极大

点、非极值驻点。这是在使用时必须注意的，否则可能导致重大失误。当然，也可以采取某些措施，强迫牛顿法向极小点的方向迭代，最简单的措施如

$$u_{k+1} = u_k - \frac{f'(u_k)}{|f''(u_k)|}$$

从本小节内容可看到用于方程求根的算法也可用于迭代求解极值点。那么回顾一下 3.3 中曾提及的迭代过程

$$x_{k+1} = x_k - \frac{f(x_k)f'(x_k)}{|f(x_k)f''(x_k) + f'(x_k)f'(x_k)|} \tag{3-21}$$

可用于迭代求解方程 $f(x)=0$ 的根。其实（3-21）所表达的算法源于这种思路，即：方程 $f(x)=0$ 求根问题与求极值点问题 $\min\limits_{x} \frac{1}{2}(f(x))^2$ 同解。则使用前述"强制下降的牛顿法"求极小点便得到迭代法（3-21）。这就是说，既可利用方程求根的原理解决优化问题，也可利用优化的原理解决方程求根问题。同样，在第三章中讨论的关于"算法计算量"与"过程计算量"的结论也完全适用于最优化迭代计算，评价算法综合效率的原则也是相同的。

5.3.5 算法讨论

如果按照流程模拟系统的需要，亦即"优化模块"的需要，按照所谓 OOP 编程的风格设计最优化的牛顿法，则算法子程序将大致是如下的形式（FORTRAN）。

算法子程序：

```
SUBROUTINE NEWTON(X,DFX,DDFX,TOLER)
DX=-DFX/DDFX
TOLER=ABS(DX)
X=X+DX
RETURN
END


主调用程序：
X=初始值
K=0
100 K=K+1
DFX=目标函数的一阶导数计算表达式
DDFX=目标函数的二阶导数计算表达式
CALL NEWTON(X, DFX, DDFX,TOL)
IF(TOL. LT. 1. E-3) GOTO 200
GOTO 100
200 WRITE(*,*) X
STOP
END
```

牛顿法的格式比较简单，所以编程比较容易。但如果是采用其他格式比较复杂的算法，尤其是多维的问题，则 OOP 编程的难度会明显增加。对于流程模拟与优化的问题来说，由于目标函数值的计算是复杂的计算，是决定系统框架的计算，所以"优化块"的程序必须符

合这种设计风格。具体地讲就是优化算法块中仅仅进行一轮迭代的"算法计算",而关于"过程对象"计算的工作统统交给调用程序去完成。在流程模拟优化范围内的优化计算,凡是关于过程对象的计算其实质都是复杂的流程模拟,是计算的瓶颈部分,与许多其他行业函数较为简单是很不相同的。可见流程模拟是过程系统工程的关键技术。

所有的迭代算法关于收敛性、算法效率方面的规律都是一样的。不同的算法有着不同的适应场合,没有高下之分。许多用于简单问题时显得比较笨拙的方法往往适用于解决复杂问题;而某些计算简单问题甚至是计算极其复杂的检验函数时都比较有效的算法,在解决工程问题时却并不有效。只要真正理解了迭代过程的原理,那么作为工程设计人员完全可以根据实际对象的特点、根据各种算法的特点,理论联系实际,创造出各种不同的"变种"算法解决实际工程计算问题,没有必要拘泥于形式,照搬教科书上的现成公式。

5.4 多维搜索**

化工系统工程遇到的实际问题一般比较复杂,经常为多变量的优化问题,而且有时变量数目巨大。要想找到过程系统全局最优方案难度极大,甚至可以说是不可能。为了得到过程系统的最优解,需要对过程系统反复进行模拟计算,而优化目标往往是用隐函数形式表达的。这种情况下的优化算法会出现特殊性。工程技术人员在这一领域不断探索与研究逐渐形成了化工系统工程学科的一个重要分支——过程合成。这部分内容将在第六章详细介绍。本节重点介绍优化决策变量数目不唯一时采用的若干算法。这种类型的优化问题,通常称作多维搜索。

5.4.1 无约束多变量函数的优化策略

对目标函数 $J=F(U)$,$U=(u_1,u_2,\cdots,u_n)^{\mathrm{T}}$,用迭代算法求函数值达到最大或者最小时的决策变量 U^*,则迭代算法可一般地表达为以下几步。

① 选择初始点 U_k。

② 确定搜索方向 S_k。

③ 在 S_k 方向上进行一维搜索。

$$U_{k+1}=U_k+\lambda S_k \quad \lambda \text{ 为搜索步长或称步长因子}$$

④ 检验 U_{k+1} 是否达到最优解,否则转②重复计算。根据确定搜索方向的方式不同,就决定了不同的多维搜索方法。

5.4.2 坐标轮换法

这是个最简单的方法,属于直接法,当目标函数为凸函数时可求得最优化问题的最优解。在每一轮次迭代中,搜索方向依次取各个坐标轴方向,进行 n 次一维搜索。亦即坐标轮换法是将多维搜索的一轮迭代转化为 n 个沿各个坐标轴方向的一维搜索。与其他每轮迭代的搜索方向已经确定后再进行一次一维搜索的算法略有区别的是,该法在进行一维搜索计算时实际上并没有决定本轮中总的搜索方向 S_k。所以坐标轮换法的步长 λ_k 可为正数也可为负数,并且每一轮迭代中对应 n 次一维搜索有 n 个不同的步长。在第 k 轮、对第 i 个分量进行一维搜索,求满足使目标函数值达到最小的步长 λ 的具体步骤可表达为

$$\min_{\lambda_i} f(u_{1k},\cdots,u_{ik}+\lambda_i,\cdots,u_{nk}) \quad i=1,2,\cdots,n$$

如此进行 n 次一维搜索，就可完成一轮迭代。不断地迭代下去，直到达到预定的精度。此算法在接近最优点时搜索效率不太高，所以不太适用于需要很多有效数字的场合。但此种比较"笨拙"的算法却不易出现搜索的重大失误，有时在处理工程上具有某种特定物理意义的问题时使用反而比较稳妥。

例 5-2　求函数 $f = (u_1-2)^2 + (u_1-2u_2)^2$ 的最小点，即 $\min\limits_{u_1, u_2}[(u_1-2)^2 + (u_1-2u_2)^2]$

解：取初值 $U_0(u_{10}, u_{20}) = U_0(0,3)$，将初值点坐标带入函数关系式得 $f_0 = 40$。

固定 u_2，令 $u_1 = u_{10} + \lambda$，将新点坐标带入函数关系式得

$$\min\limits_{\lambda}[(\lambda-2)^2 + (\lambda-2 \cdot 3)^2]$$

采用单变量优化确定 $\lambda_1 = 4$，带入得 $(u_{11}, u_{20}) = (4,3)$，$f(4,3) = 8$

同理，再进行一维搜索 $\min\limits_{\lambda}\{(4-2)^2 + [4-2 \cdot (3+\lambda)]^2\}$

采用单变量优化确定 $\lambda_2 = -1$，$U_1(u_{11}, u_{21}) = U_1(4,2)$，$f_1 = 4$，

继续从点 （4,2） 开始进行第二轮迭代。先求 $\min\limits_{\lambda}[(4+\lambda-2)^2 + (4+\lambda-2 \cdot 2)^2]$，得

$$\lambda = -1, (u_{12}, u_{21}) = (3,2), f(3,2) = 2$$

再求 $\min\limits_{\lambda}[(3-2)^2 + (3-2 \cdot (2+\lambda))^2]$，得

$$\lambda = -0.5, U_2(u_{12}, u_{22}) = U_2(3, 1.5), f_2 = 1$$

迭代过程如下表

迭代轮次	u_1	u_2	λ_1	λ_2	函数值 f
0	0	3			40
1	4	3	4		8
	4	2		-1	4
2	3	2	-1		2
	3	1.5		-0.5	1

如此迭代下去，可得到满足精度的极小点和极小值。

5.4.3　负梯度法

因为负梯度方向为局部函数值下降的最快方向，所以可利用偏导数信息产生搜索方向

$$S_k = -\nabla f(U_k)$$
$$\nabla f(U_k) = (\partial f/\partial u_1, \partial f/\partial u_2, \cdots, \partial f/\partial u_n)^T$$

则负梯度法的迭代格式为　　$U_{k+1} = U_k - \lambda_k \nabla f(U_k)$

在每一轮的迭代中，都需要求解一维搜索问题

$$\min\limits_{\lambda_k} f[U_k - \lambda_k \nabla f(U_k)]$$

由于负梯度方向为函数值下降的方向，故 $\lambda_k \geqslant 0$。

例 5-3　由例 5-2 $\min\limits_{u_1, u_2}[(u_1-2)^2 + (u_1-2u_2)^2]$，迭代一步。

解：初值点 $U_0 = (0,3)^T$，$f(U_0) = 40$

目标函数对变量 u_1 求偏导 $\partial f/\partial u_1 = 2(u_1-2)+2(u_1-2u_2) = 4u_1-4u_2-4$

目标函数对变量 u_2 求偏导 $\partial f/\partial u_2 = 2(u_1-2u_2)(-2) = -4u_1+8u_2$

$$-\nabla f(U) = -(\partial f/\partial u_1, \partial f/\partial u_2)^T = \begin{pmatrix} -4u_1+4u_2+4 \\ 4u_1-8u_2 \end{pmatrix}$$

$$S_0 = -\nabla f(U_0) = (16, -24)^T$$

则第一轮迭代为带入目标函数式得

$$U_1 = U_0 + \lambda_0 S_0 = \begin{pmatrix} 0 \\ 3 \end{pmatrix} + \lambda_0 \begin{pmatrix} 16 \\ -24 \end{pmatrix} = \begin{pmatrix} 16\lambda_0 \\ 3-24\lambda_0 \end{pmatrix}$$

进行一维搜索

$$\min_{\lambda_0} f(U_1)$$

即

$$\min_{\lambda_0}\{(16\lambda_0-2)^2 + [16\lambda_0-2(3-24\lambda_0)]^2\}$$

亦即

$$\min_{\lambda_0} 4352\lambda_0^2 - 832\lambda_0 + 40$$

采用单变量优化法确定步长得

$$\lambda_0 = \frac{832}{8704} \approx 0.095588235$$

则新点

$$U_1 = U_0 - \lambda_0 \nabla f(U_0)$$

$$= \begin{pmatrix} 0 \\ 3 \end{pmatrix} + \frac{832}{8704} \begin{pmatrix} 16 \\ -24 \end{pmatrix} \approx \begin{pmatrix} 1.52941 \\ 0.705882 \end{pmatrix}$$

负梯度法也属于间接法，迭代时需要利用函数的梯度，故对函数本身的要求较高。该法的相邻两轮迭代的方向呈垂直角度，故在接近极小点时，搜索过程比较曲折，计算的效率不是很高。

5.4.4 单纯形法

单纯形法是一种比较重要的直接法，并且对 n 维问题是 $n+1$ 步的多步迭代法。该法对函数本身的解析性要求不高。单纯形法构造迭代方向的基本原则是：好点在差点的反方向。因此在 n 维空间中由 $n+1$ 个点（即 $n+1$ 个初始点）为顶点构造一个"单纯形"，再沿搜索方向找出一个新点代替最差点构成新的单纯形。每次更换一个顶点，当单纯形缩小至一定程度时，就认为达到了最优点。所谓"单纯形"，是指在一定的空间中最简单的图形。在二维平面是三角形；在三维空间是四棱锥形；对于 n 维空间是由 $n+1$ 个顶点构成的图形。

在单纯形法迭代过程中，通过比较各个顶点处函数值的大小，来判断函数值变化的大致趋势，按差点的反方向估计出搜索方向，找出一个"映射点"作为更好的目标函数极值点的近似值。如找不到更好的点，则收缩单纯形的大小。

图 5-6 示意了单纯形法搜索、迭代求极小点的过程。其中点 A、B、C 构成了初始单纯形。

上图中各点目标函数值大小排序为：$f_A \geqslant f_B \geqslant f_C$，则找到 f_D 作为新的顶点，并由点 B、C、D 构成了新的单纯形。

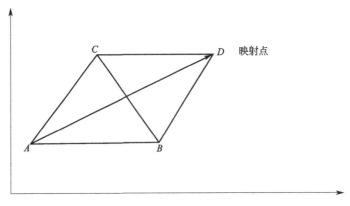

图 5-6 单纯形法搜索

例 5-4 给定目标函数 $f(x) = x_1 - x_2 + 2x_1^2 + 2x_1x_2 + x_2^2$，求最小点，迭代一轮。

解： 第一初值取 $X_{10} = (4.0, 4.0)^T$，其他两个初始顶点取 $X_{i0} = X_{10} + he_j$

式中，h 为步长，本例取 1.0；e_j 为单位基向量（1,0）和（0,1）。

则 $X_{20} = (5.0, 4.0)^T$ $X_{30} = (4.0, 5.0)^T$

经过比较函数值大小，可知

$X_{l0} = (4.0, 4.0)^T$，$f_l = 80.0$，最好点

$X_{g0} = (5.0, 4.0)^T$，$f_g = 107.0$，最差点

$X_{h0} = (4.0, 5.0)^T$，$f_h = 96.0$

反射点 X_{q0}，$(4 + 4 - 5, 4 + 5 - 4)^T = (3, 5)^T$，且有 $f_q = 71.0$，函数值确实下降，反射成功，得到新的点并构成新的单纯形。

5.4.5 牛顿法

该法是一个较为经典的间接法。其原理与一维搜索的牛顿法类似。其迭代格式为

$$X_{k+1} = X_k - [\nabla^2 f(X_k)]^{-1} \nabla f(X_k)$$

式中，$\nabla^2 f(X)$ 为海赛矩阵（Hesse 矩阵），即二阶偏导数矩阵。

该法当然也是二阶收敛。与方程求根的牛顿法和一维搜索的牛顿法类似，一般不具有大范围收敛性，对初始值要求较高。处理复杂工程问题时难于得到解析导数，更重要的是该法的"过程计算量"太大，影响了适用性。但在该法的基础上可演变出一系列比较实用的算法。

5.4.6 其他算法

实际上，多维搜索的算法与方程组求解迭代算法具有很强的对应性。比如方程组求解有 Broyden-Fletcher-Shanno 算法，最优化算法也有对应的 Broyden-Fletcher-Shanno 算法，其他如 DFP 算法等等大体类似。具体的算法格式可以参考有关的数学文献[2~4]。在比较实用的算法类型当中，以牛顿法为基础演变得来的一系列"拟牛顿法"（变尺度法）具有较大的影响。

用于复杂大系统的优化算法的程序设计仍然需要按照 OOP 编程的思路进行。主要的编程原则是：算法子程序每调用一次至多执行一轮迭代；算法子程序中仅仅进行算法的计算而

不能执行关于过程对象的计算。显然，这对程序设计的技巧要求是很高的。但如此设计的算法子程序会使得整个软件体系具有清晰的框架，大大降低软件整体的设计难度。

例 5-5[5] 某化工厂欲利用本厂废热，采用 3 个换热器将某物料的温度由 100℃ 加热到 500℃，其流程和有关数据如图 5-7 所示。问各温度如何选取才能使换热器系列的总传热面积 A 为最小？已知：

① 所有物流其 $F_i c_{pi} = 10^5$，其中 F_i 是流体流量，c_{pi} 为流体比热容，i 为流体序号，$i = 1, 2, 3$。

② 3 个换热器的总传热系数分别为 $k_1 = 120$，$k_2 = 80$，$k_3 = 40$。

③ 为简化起见，换热器采用逆流换热时，其温差 Δt_m 采用算术平均值。各数值略去量纲。

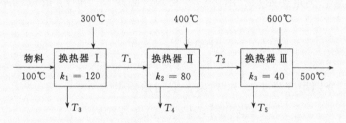

图 5-7 流程简图

解：根据已知条件和要求，设计计算步骤如下：

(1) 建立数学模型

由系统的热平衡方程可得

$$F_i c_{pi} \Delta T = A k \Delta t_m$$

由于各物流的 $F_i c_{pi}$ 均相等，因此

对换热器 I 有

$$F_1 c_{p1}(T_1 - 100) = F_1 c_{p1}(300 - T_3)$$

得
$$T_1 - 100 = 300 - T_3, \quad T_3 = 400 - T_1$$

对换热器 II 有

$$F_2 c_{p2}(T_2 - T_1) = F_2 c_{p2}(400 - T_4)$$

得
$$T_2 - T_1 = 400 - T_4, \quad T_4 = 400 - T_2 + T_1$$

对换热器 III 有

$$F_3 c_{p3}(500 - T_2) = F_3 c_{p3}(600 - T_5)$$

得
$$500 - T_2 = 600 - T_5, \quad T_5 = 100 + T_2$$

各换热器的温差均采用算术平均值，则有

$$\Delta t_{m1} = \frac{(300 - T_1) + (T_3 - 100)}{2} = 300 - T_1$$

$$\Delta t_{m2} = \frac{(400 - T_2) + (T_4 - T_1)}{2} = 400 - T_2$$

$$\Delta t_{m3} = \frac{(600 - 500) + (T_5 - T_2)}{2} = 100$$

各换热器的面积由热平衡方程可得

$$A_1 = \frac{10^5(T_1-100)}{120(300-T_1)}, \quad A_2 = \frac{10^5(T_2-T_1)}{80(400-T_2)}, \quad A_3 = \frac{10^5(500-T_2)}{4.0 \times 100}$$

则本例可化为如下无约束问题:

$$\min F = \sum_{i=1}^{3} F_i = \frac{10^5(T_1-100)}{120(300-T_1)} + \frac{10^5(T_2-T_1)}{80(400-T_2)} + \frac{10^5(500-T_2)}{4.0 \times 100}$$

由目标函数式看出,此例属于二维问题,以下用单纯形法求解。

考虑到换热面积可能较大,精确判别取为

$$\varepsilon < \left| \frac{F^h - F^l}{F^l} \right| \leqslant 10^{-4}$$

(2) 求解过程

① 分析题意,确定初始点。由传热经验知,温度 T_1 和 T_2 的范围不会很大,其范围应是

$$100 < T_1 < 300$$
$$T_1 < T_2 < 400$$

将 T_1,T_2 分别用变量 x_1,x_2 代换,取初始顶点为

$$x^1 = (x_1^1, x_2^1)^T = (150, 250)^T$$

② 确定有关参数,建立初始单纯形 若取扩张系数 $\alpha = 2$,压缩系数 $\beta = 0.75$,步长 $h = 10$。由初始顶点 x^1,建立初始直角单纯形如下

$$x^j = x^1 + h e_j \quad (j = 2, 3, \cdots)$$

$$x^2 = x^1 + h \binom{1}{0} = \binom{150}{250} + 10 \binom{1}{0} = \binom{160}{250}$$

$$x^{2+1} = x^1 + h \binom{0}{1} = \binom{150}{250} + 10 \binom{0}{1} = \binom{150}{260}$$

将上述 3 点 x^1,x^2,x^{2+1} 分别代入目标函数,则得相应的目标函数值为

$$f(x^1) = 7361.1111 \quad f(x^2) = 7357.1429 \quad f(x^{2+1}) = 7259.9207$$

比较 3 个点的函数值,可得 $k = 1$ 时

$$x^l = x^{2+1} = (150, 260)^T \quad f(x^l) = 7259.9207$$
$$x^g = x^2 = (160, 250)^T \quad f(x^g) = 7357.1429$$
$$x^h = x^1 = (150, 250)^T \quad f(x^h) = 7361.1111$$

③ 精度判别

$$\varepsilon_1 = \left| \frac{f^h - f^l}{f^l} \right| = \left| \frac{7361.1111 - 7259.9207}{7259.9207} \right| = 0.01394 > \varepsilon,\ \text{不收敛,应继续往下}$$

搜索

④ 反射

重心点
$$x^{2+2} = \frac{1}{2} \left(\sum_{j=1}^{3} x^i - x^h \right) = (155, 255)^T$$

反射点
$$x^{2+3} = 2x^{2+2} - x^h = (160, 260)^T$$

反射点的函数值
$$f(x^{2+3}) = 7250 < f(x^g)\ \text{成功}$$

⑤ 扩张

扩张点
$$x^{2+4}=x^{2+2}+\alpha(x^{2+3}-x^{2+2})=2x^{2+3}-x^{2+2}$$

$$=2\binom{160}{260}-\binom{155}{255}=\binom{165}{265}$$

扩张点函数值 $f(x^{2+4})=7202.16<f(x^{2+3})$，成功，并用点 x^{2+4} 代换 x^h 点，组成新的单纯形。

⑥ 得新一轮单纯形，$k=2$

由上轮迭代和函数值比较可得新一轮单纯形的 3 个顶点为

$$x^l=\binom{165}{265},\quad x^g=\binom{150}{260},\quad x^h=\binom{160}{250}$$

$$f(x^l)=7202.16,\quad f(x^g)=7259.9207,\quad f(x^h)=7357.1429$$

精度判别为

$$\varepsilon_2=\left|\frac{7357.1429-7202.16}{7202.16}\right|=0.0215>\varepsilon$$

如此按模式单纯形的搜索方法继续迭代，当 $k=9$ 时可得单纯形为

$$x^l=(181.2504,296.2534)^{\mathrm{T}}\quad f(x^l)=7409.6621$$

$$x^g=(182.3438,294.2188)^{\mathrm{T}}\quad f(x^g)=7049.7628$$

$$x^h=(182.9688,297.3438)^{\mathrm{T}}\quad f(x^h)=7049.8881$$

$$\varepsilon_9=\left|\frac{f\binom{-h}{x}-f\binom{-l}{x}}{f\binom{-l}{x}}\right|=\left|\frac{7049.8881-7049.6621}{7049.6621}\right|=3.2058\times10^{-5}<\varepsilon$$

迭代结果已满足精度要求，因而本例的最终计算结果为

$$x_1^*=T_1^*=181.2504 \text{ 取 } T_1^*=181$$

$$x_2^*=T_2^*=296.2534 \text{ 取 } T_2^*=296$$

其他相应参数和结果为

$$T_3=400-T_1=219\quad T_4=400-T_2+T_1=285\quad T_5=100+T_2=396$$

$$A_1=567.2269\quad A_2=1382.1922\quad A_3=5100$$

总面积为
$$A=\sum_{i=1}^{3}A_i=7049.4191$$

例 5-6[6]　在逆流换热器中，用初温为 20℃ 的水将 1.25kg/s 的液体 [比热容为 1.9kJ/(kg·℃)、密度为 850kg/m³] 由 80℃ 冷却到 30℃ 。换热器的列管直径 ϕ25mm×2.5mm，水走管外，污垢及管壁热阻忽略不计。要求设计该冷却器，使其年度总费用最小。已知：冷却器单位面积的投资费为 200 元/平方米，年运行时间为 8000h，冷却水单价为 0.04 元/吨，水的比热容为 4.18kJ/(kg·℃)。

解：换热器优化设计包括设备形式选择、换热表面积确定和设备参数最佳设计三个方面。冷却水出口温度的确定是参数最佳设计的重要内容。在换热量一定的情况下，出口温度 t_2 的降低使传热推动力增加，可以促使换热面积减小，从而降低设备投资；但冷却水流量 W_c 随之增加，导致操作费用升高。在 t_2 升高的情况下，可推出相反的结论。所以，确定 t_2 时，要综合考虑设备费用和操作费用两方面（即总费用）。此时，换

热器存在一个最佳的冷却水出口温度，使总费用最小，这属于优化问题。优化问题的三要素是优化目标、优化变量和约束条件。该问题中的优化目标为总费用，可表示为

$$C = C_A A + C_w \theta W_c$$

式中，C 为总费用；C_A 为单位面积冷却器的投资费用；A 为冷却器的换热面积；C_w 为冷却水单价；θ 为年运行时间；W_c 为冷却水流量。优化变量包括冷却器的换热面积 A，冷却水流量 W_c 和冷却水出口温度 t_2。这三个变量要满足热量平衡和传热速率方程约束：

$$Q = W_c C_{pc}(t_2 - t_1) = W_h C_{ph}(T_1 - T_2)$$

$$Q = W_c C_{pc}(t_2 - t_1) = KA \Delta t_m$$

优化变量 t_2 在约束中受 Δt_m 非线性关系的限制，所以该问题属于有约束的非线性优化问题。

将已知条件代入得目标函数

$$C = 200A + 0.32 W_c$$

约束条件：

$$1.02 \times 10^5 = W_c(t_2 - 20)$$

$$1.02 \times 10^2 = 0.49A \frac{70 - t_2}{\ln \dfrac{80 - t_2}{10}}$$

其中要优化的变量为水流量 W_c、冷却水出口温度 t_2 和换热面积 A。

编制程序优化结果如下。

冷却器最优出口温度：48.15℃

最小年费用为：3366.800 元

冷却器传热面积为：11.036m²

每小时冷却水用量为：3623.6kg/h

在获得计算结果之后，如果再次仔细分析该问题的约束条件可以看出，W_c 和 A 可显式地用 t_2 表示出来，即

$$W_c = \frac{1.02 \times 10^5}{t_2 - 20}$$

$$A = \frac{2.08 \times 10^2 \ln \dfrac{80 - t_2}{10}}{70 - t_2}$$

将上两式代入目标函数中，就可以消除本问题的约束条件，从而使该问题转换为无约束非线性优化问题。

采用无约束非线性优化方法，对本问题重新编制程序，优化结果如下。

冷却水最优出口温度为：48.16℃

最小年费用为：3365.069 元

冷却器传热面积为：11.029m²

每小时冷却水用量为：3622.8kg/h

可以看出，本例题在两种计算方式下的结果基本相同。所以，在处理化工过程的计算问题时，要根据计算方程及算法的具体情况来决定问题解决方式，以利于问题的快速解决。

5.5 线性规划问题

本节介绍带有线性约束条件、目标函数也为线性的优化问题，即线性规划问题。1939年前苏联数学家和经济学家康托洛维奇（L. V. Kantoravich）发表了《生产组织与计算中的数学方法》一书，第一次提出并求解了线性规划问题。1947 年美国乔治·丹茨格（George Dantzlg）提出并创立了求解线性规划的单纯形法。20 世纪 60 年代，一些学者针对单纯形法不能处理变量取整数值的缺憾，创立了解整数型线性规划的割平面和分枝定界法（拟枚举法）。随着电子计算机、系统工程学科的成功和发展，线性规划得到了广泛的重视和应用。借助电子计算机使用单纯形表法已能轻易地处理数千个变量和数万个约束的线性规划问题。

线性规划问题属于凸规划问题，其可行域、可行解、最优解具有许多重要的特点。利用这些特点，能够产生一些有效的求解手段。

5.5.1 线性规划问题

线性规划问题是化工生产过程中经常遇到的课题。下面以三个例子来说明线性规划问题。

例 5-7 某化工厂三种原料 R1，R2，R3 生产两种产品 Q1，Q2。生产每公斤产品所需要的各单位原料量，工厂每天所拥有的各资源最大量及每公斤产品所获得的销售利润见下表，问每天应生产多少公斤 Q1，Q2 产品，才能利润最大？

资源 \ 产品	Q1/公斤	Q2/公斤	每天的最大用量/公斤
R1	3.0	10.0	300
R2	4.0	5.0	200
R3	9.0	4.0	360
利润/(万元/公斤)	0.7	1.2	

数学模型：

$$3x_1 + 10x_2 \leqslant 300$$
$$4x_1 + 5x_2 \leqslant 200$$
$$9x_1 + 4x_2 \leqslant 360$$
$$\max_{x_1,x_2}(0.7x_1 + 1.2x_2), x_1, x_2 \geqslant 0$$

例 5-8 某有色金属冶炼厂混合 5 种合金，制成一种含铅 30%，含锌 20%，含锡 50% 的新合金。问如何混合生产费用最小？

合金种类	1	2	3	4	5
铅/%	30	10	50	10	50
锌/%	60	20	20	10	10
锡/%	10	70	30	80	40
价格/(元/公斤)	8.5	6.0	8.9	5.7	8.8

数学模型：

$$0.3x_1 + 0.1x_2 + 0.5x_3 + 0.1x_4 + 0.5x_5 = 0.3$$

$$0.6x_1+0.2x_2+0.2x_3+0.1x_4+0.1x_5=0.2$$
$$0.1x_1+0.7x_2+0.3x_3+0.8x_4+0.4x_5=0.5$$
$$\min(8.5x_1+6.0x_2+8.9x_3+5.7x_4+8.8x_5),x_1,x_2,x_3,x_4,x_5\geqslant0$$

例 5-9 某工厂拥有 A、B、C 三种类型的设备，生产甲、乙两种产品。每件产品在生产中需要占用的设备机时数，每件产品可以获得的利润以及三种设备可利用的机时数如下表所示。

产品 设备	甲	乙	限制
A/机时数	3	2	65
B/机时数	2	1	40
C/机时数	0	3	75
利用	1500	2500	

试计算工厂应如何安排生产可获得最大的总利润？

解：设变量 x_i 为第 i 种（甲、乙）产品的生产件数（$i=1,2$）。根据题意，可知两种产品的生产受到设备能力（机时数）的限制。对设备 A，两种产品生产所占用的机时数不能超过 65，于是可以得到不等式

$$3x_1+2x_2\leqslant65$$

对设备 B，两种产品生产所占用的机时数不能超过 40，于是可以得到不等式

$$2x_1+x_2\leqslant40$$

对设备 C，两种产品生产所占用的机时数不能超过 75，于是可以得到不等式

$$3x_2\leqslant75$$

另外，产品数不可能为负，即

$$x_1,x_2\geqslant0$$

同时有一个追求目标，即获取最大利润。于是可写出目标函数 z 为相应的生产计划可以获得的总利润。即

$$z=1500x_1+2500x_2$$

综合上述讨论，在加工时间以及利润与产品产量成线性关系的假设下，把目标函数和约束条件放在一起，可以建立如下的线性规划模型：

目标函数 $\qquad\qquad\qquad\max(1500x_1+2500x_2)$

约束条件 $\qquad$ s.t. $\quad 3x_1+2x_2\leqslant65\qquad$ (A)

$\qquad\qquad\qquad\qquad 2x_1+x_2\leqslant40\qquad$ (B)

$\qquad\qquad\qquad\qquad 3x_2\leqslant75\qquad\qquad$ (C)

$\qquad\qquad\qquad\qquad x_1,x_2\geqslant0\qquad\qquad$ (D、E)

这是一个典型的利润最大化的生产计划问题。其中，"Max"是英文单词"Maximize"的缩写，含义为"最大化"；"s.t."是"subject to"的缩写，表示"满足于……"。因此，上述模型的含义是：在给定条件限制下，求使目标函数 z 达到最大的 x_1,x_2 的取值。

5.5.2 线性规划问题的基本概念

从例 5-7、例 5-8 和例 5-9 可以看出，它们属于同一类优化问题、它们的共同特点有以下几点。

① 每一个问题都可以用一组决策变量 x_1，x_2，$\cdots$，x_n 表示某一方案，且在一般情况下，变量的取值是非负的。

② 都有一个目标函数，且这个目标函数可表示为这组变量的线性函数。

③ 都存在若干个约束条件，且约束条件用决策变量的线性等式或线性不等式来表达。

④ 每个问题都要求目标函数实现极大化（max）或极小化（min）。

满足上述 4 个特征的规划问题称为线性规划问题，由于问题的性质不同，线性规划的模型也有不同的形式，但线性规划问题的一般表达如下。

目标函数

$$\max(\min)(c_1 x_1 + c_2 x_2 + \cdots + c_n x_n)$$

约束条件

$$a_{11}x_1 + a_{12}x_2 + \cdots + a_{1n}x_n \leqslant (=, \geqslant) b_1$$
$$a_{21}x_1 + a_{22}x_2 + \cdots + a_{2n}x_n \leqslant (=, \geqslant) b_2$$
$$\cdots \qquad \cdots$$
$$a_{m1}x_1 + a_{m2}x_2 + \cdots + a_{mn}x_n \leqslant (=, \geqslant) b_m$$
$$x_1, x_2, \cdots, x_n \geqslant 0$$

通常称 x_1，x_2，$\cdots$，x_n 为决策变量，c_1，c_2，$\cdots$，c_n 为价值系数，a_{11}，a_{12}，$\cdots$，a_{mn} 为消耗系数，b_1，b_2，$\cdots$，b_m 为资源限制系数。

为了方便求解线性规划问题，线性规划模型需要转换成如下标准形式。

目标函数

$$\max(c_1 x_1 + c_2 x_2 + \cdots + c_n x_n)$$

约束条件

$$a_{11}x_1 + a_{12}x_2 + \cdots + a_{1n}x_n = b_1$$
$$a_{21}x_1 + a_{22}x_2 + \cdots + a_{2n}x_n = b_2$$
$$\cdots \qquad \cdots$$
$$a_{m1}x_1 + a_{m2}x_2 + \cdots + a_{mn}x_n = b_m$$
$$x_1, x_2, \cdots, x_n \geqslant 0$$

可以看出，线性规划的标准形式有如下四个特点：目标最大化、约束为等式、决策变量均非负、右端项非负。对于各种非标准形式的线性规划问题，总可以通过以下变换，将其转化为标准形式。

① 极小化目标函数的问题。

设目标函数为

$$\min(c_1 x_1 + c_2 x_2 + \cdots + c_n x_n)$$

则可以各项均取负数，该极小化问题与下面的极大化问题有相同的最优解，即

$$\max(-c_1 x_1 - c_2 x_2 - \cdots - c_n x_n)$$

但必须注意，尽管以上两个问题的最优解相同，但最优解的目标函数值却相差一个符号。

② 约束条件不是等式的问题。

设约束条件为

$$a_{i1}x_1 + a_{i2}x_2 + \cdots + a_i x_n \leqslant b_i$$

可以引进一个新的变量 s，使它等于约束右边与左边之差

$$s = b_i - (a_{i1}x_1 + a_{i2}x_2 + \cdots + a_i x_n)$$

显然，s 也具有非负约束，即 $s \geqslant 0$，

这时新的约束条件成为

$$a_{i1}x_1 + a_{i2}x_2 + \cdots + a_{in}x_n + s = b_i$$

当约束条件为

$$a_{i1}x_1 + a_{i2}x_2 + \cdots + a_i x_n \geqslant b_i$$

时，类似地令

$$s = (a_{i1}x_1 + a_{i2}x_2 + \cdots + a_i x_n) - b_i$$

显然，s 也具有非负约束，即 $s \geqslant 0$，这时新的约束条件成为

$$a_{i1}x_1 + a_{i2}x_2 + \cdots + a_i x_n - s = b_i$$

为了使约束由不等式成为等式而引进的变量 s 称为"松弛变量"。如果原问题中有若干个非等式约束，则将其转化为标准形式时，必须对各个约束引进不同的松弛变量。

例 5-10　将以下线性规划问题转化为标准形式。

$$\min(3.6x_1 - 5.2x_2 + 1.8x_3)$$
$$\text{s. t.}\quad 2.3x_1 + 5.2x_2 - 6.1x_3 \leqslant 15.7$$
$$4.1x_1 + 3.3x_3 \geqslant 8.9$$
$$x_1 + x_2 + x_3 = 38$$
$$x_1, x_2, x_3 \geqslant 0$$

解：首先，将目标函数转换成极大化：

令 $z = -f = -3.6x_1 + 5.2x_2 - 1.8x_3$

其次考虑约束，有 2 个不等式约束，引进松弛变量 $x_4, x_5 \geqslant 0$。

于是，可以得到以下标准形式的线性规划问题：

$$\max(-3.6x_1 + 5.2x_2 - 1.8x_3)$$
$$\text{s. t.}\quad 2.3x_1 + 5.2x_2 - 6.1x_3 + x_4 = 15.7$$
$$4.1x_1 + 3.3x_3 - x_5 = 8.9$$
$$x_1 + x_2 + x_3 = 38$$
$$x_1, x_2, x_3, x_4, x_5 \geqslant 0$$

③ 变量无符号限制的问题。

在标准形式中，必须每一个变量均有非负约束。当某一个变量 x_j 没有非负约束时，可以令

$$x_j = x_j' - x_j''$$

其中

$$x_j', x_j'' \geqslant 0$$

即用两个非负变量之差来表示一个无符号限制的变量，当然 x_j 的符号取决于 x_j' 和 x_j'' 的大小。

④ 右端项有负值的问题。

在标准形式中，要求右端项必须每一个分量非负。当某一个右端项系数为负时，如 $b_i < 0$，则把该等式约束两端同时乘以 -1，得

$$-a_{i1}x_1 - a_{i2}x_2 - \cdots - a_{in}x_n = -b_i$$

例 5-11 将以下线性规划问题转化为标准形式

$$\min f = -3x_1 + 5x_2 + 8x_3 - 7x_4$$
$$\text{s. t.} \quad 2x_1 - 3x_2 + 5x_3 + 6x_4 \leqslant 28$$
$$4x_1 + 2x_2 + 3x_3 - 9x_4 \geqslant 39$$
$$6x_2 + 2x_3 + 3x_4 \leqslant -58$$
$$x_1, x_3, x_4 \geqslant 0$$

解：首先，将目标函数转换成极大化：令 $z = -f = 3x_1 - 5x_2 - 8x_3 + 7x_4$；

其次考虑约束，有 3 个不等式约束，引进松弛变量 x_5，x_6，$x_7 \geqslant 0$；

由于 x_2 无非负限制，可令 $x_2 = x_2' - x_2''$，其中 $x_2' \geqslant 0$，$x_2'' \geqslant 0$；

由于第 3 个约束右端项系数为 -58，于是把该式两端乘以 -1。

于是，可以得到以下标准形式的线性规划问题：

$$\max z = 3x_1 - 5x_2 - 8x_3 + 7x_4$$
$$\text{s. t.} \quad 2x_1 - 3x_2 + 5x_3 + 6x_4 + x_5 = 28$$
$$4x_1 + 2x_2 + 3x_3 - 9x_4 - x_6 = 39$$
$$6x_2 + 2x_3 + 3x_4 - x_7 = -58$$
$$x_1, x_2', x_2'', x_3, x_4, x_5, x_6, x_7 \geqslant 0$$

5.5.3 线性规划问题的求解方法

(1) 图解法

图解法是借助几何图形来求解线性规划的一种方法。这种方法通常只适用于求解两个变量的线性规划问题，因此它不是线性规划问题的通常算法。但是线性规划的图解法有助于直观地了解线性规划的基本性质以及线性规划的通用算法——单纯形法的基本思想。两个变量的线性规划问题可以二维直角坐标平面上作图表示线性规划问题的有关概念，并求解。图解法求解线性规划问题的步骤如下所述。

① 分别取决策变量 x_1，x_2 为坐标向量建立直角坐标系。

② 对每个约束（包括非负约束）条件，先取其等式在坐标系中作出直线，通过判断确定不等式所决定的半平面。各约束半平面交出来的区域（存在或不存在），若存在，其中的点表示的解称为此线性规划的可行解。这些符合约束限制的点集合，称为可行集或可行域。然后进行③。否则该线性规划问题无可行解。

③ 任意给定目标函数一个值作一条目标函数的等值线，并确定该等值线平移后值增加的方向，平移此目标函数的等值线，使其达到既与可行域有交点又不可能使值再增加的位置（有时交于无穷远处，此时称无有限最优解）。若有交点时，此目标函数等值线与可行域的交点即最优解（一个或多个），此目标函数的值即最优值。

例 5-9 的图解法过程如下：

按照图解法的步骤在以决策变量 x_1，x_2 为坐标向量的平面直角坐标系上对每个约束（包括非负约束）条件作出直线，并通过判断确定不等式所决定的半平面。各约束半

平面交出来的区域即可行集或可行域如图 5-8 阴影所示。

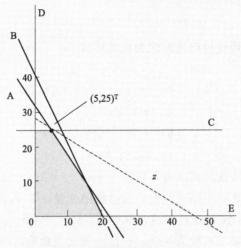

图 5-8　图解法求解线性规划

　　任意给定目标函数一个值作一条目标函数的等值线，并确定该等值线平移后值增加的方向，平移此目标函数的等值线，使其达到既与可行域有交点又不可能使值再增加的位置，得到交点 $(5, 25)^T$，此目标函数的值为 70000。于是，得到这个线性规划的最优解 $x_1=5$、$x_2=25$，最优值 $z=70000$。即最优方案为生产甲产品 5 件、乙产品 25 件，可获得最大利润为 70000 元。

　　例 5-12　在例 5-9 的线性规划模型中，如果目标函数变为：

$$z=1500x_1+1000x_2$$

那么，最优情况下目标函数的等值线与直线（A）重合。这时，最优解有无穷多个，是从点 $(5, 25)^T$ 到点 $(15, 10)^T$ 线段上的所有点，最优值为 32500。如图 5-9 所示。

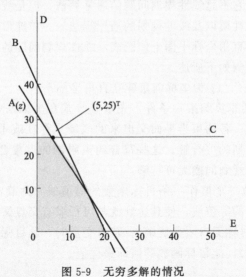

图 5-9　无穷多解的情况

　　例 5-13　在例 5-9 的线性规划模型中，如果约束条件（A）、（C）变为：

$$3x_1+2x_2 \geqslant 65 \quad (A')$$

$$3x_2 \geqslant 75 \qquad (C')$$

并且去掉（D、E）的非负限制。那么，可行域成为一个上无界的区域。这时，没有有限最优解，如图 5-10 所示。

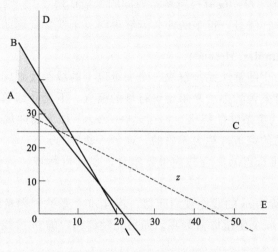

图 5-10　无有限解的情况

例 5-14　在例 5-9 的线性规划模型中，如果增加约束条件（F）为：

$$x_1 + x_2 \geqslant 40 \quad (F)$$

那么，可行域成为空的区域。这时，没有可行解，显然线性规划问题无解。如图 5-11 所示。

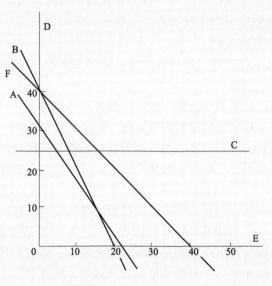

图 5-11　无可行解的情况

根据以上例题，进一步分析讨论可知线性规划的可行域和最优解有以下几种可能的情况。

① 可行域为封闭的有界区域　（a）有唯一的最优解；（b）有无穷多个最优解。

② 可行域为封闭的无界区域 （c）有唯一的最优解；（d）有无穷多个最优解；（e）目标函数无界（即虽有可行解，但在可行域中，目标函数可以无限增大或无限减少），因而没有有限最优解。

③ 可行域为空集 （f）没有可行解，原问题无最优解。

虽然图解法简单、浅显，但该法非常能够说明关于线性规划的许多深刻理论问题。

（2）单纯形法（Simplex Method）

在一般情况下，由于图解法无法解决三个变量以上的线性规划问题，对于 n 个变量的线性规划问题，必须用解方程的办法来求得可行域的极点。下面介绍单纯形法的基本概念。

① 可行解 满足约束条件的解 $X = (x_1, x_2, \cdots, x_n)^{\mathrm{T}}$ 称为线性规划问题的可行解，也称可行点。没有可行解的约束条件称为矛盾的，或者不相容的。

② 可行域 所有可行点的集合称为可行集合，也称可行域，约束条件矛盾时，可行集合为空集。

③ 基本解 对于阶为 m 的线性规划问题，若有 m 个系数列向量线性无关，令其余的系数列向量所对应的 $n-m$ 个变量取值为零。如果此时解相应的 m 阶线性方程组，则所得到的唯一解称为基本解。

④ 基本可行解 如果基本解中各分量的值均为非负，此时的基本解称为基本可行解，若基本可行解中，非零分量少于 m 个，则称为退化的基本可行解，否则称为非退化的基本可行解。

⑤ 基 基本解定义中所提到的 m 个线性无关的系数列向量，称为线性规划问题的一组基。

⑥ 可行基 对应于基本可行解的 m 个线性无关的向量所构成的基，称为可行基。

⑦ 基向量 可行基中每一个向量都称为基向量，所以对应于一个基本可行解，基向量共有 m 个，其余的则称非基向量。

⑧ 基变量 对于基本可行解，其基向量所对应的变量称为基变量，其余变量称为非基变量。

利用求解线性规划问题基本可行解（极点）的方法来求解较大规模的问题是不可行的。单纯形表法的基本思路是有选择地取基本可行解，即是从可行域的一个极点出发，沿着可行域的边界移到另一个相邻的极点，要求新极点的目标函数值不比原目标函数值差。每次转换称之为一次迭代。由于基本可行解的个数是有限的，所以经过有限次迭代，一定可以达到最优解。

对于线性规划的一个基，当非基变量确定以后，基变量和目标函数的值也随之确定。因此，一个基本可行解向另一个基本可行解的移动，以及移动时基变量和目标函数值的变化，可以分别由基变量和目标函数用非基变量的表达式来表示。同时，当可行解从可行域的一个极点沿着可行域的边界移动到一个相邻的极点的过程中，所有非基变量中只有一个变量的值从 0 开始增加，而其他非基变量的值都保持 0 不变。单纯形法的基本过程如图 5-12 所示。

关于单纯形法，要讨论三个问题：

① 初始基本可行解的产生；

② 怎样由一个基本可行解迭代出另一个基本可行解；

③ 怎样确定可以使目标函数有较大上升的基本可行解。

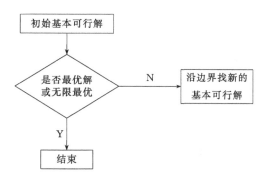

图 5-12 单纯形法的基本过程

单纯形法的基本步骤可描述如下。

① 寻找一个初始的可行基和相应基本可行解（极点），确定基变量、非基变量以及基变量、非基变量（全部等于 0）和目标函数的值，并将目标函数和基变量分别用非基变量表示。

② 在用非基变量表示的目标函数表达式中，称非基变量 x_j 的系数（或其负值）为检验数记为 σ_j。若 $\sigma_j > 0$，那么相应的非基变量 x_j，它的值从当前值 0 开始增加时，目标函数值随之增加。这个选定的非基变量 x_j 称为"进基变量"，转③。如果任何一个非基变量的值增加都不能使目标函数值增加，即所有 σ_j 非正，则当前的基本可行解就是最优解，计算结束。

③ 在用非基变量表示的基变量的表达式中，观察进基变量增加时各基变量变化情况，确定基变量的值在进基变量增加过程中首先减少到 0 的变量 x_r，满足

$$\theta = \min_{1 \leqslant i \leqslant m} \{b_i / a_{ik} \mid a_{i,k} \geqslant 0\} = b_l / a_{l,k}$$

这个基变量 x_r 称为"出基变量"。当进基变量的值增加到 θ 时，出基变量 x_r 的值降为 0 时，可行解就移动到了相邻的基本可行解（极点），转④。

如果进基变量的值增加时，所有基变量的值都不减少，即所有 a_{ij} 非正，则表示可行域是不封闭的，且目标函数值随进基变量的增加可以无限增加，此时，不存在有限最优解，计算结束。

④ 将进基变量作为新的基变量，出基变量作为新的非基变量，确定新的基、新的基本可行解和新的目标函数值。在新的基变量、非基变量的基础上重复①。

例 5-15 例 5-9 线性规划问题可行域极点的确定。

将线性规划模型标准化，引入松弛变量 x_3，x_4，$x_5 \geqslant 0$，得到

$$\max(1500x_1 + 2500x_2)$$

约束条件   s. t. $3x_1 + 2x_2 + x_3 = 65$ (A)

$$2x_1 + x_2 + x_4 = 40 \qquad \text{(B)}$$

$$3x_2 + x_5 = 75 \qquad \text{(C)}$$

$$x_1,\ x_2,\ x_3,\ x_4,\ x_5 \geqslant 0$$

解：用 (D)、(E)、(F)、(G)、(H) 表示 $x_1 = 0$，$x_2 = 0$，$x_3 = 0$，$x_4 = 0$，$x_5 = 0$。共有八个约束条件。一般情况下，等式约束的个数少于决策变量的个数，5 个变量非负约束与决策变量个数相同。每 5 个方程若线性无关可解得一个点，可以看到前例图解法得到的区域中每两条直线的交点与此例的各个方程有如下关系，如图 5-13 所示。

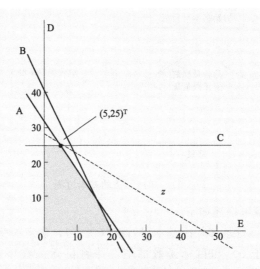

图 5-13 平面上各不等式约束半平面得交点

由图 5-13 可以看出：

直线 A、B 的交点对应于约束条件（A）、（B）、（C）、（F）、（G）的解，即
$$x(1) = (15, 10, 0, 0, 45)^T$$

直线 A、C 的交点对应于约束条件（A）、（B）、（C）、（F）、（H）的解，即
$$x(2) = (5, 25, 0, 5, 0)^T$$

直线 A、D 的交点对应于约束条件（A）、（B）、（C）、（D）、（F）的解，即
$$x(3) = (0, 32.5, 0, 7.5, -22.5)^T$$

直线 A、E 的交点对应于约束条件（A）、（B）、（C）、（E）、（F）的解，即
$$x(4) = (65/3, 0, 0, -10/3, 75)^T$$

直线 B、C 的交点对应于约束条件（A）、（B）、（C）、（G）、（H）的解，即
$$x(5) = (7.5, 25, -7.5, 0, 0)^T$$

直线 B、D 的交点对应于约束条件（A）、（B）、（C）、（D）、（G）的解，即
$$x(6) = (0, 40, -15, 0, -45)^T$$

直线 B、E 的交点对应于约束条件（A）、（B）、（C）、（E）、（G）的解，即
$$x(7) = (20, 0, 5, 0, 75)^T$$

直线 C、D 的交点对应于约束条件（A）、（B）、（C）、（D）、（H）的解，即
$$x(8) = (0, 25, 15, 15, 0)^T$$

直线 C、E 无交点（C、E 相互平行）

直线 D、E 的交点对应于约束条件（A）、（B）、（C）、（D）、（E）的解，即
$$x(9) = (0, 0, 65, 40, 75)^T$$

例 5-16 用单纯形法的基本思路解例 5-9 的线性规划问题。线性规划模型标准化，引入松弛变量 x_3，x_4，$x_5 \geq 0$，得
$$\max(1500x_1 + 2500x_2)$$

约束条件　　　　　　　s. t.　$3x_1+2x_2+x_3=65$　　　(A)

$2x_1+x_2+x_4=40$　　　(B)

$3x_2+x_5=75$　　　(C)

$x_1,x_2,x_3,x_4,x_5 \geqslant 0$

解：第一次迭代：

① 取初始可行基 $B_{10}=(p_3,p_4,p_5)$，那么 x_3，x_4，x_5 为基变量，x_1 和 x_2 为非基变量。将基变量和目标函数用非基变量表示为

$$z=1500x_1+2500x_2$$
$$x_3=65-3x_1-2x_2$$
$$x_4=40-2x_1-x_2$$
$$x_5=75-3x_2$$

当非基变量 x_1，$x_2=0$ 时，相应的基变量和目标函数值为 $x_3=65$，$x_4=40$，$x_5=75$，$z=0$，得到当前的基本可行解

$$x=(0,0,65,40,75)^T \quad z=0。$$

② 选择进基变量。

在目标函数 $z=1500x_1+2500x_2$ 中，非基变量 x_1，x_2 的系数都是正数，因此 x_1，x_2 进基都可以使目标函数 z 增大，但 x_2 的系数为 2500，绝对值比 x_1 的系数 1500 大，因此把 x_2 作为进基变量可以使目标函数 z 增加更快。选择 x_2 为进基变量，使 x_2 的值从 0 开始增加，另一个非基变量 x_1 保持零值不变。

③ 确定出基变量。

在约束条件

$$x_3=65-3x_1-2x_2$$
$$x_4=40-2x_1-x_2$$
$$x_5=75-3x_2$$

中，由于进基变量 x_2 在 3 个约束条件中的系数都是负数，当 x_2 的值从 0 开始增加时，基变量 x_3，x_4，x_5 的值分别从当前的值 65、40 和 75 开始减少，当 x_2 增加到 25 时，x_5 首先下降为 0 成为非基变量。这时，新的基变量为 x_3，x_4，x_2，新的非基变量为 x_1，x_5，当前的基本可行解和目标函数值为

$$x=(0,25,15,15,0)^T \quad z=62500$$

第二次迭代：

① 当前的可行基为 $B_7=(p_2，p_3，p_4)$，那么 x_2，x_3，x_4 为基变量，x_1，x_5 为非基变量。将基变量和目标函数用非基变量表示为

$$z=62500+1500x_1-(2500/3)x_5$$
$$x_2=25-(1/3)x_5$$
$$x_3=15-3x_1+2/3(x_5)$$
$$x_4=15-2x_1+(1/3)x_5$$

② 选择进基变量。

在目标函数 $z=62500+1500x_1-(2500/3)x_5$ 中，非基变量 x_1 的系数是正数，因此 x_1 进基可以使目标函数 z 增大，于是选择 x_1 进基，使 x_1 的值从 0 开始增加，另一个非基变量 x_5 保持零值不变。

③ 确定出基变量。

在约束条件

$$x_2=25-(1/3)x_5$$
$$x_3=15-3x_1+2/3(x_5)$$
$$x_4=15-2x_1+(1/3)x_5$$

中，由于进基变量 x_1 在两个约束条件中的系数都是负数，当 x_1 的值从 0 开始增加时，基变量 x_3、x_4 的值分别从当前的值 15、15 开始减少，当 x_1 增加到 5 时，x_3 首先下降为 0 成为非基变量。这时，新的基变量为 x_1，x_2，x_4，新的非基变量为 x_3，x_5，当前的基本可行解和目标函数值为

$$\boldsymbol{x}=(5,25,0,5,0)^{\mathrm{T}}\quad z=70000$$

在目标函数 $z=70000-500x_3-500x_5$ 中，非基变量 x_3，x_5 的系数均不是正数，因此进基都不可能使目标函数 z 增大，于是得到最优解，$\boldsymbol{x}^*=(5,25,0,5,0)^{\mathrm{T}}$，最优目标值为 $z^*=70000$。也称相应的基 $B_2=(p_1,p_2,p_4)$ 为最优基，计算结束。

为了便于计算和检验，可以设计一种表格来进行迭代计算。初始单纯形表的构成如表 5-1 所示。

表 5-1 初始单纯形表

c_j			$c_1 \cdots c_l \cdots c_m$	$c_{m+1} \cdots c_k \cdots c_n$	θ_i
C_B	X_B	B	$x_1 \cdots x_1 \cdots x_m$	$x_{m+1} \cdots x_k \cdots x_n$	
c_1	x_1	b_1	$1 \cdots 0 \cdots 0$	$a_{1,m+1} \cdots a_{1,k} \cdots a_{1,n}$	θ_1
$\cdots$	$\cdots$	$\cdots$	$\cdots \quad \cdots \quad \cdots$	$\cdots \quad \cdots \quad \cdots$	$\cdots$
c_l	x_l	b_l	$0 \cdots 1 \cdots 0$	$a_{l,m+1} \cdots a_{l,k} \cdots a_{l,n}$	θ_1
$\cdots$	$\cdots$	$\cdots$	$\cdots \quad \cdots \quad \cdots$	$\cdots \quad \cdots \quad \cdots$	$\cdots$
c_m	x_m	b_m	$0 \cdots 0 \cdots 1$	$a_{m,m+1} \cdots a_{m,k} \cdots a_{m,n}$	θ_m
	$-s$	s^0	$\sigma_1 \cdots \sigma_l \cdots \sigma_m$	$\sigma_{m+1} \cdots \sigma_k \cdots \sigma_n$	

以后的迭代都从初始单纯形表开始，每迭代一次得到一张新的单纯形表，直到得出最优解。线性规划单纯形算法计算框图如图 5-14 所示。

此外借助人工变量求线性规划问题初始基本可行解的方法还有大 M 法和两阶段法。这两种方法的共同特点是如何尽快地"过河拆桥"，将人工变量从基变量中剔除出来。

大 M 法首先要求将线性规划问题化为标准型，而且右端常数项全部非负，再考虑约束方程组中的决策变量、松弛变量所对应的系数列向量是否已经构成了一个单位矩阵 I。如果答案是肯定的，那么已经得到了一个初始可行基。否则，在约束方程组的左端加上若干个非负的人工变量，使人工变量对应的系数列向量与其他变量对应的系数列向量可以共同构成一个单位矩阵。以单位矩阵为初始基，即可求得一个初始的基本可行解。

但这样求得的初始基本可行解并非原问题的基本可行解，必须在迭代过程中尽快地把人工变量从基变量中替换出来成为非基变量。为此可以在目标函数中赋予人工变量一个绝对值很大的负系数 $-M$，这里 $M\gg0$。这样只要基变量中还存在人工变量，目标函数就不可能实

现极大化，可见这个方法的核心是在于绝对值很大的负系数 $-M$，因此称之为大 M 法。

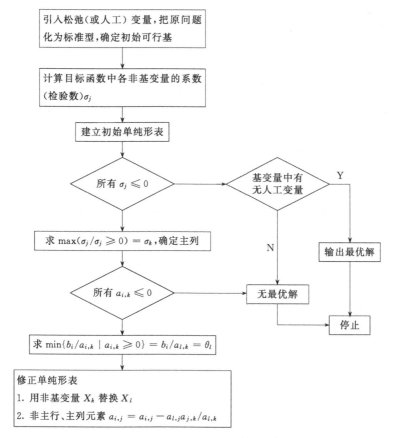

图 5-14　线性规划单纯形算法计算框图

　　两阶段法也通过引入人工变量的方法，寻求原问题的初始基本可行解，引入人工变量的目的和原则与大 M 法相同，所不同的是处理人工变量的方法。大 M 法通过在目标函数中赋予人工变量一个绝对值很大的负系数 $-M$，尽快地让人工变量从基变量中"出局"。而两阶段法则通过建立一个辅助线性规划的方法，使人工变量都变成非基变量，因此两阶段法把整个问题分成两个阶段来解决。详细内容可参阅相关文献。

　　线性规划问题建模时需要注意以下几个基本问题。

　　① 尽量减少整数约束和整数变量的个数。

　　② 尽量使用光滑、连续的模型表达，尽量避免不光滑、不连续的约束的个数，如：尽量少地使用绝对值函数（$|x|$）、符号函数（当变量 x 为正数时取 1，为 0 时取 0，为 -1 时取 -1）、多个变量求最大（或最小）值、四舍五入函数、取整函数等。

　　③ 采用适当的表述，可将非线性约束转化为线性约束（如将 $x/y<5$ 改为 $x-5y<0$）。

　　④ 合理设定变量的上下界，尽可能给出变量的初始值。

　　⑤ 模型中使用的单位要适当，保持各变量的数量级大体相当以避免数值计算误差。

　　由于本书并非数学专著，故不赘述单纯形表算法的执行细节，当有实际需要时可参考有关专著。但是，需要了解的是，使用单纯形表算法解决线性规划问题是一个很经典的方法。该法不仅可以求出线性规划问题的解，而且当原问题无解时，可通过计算结果判断；当原问题多解时，也可通过计算求出所有解。因此可以说，单纯形表算法在某种意义下是具有适定性的算法。

5.6 非线性规划问题

前面几节，论述了线性规划及其扩展问题，这些问题的约束条件和目标函数都是关于决策变量的一次函数。虽然大量的实际问题可以简化为线性规划及其扩展问题来求解，但是还有相当多的问题很难用线性函数加以描述。如果目标函数或约束条件中包含有非线性函数，就称这样的规划问题为非线性规划问题。由于人们对实际问题解的精度要求越来越高，非线性规划自 20 世纪 70 年代以来得到了长足的发展；目前，已成为运筹学的一个重要分支，在管理科学、最优设计、系统控制等许多领域得到了广泛的应用。一般来讲，非线性规划问题的求解要比线性规划问题的求解困难得多；而且也不像线性规划问题那样具有一种通用的求解方法（单纯形法）。非线性规划没有能够适应所有问题的一般求解方法，各种方法都只能在其特定的范围内发挥作用。

本章在简要介绍非线性规划基本概念和一维搜索的基础上，重点介绍无约束极值问题和约束极值问题的求解方法。

5.6.1 非线性规划问题

例 5-17[5] 一连续槽式反应器如图 5-15 所示，进行如下反应

$$2A \longrightarrow B$$

已知单位体积的液相反应速度方程式为

$$-r_A = -\frac{dc_A}{dt} = 2.0c_A^2 = 2.0c_{A0}^2(1-x_A)^2$$

原料 A 的单位成本

$$C_1 = 4.0c_{A0}^{1.4}$$

折旧、公用工程和其他费用

$$C_2 = 0.4V^{0.6}$$

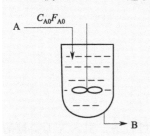

图 5-15 槽式反应器示意图

式中，c_A 为反应器中物料 A 的浓度（质量单位/体积单位）；c_{A0} 为物料 A 的初始浓度（质量单位/体积单位）；x_A 为转化率；V 为反应器体积（假定与反应物料体积相等）。

根据市场预测，市场只能提供物料 A 600 单位/h；产品 B 的市场需求量 F_B 不超过 50 单位/h，产品 B 的价格为 $C_3=2000$ 元/单位。试确定物料 A 的进料速度 F_{A0}、初始浓度 c_{A0}、反应器体积 V 和转化率各取多大，才能使得该反应器在单位时间内的经济效益是最好的？

解：显然本题所要追求的是

$$C_3F_B-(C_1F_{A0}+C_2)=C_3F_B-(4c_{A0}^{1.4}F_{A0}+0.4V^{0.6})\to max$$

且需要满足：
反应物 A 的物料平衡

$$F_{A0}c_{A0}=-r_AV+F_{A0}c_{A0}(1-x_A)$$

产物 B 的生成速率

$$F_B = \frac{1}{2} F_{A0} c_{A0} x_A \leqslant 50$$

原料 A 的限制

$$F_{A0} \leqslant 600$$

为此，该问题可以写成

$$\max \quad C_3 F_B - (4 c_{A0}^{1.4} F_{A0} + 0.4 V^{0.6})$$

$$\text{s. t.} \quad -r_A = 2.0 c_{A0}^2 (1-x_A)^2$$

$$F_{A0} c_{A0} = -r_A V + F_{A0} c_{A0} (1-x_A)$$

$$\frac{1}{2} F_{A0} c_{A0} x_A \leqslant 50$$

$$F_{A0} \leqslant 600$$

若记 $x_A \rightarrow x_1$，$F_{A0} \rightarrow x_2$，$c_{A0} \rightarrow x_3$，$V \rightarrow x_4$，$r_A \rightarrow x_5$ 则写成一般的数学形式为

$$\max \quad f(x) = 1000 x_1 x_2 x_3 - (4 x_2 x_3^{1.4} + 0.4 x_4^{0.6})$$

$$\text{s. t} \quad 2.0 x_3^2 (1-x_1)^2 + x_5 = 0$$

$$x_2 x_3 - (1-x_1) x_2 x_3 + x_4 x_5 = 0$$

$$x_1 x_2 x_3 - 100 \leqslant 0$$

$$x_2 - 600 \leqslant 0$$

这一问题的特点是有一个求极大的且为非线性的目标函数 $f(x)$ 和多变量（x_i，$i = 1, 2, \cdots 5$），变量的取值受限制，且这些限制条件有的是线性的，有的是非线性的。

假设对上面的连续搅拌槽式反应器和分馏塔一起来考虑其优化问题，如图 5-16 所示。

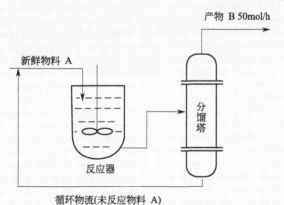

图 5-16   反应器与分馏塔示意图

对反应器部分做如下适当简化，即根据市场预测，当产品 B 的产量为 50mol/h 时，就足以满足市场需求，原料 A 不受市场限制。试确定物料的进料量 F_{A0}，浓度 c_{A0}，反应器的体积 V 和转化率 x_A 各为多大，使得每小时总消耗费用为最小？即求

$$C_1 F_{A0} + C_2 = 4.0 c_{A0}^{1.4} F_{A0} + 0.4 V^{0.6} \rightarrow \min$$

解:

(1) 建立模型

假定不考虑未反应物料的利用，即没有再循环的情形。由反应物 A 的物料平衡

输入物料 A＝产品 B＋未反应的物料 A

即

$$F_{A0}c_{A0}=F_{A0}c_{A0}(1-x_A)-r_AV$$

反应产物 B 的生成速率为

$$F_B=\frac{1}{2}F_{A0}c_{A0}x_A$$

求解以上两式得

$$V=\frac{F_B}{C_{A0}^2(1-x_A)^2}=\frac{50}{c_{A0}^2(1-x_A)^2}$$

$$F_{A0}=\frac{100}{c_{A0}x_A}$$

为此，该问题的目标函数为

$$S=4.0c_{A0}^{1.4}\frac{100}{c_{A0}x_A}+0.4\left[\frac{50}{c_{A0}^2(1-x_A)}\right]^{0.6}$$

$$=\frac{400c_{A0}^{0.4}}{x_A}+\frac{4.183}{c_{A0}^{1.2}(1-x_A)1.2}$$

若记 $x_1=c_{A0}$，$x_2=x_A$，则化成一般的无约束优化问题为

$$\min\quad S=400x_1^{0.4}x_2^{-1}+4.183x_1^{-1.2}(1-x)^{-1.2}$$

这一问题具有明确的显式表达式，一阶导数易求，下面用最速下降法求解。

(2) 求解过程

该函数的梯度表达式为

$$\frac{\partial S}{\partial x_1}=160x_1^{-0.6}x_2^{-1}-5.0196x_1^{-2.2}(1-x_2)^{-1.2}$$

$$\frac{\partial S}{\partial x_2}=-400x_1^{0.4}x_2^{-2}+5.0196x_1^{-1.2}(1-x_2)^{-2.2}$$

该问题的 Hessian 矩阵容易计算

$$\frac{\partial^2 S}{\partial x_1^2}=-96x_1^{-1.6}x_2^{-1}+11.043x_1^{-3.2}(1-x_2)^{-1.2}$$

$$\frac{\partial^2 S}{\partial x_1x_2}=-160x_1^{-0.6}x_2^{-2}-6.024x_1^{-2.2}(1-x_2)^{-2.2}$$

$$\frac{\partial^2 S}{\partial x_2x_1}=\frac{\partial^2 S}{\partial x_1x_2}$$

$$\frac{\partial^2 S}{\partial x_2^2}=800x_1^{0.4}x_2^{-3}+11.043x_1^{-1.2}(1-x_2)^{-3.2}$$

可利用 Hessian 矩阵信息按下式每次迭代的最优步长

$$\lambda_k=\lambda^*=\nabla f(X^k)^T\nabla f(X^k)/\nabla f(X^k)H(X^k)\nabla f(X^k)$$

若初始点取 $X^0=(0.5,0.5)^T$，则有

$$S(X^0)=628.3646$$

$$\nabla f(X^0)=(432.042,-1159.586)^T$$

代入最优步长计算式可得

$$\lambda_0 = 1.946 \times 10^{-4}$$

于是有

$$X^1 = X^0 - \lambda_0 \nabla f(X^0) = (0.416, 0.726)^T$$

下表列出了每部迭代的计算结果。

迭代次数	X^k	λ_k	$\nabla f(X^k)$	$f(X^k)$
0	$(0.5, 0.5)^T$	1.946×10^{-4}	$(432.042, -1159.568)^T$	628.365
1	$(0.416, 0.726)^T$	2.826×10^{-4}	$(210.0, -287.382)^T$	444.687
2	$(0.357, 0.807)^T$	1.268×10^{-4}	$(19.099, 237.689)^T$	431.907
3	$(0.354, 0.777)^T$	2.588×10^{-3}	$(86.272, 34.523)^T$	427.864
...	...	...	...	...
29	$(0.238, 0.714)^T$	3.09×10^{-4}	$(-0.011, 0.046)^T$	420.681
30	$(0.238, 0.714)^T$	2.02×10^{-4}	$(-0.006, -0.024)^T$	420.681

实际计算中，从 $k = 25$ 次迭代以后，目标函数在小数点以后第 5 位，即 $S = 420.68056$ 已不再有变化，从工程上看精度已满足需要，即可停机。可以认为该问题的最优解为 $X^* = (0.238, 0.714)^T$，$S^* = 420.681$，因此 $x_A^* = 0.714$，$c_{A0}^* = 0.238 \text{mol/L}$，$F_{A0} = 588 \text{L/h}$，$V^* = 10800 \text{L}$，每小时总消耗费用为 $S^* = 420.7$ 元/小时。

现在考虑未反应物料利用的情形，若用一个分离塔从反应物料中将未反应的物料 A 分离出来并循环至反应器的输入端。显然，这样的设计是合理的，假定分离过程的费用与循环物流量有关，且其单位费用与进料浓度 c_{A0} 有关，也与 A 生成 B 的转化率有关，其关系式可用下式表示

$$C_3 = \frac{0.1 c_{A0}^{0.5}}{(1 - x_A)^{1.5}} \text{（元/升）}$$

则上述问题变为求带有未反应物 A 再循环系统的最优设计。若记 F_{A1} 为反应器的总进料量，其中新加入原料的进料量为 F_{A0}，未反应的再循环物料为 $F_{A1}(1 - x_A)$，两股物料浓度均为 c_{A0}，则总费用为

$$S' = C_1 F_{A0} + C_2 + C_3 F_{A1}(1 - x_A)$$

由物料平衡得

$$F_B = \frac{1}{2} F_{A1} c_{A0} x_A = \frac{1}{2} F_{A0} c_{A0}$$

$$F_{A1} c_{A0} = F_{A0} c_{A0}(1 - x_A) - r_A V$$

求得后可得费用函数为

$$S' = 400 c_{A1}^{0.4} + \frac{4.183}{c_{A0}^{1.2}(1 - x_A)^{1.2}} + \frac{10}{c_{A0}^{0.5}(1 - x_A)^{0.5} x_A}$$

再令 $c_{A0} = x_1$，$x_A = x_2$，则化为无约束最优化问题为

$$S' = 400 x_1^{0.4} + 4.183 x_1^{-1.2}(1 - x_2)^{-1.2} + 10 x_1^{-0.5}(1 - x_2)^{-0.5} x_2^{-1.0}$$

用最速下降法求最小解后，可得各参数值为 $x_2^* = 0.422$，$c_{A0}^* = 0.230 \text{mol/L}$，$V^* = 5650 \text{L}$，$F_{A0}^* = 430 \text{L/h}$。

5.6.2　非线性规划数学模型

同线性规划问题的数学模型一样，非线性规划问题的数学模型可以具有不同的形式；但由于可以自由地实现不同形式之间的转换，因此可以用如下一般形式来加以描述：

$$\min f(X) \quad X \in E^n$$
$$\begin{cases} h_i(X) = 0 (i = 1, 2, \cdots, m) \\ g_j(X) \geqslant 0 (j = 1, 2, \cdots, l) \end{cases}$$

其中 $X = (x_1, x_2, \cdots, x_n)^{\mathrm{T}}$ 是 n 维欧氏空间 E^n 中的向量点。

又因 $h_i(X) = 0$ 等价于两个不等式：

$$h_i(X) \geqslant 0 \quad -h_i(X) \geqslant 0$$

因此非线性规划的数学模型也可以表示为

$$\begin{cases} \min f(X) \quad X \in E^n \\ g_j(X) \geqslant 0 (j = 1, 2, \cdots, l) \end{cases}$$

5.6.3　非线性规划问题图示

例 5-18　求解下述非线性规划问题

$$\min f(X) = (x_1 - 2)^2 + (x_2 - 2)^2$$
$$h(X) = x_1 + x_2 - 6 = 0$$

若令其目标函数 $f(X) = c$，目标函数成为一条曲线或一张曲面；通常称为等值线或等值面。此例，若设 $f(X) = 2$ 和 $f(X) = 4$ 可得两个圆形等值线，如图 5-17 所示。

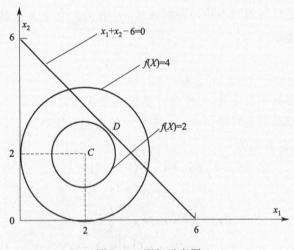

图 5-17　图解示意图

由图 5-17 可见，等值线 $f(X) = 2$ 和约束条件直线 6-6 相切，切点 D 即为此问题的最优解，$X^* = (3, 3)$，其目标函数值 $f(X^*) = 2$。

在此例中，约束 $h(X) = x_1 + x_2 - 6 = 0$ 对最优解发生了影响，若以

$$h(X) = x_1 + x_2 - 6 \leqslant 0$$

代替原来的约束 $h(X) = x_1 + x_2 - 6 = 0$，则新的非线性规划的最优解变为 $X^* = (2, 2)$，即图 5-17 中的 C 点，此时 $f(X) = 0$。由于此最优点位于可行域的内部，故事实上约束

$$h(X)=x_1+x_2-6\leqslant 0$$

并未发挥约束作用，问题相当于一个无约束极值问题。

注意：线性规划存在最优解，则最优解只能在其可行域的边界上（通常是在可行域的顶点上）得到；而非线性规划的最优解（如果存在）则可能在可行域的任意一点上得到，并非仅局限在可行域的边界上。

5.7 运筹学方法用于实际工程问题的关键

运筹学涉及的内容很广，比较重要且常用的有规划论，包括线性规划、非线性规划、整数规划、混合整数规划、动态规划等。其他还有对策论、随机服务理论、存储论、图论、树论等重要的理论和方法。这些运筹学理论和方法对于化工系统工程都有重要的应用意义并有若干典型的应用领域。对于许多实际的复杂工程问题，如果能够透过现象看本质，在深刻全面的系统分析基础上，巧妙地将实际问题纳入某种适当的运筹学模式，则很可能在运筹学原理指导下比较巧妙地解决问题。可以说运筹学理论与技术对化工系统工程的产生和发展起到了极其重要的作用。

然而，运筹学方法是化工系统工程技术中解决实际问题的具体数学手段而非核心技术。早期从事化工系统工程研究的学者比较重视运筹学，甚至认为运筹学是化工系统工程的基础与核心，将化工系统工程的研究重点放在运筹学领域。因而有时在解决复杂化工问题的过程中过于依赖运筹学的理论和技术。毫无疑问，运筹学是系统科学的重要理论基础，而化工系统工程是系统科学的一个应用分支。但是，化工系统与其他领域所面对的过程对象有着非常不同的特点。某些工程应用领域虽然也需要处理大型系统，但是往往涉及的变量基本上都是物理意义大体相当的变量，有时需要描述的对象大体上就是"力学体系"，决定系统行为的影响因素基本上都在大体相同的观测尺度、观测层面上，所涉及的物理规律比较明确，机理不太复杂。这样的系统即使规模很大，建模的难度也多是由于"组合爆炸"等造成的，并非本质上的难度，在计算机软硬件高度发展的条件下，是比较容易利用数学方法给予解决的。因此这些工程领域的优化决策问题有时基本上就是个典型的运筹学问题。

但是，化学工业或过程工业可以说是最为复杂工业体系。化工系统工程所要处理的对象的复杂程度远远超过其他工业领域。决定化工装置运行规律的变量种类繁多，物理意义复杂，观测尺度差别很大，各种因素之间相互影响制约的物理规律并非简单的力学问题，许多化工领域常用的理论距离"定律"还有相当的距离，描述系统行为的许多理论实质上还基本处于"学说"或"假说"的层面。因此，对于化工系统工程来说，最难的、最关键的问题还是化工系统本身的数学模型问题以及系统模型本身的求解问题。亦即关键问题与关键技术还是化工系统本身的流程模拟问题。近年来，在处理复杂化工系统优化问题方面，可以说有许多新的理论成果。在采用比较简化的过程模型的前提下，这些理论成果往往都可以得到较好的解决方案。但是实际上，将某些理论成果用于工程实践则很不成熟。其最重要的原因就在于针对简化模型有效的算法用于复杂模型时效果会大相径庭。可以说，无论多么好的运筹学算法，如果不能和严格的流程模拟相结合，那么解决化工装置优化问题是不会取得良好的实践效果的。近年来，不少有识之士已经认识到这个问题，并开始探索在复杂大系统优化决策问题中与经典流程模拟计算相结合，力图得到非常符合工程实际的优化解决方案。比如清华大学的几位知名学者就探索了在复杂的生产计划优化问题中集成严谨的流程模拟计算，取得了很有实际意义的成果。总之,复杂化工系统优化问题的解决关键是基本的流程模拟。因为这一类问题中,算法本身的计算难度总是远远小于过程对象的计算难度。

本 章 要 点

★ 最优化问题中人们真正关心的是最优点而非最优值。最优点才是决策的操作方案。

★ 最优点是决策变量、优化问题的自变量;而最优值是函数值、因变量。

★ 许多应该使用"最优点"概念的场合,在一些出版物中都误用了"最优值"。

★ 求解最优化问题的迭代过程在数值计算方面与方程组求根迭代没有本质的区别。因此第三章中讨论的关于迭代过程的算法规律、基本概念都适用于优化算法。

★ 最优化问题有时可利用方程求根迭代解决,而方程求根问题也可转化为最优化问题。

★ 最优化方法用于复杂工程问题的关键仍然是关于过程对象的计算。

★ 复杂化工系统优化计算的关键不在于巧妙的优化算法,而在于克服"适定性"造成的本质困难,快速、稳定、精确地计算出函数值。

★ 作为化学工程师,了解运筹学算法的特点并能正确选用远比掌握算法的具体格式重要。

★ 有些搜索算法既能收敛到极小点也能收敛到极大点或非极值驻点。

★ 化工系统的优化问题在本质上具有很大难度。

★ 解决线性规划问题的有效算法是单纯形表方法。

思 考 题 5

1. 尝试进行收敛块的程序设计(直接迭代法,部分迭代法)。

2. 尝试进行控制块的程序设计(割线法)。

3. 思考优化模块的设计框架。

4. 如何"强制"牛顿法向极大点方向进行迭代?

5. 使用 NEWTON 法求函数 $f(x) = \frac{1}{3}x^3 - \frac{37}{6}x^2 + \frac{110}{3}x - 1$ 在区间 $[0, 10]$ 上的局部极小点与局部极小值。写清每步迭代中的自变量值、一阶导数值、二阶导数值。(提示:迭代过程有多个吸引点)

6. 考虑是否能利用方程求根的割线法构造一维搜索算法。

7. 考虑利用抛物线逼近曲线的思路构造一维搜索算法。

8. 某种合成材料,如向其中加入适量的组分 A,可改善材料性能。初步试验结果表明,组分 A 的最佳含量在 0.1 至 0.3 之间。现欲准确测定 A 组分的最佳含量,使误差在 0.005 范围内。问至少需做几次材料性能试验方可完成任务以及需按何种步骤安排试验? 或问如果巧妙安排试验,则最多做几次试验就可达到目的?

9. 为什么牛顿法对于二次函数迭代一次即可求得最优点?

10. Fibonacci 法在消去法中是否总是最快的?

11. 哪些算法可适用于不连续的函数?

12. 直接法与间接法的根本区别是什么?

13. 如某反应器的最佳反应温度在区间 $[200, 230]$ 内,现欲确定精确的最佳反应温度(误差不超过 1℃),当选择最佳试验方案后,最多仅需做几次试验?

本 章 参 考 文 献

[1] 胡运全. 运筹学. 第 2 版. 北京:清华大学出版社,2003.

[2] 袁亚湘, 孙文瑜著. 最优化理论与方法. 北京: 科学出版社, 2001.

[3] 赵凤治, 尉继英. 约束最优化计算方法. 北京: 科学出版社, 1991.

[4] 王德人. 多元非线性方程组迭代解法. 北京: 人民教育出版社, 1979.

[5] 何小荣. 化工过程最优化. 北京: 清华大学出版社, 2003.

[6] 田文德. 化工过程计算机应用基础. 北京: 化学工业出版社, 2007.

[7] 胡运全. 运筹学. 第 2 版. 北京: 清华大学出版社, 2003.

[8] 路正南, 张怀胜编著. 运筹学基础教程. 合肥: 中国科学技术大学, 2004.

[9] 雷晓军. 运筹学的历史与现状. 铜仁学院学报, 2008, 10 (4): 129-136.

[10] 成思危. 综合集成整体优化——论我国过程系统工程的发展方向. 现代化工, 1999 年增刊: 99 过程系统工程年会论文集, 1999.

第**6**章 系统综合概述*

　　过程系统综合（Process System Synthesis）是过程系统工程学中发展得较晚的领域。1968 年美国威斯康星大学 Rudd 教授首先提出了这一概念。二十年来，有关的研究报告如雨后春笋。本章将介绍过程系统综合的基本概念和方法。

　　过程系统综合在过程系统设计开发过程中占有非常重要的地位。过程系统的设计与开发包括分析和综合两个方面。所谓过程系统分析，就是对特定的过程系统（包括过程单元和单元间的联结关系）进行分析，确定其各个部位的属性和性能指标。其前提条件是过程系统结构是确定的。过程系统综合，是在给定系统输入、输出的前提下确定最优的组成系统的单元类型和最优的单元间联结关系的过程，即确定满足输入、输出要求的最优过程系统的过程。综合与分析是过程设计中不可分割的两个方面。综合可给出系统的结构；通过分析则可得到系统内部的属性，从而对综合的效果进行检验；分析得到的信息和概念可用于进一步的综合，以便得到性能更高的系统。

　　当原料和产品确定之后，要用不同类型的单元操作和多种的连接方式来实现生产目标。为了经济有效地组织生产产品，必须考虑如何优化组织连接这些单元设备的工艺结构。工艺结构可以是多种多样的，其经济性能也不尽相同。这就对工艺设计者提出了一个优化工艺组织的问题，即化工工艺过程的合成问题。从系统工程的观点，虽然各个局部的优化是整体优化的必要条件，但是系统中各单元的优化并不等于整个系统的优化。系统的整体优化对生产技术经济指标的影响比系统中各单元的优化更为重要。过程合成与过程分析是化工设计的两大重要手段。过程合成的本质是已知或指定过程的输入和输出，要求构造将输入变换成输出的过程，而这种变换不是唯一的，故存在一个优化问题，并且，此类优化问题不仅仅是系统结构确定条件下的参数优化问题，而是首先要解决系统结构本身的结构优化问题。因此与系统综合相关的优化问题更加具有本质上的难度。本章重点讨论分离序列合成、换热网络合成和反应器网络合成方法。

6.1　典型系统综合问题

　　过程系统的合成是对不确定过程系统的优化，通常给定输入、输出或仅给定其中之一，要求获得能使目标函数最优的最佳过程系统，称为过程系统合成或过程系统综合。系统合成的主要任务是选择合适的单元设备，确定设备之间的最优联结方式和最优操作条件，用给定的原料来生产所要求的产品，使生产成本最低，并能保证安全可靠，对环境的污染最小。一个大的化工系统由许多不同的单元设备组成，根据在整个系统中的不同职能可以分为多个子系统。目前对于单个系统的优化已经比较成熟。根据系统工程原理，局部最优不等于全局最优，因此对各个子系统的集成整体优化是一个重要的课题，必将取得显著的经济效益。

系统合成研究内容主要包括反应路径的合成、分离序列的合成、反应器网络的合成、换热网络的合成、生产流程的合成以及控制系统的合成。过程合成的目的是从大量的可行方案中挑选一个或者几个次优的方案。然而，过程合成可行的系统结构、设备排列常常呈现方案数的组合爆炸。如把有 N 个组分的进料分离成 N 个纯组分的分离问题，其可能的分离序列数 Z 可按下式计算[1]：

$$Z = [2(N-1)]!/N!(N-1)! \times P^{(N-1)}$$

其中 P 为分离方法数。由此式可算出不同组分数、不同分离方法数时的分离序列的可能数目，见下表。

组分数 N	方法数 P	序列数 Z	组分数 N	方法数 P	序列数 Z
3	1	2	9	1	1430
3	2	8	9	5	558593750
4	2	40	10	1/2	4862/2489344
5	1	14	11	1	16792

对于十组分分离问题，若采用两种不同的分离单元，则分离序列数为 2，489，344。当系统包括循环回路时，组合方案数还将成倍增加。从这样多的可能方案中筛选最优方案几乎是不现实的。除了组合问题带来的困难外，在过程系统综合之前系统是不确定的，评价系统性能的指标也是不确定的。因此，系统综合要与系统分析交替进行，不断改进直到无可改进为止。显然，这样的迭代过程也是十分麻烦的。

由于上述困难，过程系统综合比过程系统分析发展得晚十到十五年之久，并且直到今天它还是一个远没有解决好的问题。

文献 [2] 给出了初始物系组分数、可能切分点数、可行分离序列数、产生组分子群数和独立分离单元数相互关系表，显示了分离序列综合的组合爆炸特征。为了尽量缩小问题搜索空间，直观推断法、渐进调优法和数学规划法成为研究热点。

换热网络合成也是一个复杂的组合问题，包括冷热交换物流的匹配和换热次序的安排，可行的组合方案的数量比其他合成问题更大。对于冷热流股数分别为 N_c 和 N_h，冷媒和热媒数分别为 N_w 和 N_S 的换热，可能的匹配数 P 表示为

$$P = (N_h + N_s) \times (N_c + N_w) - (N_S \times N_W)$$

若构成换热网络的换热器数为 N，则网络的合成问题即是从 P 个换热匹配中选出 N 个构成网络，可能的方案数为

$$C_P^N = \frac{P!}{N!(P-N)!}$$

网络中所用换热器数在 N_{max} 和 N_{min} 之间。最大换热器数 N_{max} 等于可能的匹配数 P，最小换热器数 N_{min} 可由下式求得

$$N_{min} = N_h + N_c$$

因此，可能的组合方案数为

$$\sum_{Nmin}^{Nmax} C_P^N = \sum_{Nmin}^{Nmax} P!/N!/(P!-N!)$$

其中能达到总费用最小的方案即为最优合成方案。

对于一个复杂反应体系，为了获得最大的目的产物收率，需要选择适宜的反应器型式。然而由于反应本身的复杂性和对反应结果要求的多目标特点，单一反应器型式简单操作难以实现预定目标。经验和计算表明，在反应系统中增设循环流、旁路、单股或多股加料、旁路、单股或多股出料、多种反应器类型组合等方式，利用反应动力学信息，结合反应体系的传递特性，通过反应器系统模拟合成适宜的反应器网络结构可实现反应过程多目标优化的目的。这种方法就是反应器网络合成。

过程合成的关键在于能否正确地对过程问题描述、评价和判断决策。过程合成的基本类型分为两大类：有初始流程的工艺改进和无初始流程的工艺设计。

一般的经典化学工程书籍所研究的对象是单元操作和设备设计计算，很少考虑如何把这些单元联结起来形成一个完整的生产过程，似乎有这样一种看法，即化学工程师可以凭本能或直觉就已知道如何把这些单元组合成能完成待定任务的生产过程。以往的解决办法是凭经验或模仿照搬已正常生产的类似过程。然而，当系统变得越来越庞大和复杂时，或者开发新的生产过程时，单靠直觉和经验，不可避免地会带来失误，造成投资增大，生产利润很低，甚至引起重大的不安全的后果。因此，在设计开发一个过程系统时，不仅要选择所需过程的单元并进行设计计算，而且必须对如何整体设计该系统，并使之达到高效率给予充分重视。可以说，过程系统综合是设计一个高效率的过程系统的关键。

过程系统综合问题可分解为下列子问题。

① 反应路径的综合。

② 换热器网络的综合。

③ 分离序列的综合。

④ 具有热集成的分离系统综合。

⑤ 反应器网络的综合。

⑥ 全流程的综合。

生产过程控制系统和开停车系统同样也存在着系统综合问题。

6.2　系统综合基本方法与关键

到目前为止，人们已提出了若干种系统综合的方法。无论哪一种方法，都包括下面三个方面的问题。

① 表达方法问题　即如何找到一种表达方式、它不仅能全面地包括各种可能的方案，而且能自动地避免荒谬的方案。同时，这种表达方法应当便于在计算机上实现。

② 评价问题　即如何确立评价准则，以便能迅速可靠地从各种可能的方案中选出性能较高的方案。有效的评价准则应该计算速度与计算精度间取得妥协。例如，最直接可靠的评价指标可能是生产成本或投资回收期。但是，这类指标需要在物料恒算的基础上进行热量恒算、设备计算、投资及操作成本等计算，其计算工作量十分大。反之，如果能找到一些判别准数，它只需要物料恒算的结果，则可使计算大为简化。因此，好的评价方法在于尽量少地要求流程的详细深入的模拟计算结果，同时又可以得到相对准确的比较。当然，最严谨、最

精确的评价一定是基于严谨流程模拟计算的。但是由于流程模拟计算的难度通常远远大于其他的计算难度，所以有时不得不采取近似的、简化的替代计算。

③ 搜索策略问题　即如何找到一种搜索策略，可以使人们不必一一列举所有可能的替代方案而直接找到较优的结果。计算的方案愈少，则搜索策略的效率愈高。

过程系统综合的途径大致可以分为两大类：一类是由一种或数种初始可行流程方案出发，经过不断的搜索寻求改进的方案；另一类是没有任何流程初始方案，根据任务要求和一些指导性法则，导出原始可行方案或最佳方案。

对于无初始方案的过程系统综合途径，有下列几种综合方法。

① 分解法　分解法的基本思想是将一个大的、比较复杂的、难于求解的问题，分解成一些小的、比较简单的、易于求解的问题，然后分别求解。如换热器网络综合中的温度区间法就属于分解法。

② 探试法　探试法又称直观推断法，它根据探试规则（往往是经验的总结得到的一些经验法则）进行综合的一种方法。目前该法已发展到应用计算机进行探试综合的阶段。人们把探试规则，以及使用这些规则的策略编制成计算机程序（即专家系统）、从而达到计算机辅助过程开发的目的。由于探试法是一种经验方法，因此不能保证综合的结果是最优的，然而它能以较少的计算量得到近优的结果。这些近优解可以作为利用其他方法进一步综合的初始方案。

③ 直接优化法　即把所有可能的方案组成一个大的方案，并抽象成数学问题，然后用最优方法进行搜索，除去其中不必要的方案，最后找到最优方案。通常采用的最优化方法包括线性规划法、动态规划法、分枝界限法、树搜索法等。

对于有初始方案的综合途径，可采用调优法。调优法的基本思想是，首先构造一个初始过程系统的拓扑结构，然后在某种调优规则和策略的指导下对初始结构进行修正，从而使系统性能指标不断改进，逐步接近最优解。

系统综合基本方法是运用在给定条件下的流程模拟结果，结合专家对过程认识的经验综合判断、不断调整直至获得较优过程结构和过程参数。流程模拟在过程综合问题实施过程中起决定性作用。由于过程系统的流程模拟是一个很复杂的过程，涉及多个单元设备需要反复迭代计算才能获得特定条件下的模拟结果，因此一般系统综合算法很难调用流程模拟系统。为了实现系统综合算法与流程模拟系统数据的对接，在实践上，工程技术人员往往不是直接调用优化算法，而是在优化理论的原则指导下，充分利用工程经验，反复进行流程模拟，不断评价模拟结果，不断修正工艺方案，最终取得可以接受的工程解决方案。可以采用图 6-1 示意这种计算策略。

过程综合方法大体上可分为三大类：数学规划法、探试法和调优法。数学规划法和探试法适用于无初始方案的过程综合。所谓探试法就是经验法，类似于专家系统。它不依赖于坚实的数学基础，得到的是局部最优解或近优解。调优法适用于有初始方案的过程综合，适用于老厂技术改造和挖潜革新。最基本也是最原始的综合方法是穷举法，即计算每个可能的过程方案，方案数较大时无法实施。过程系统优化综合问题经常使用超级结构，所谓超级结构是指能够反映问题空间所有各种可能状态的某种表达形式。超级结构有利于对所研究问题的整体把握。

过程综合问题在数学上可以表示为混合整数非线性规划（MINLP）问题。MINLP 模型化方法，也称超结构优化法，是 20 世纪 80 年代提出的。超结构是目前流行的过程综合方

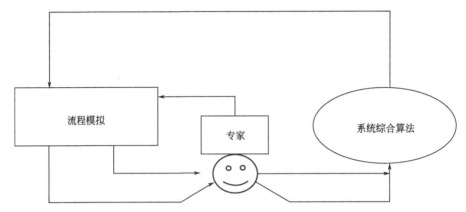

图 6-1　在系统综合算法原理指导下进行流程模拟示意图

法，包括换热网络的超结构、分离序列的超结构和反应器网络的超结构。超结构法一般包括四个步骤：建立一个理论上能包括所有可行分离方案的超结构；将超结构的拓扑结构转化为等价的 MINLP 问题，也称为问题模型化；建立一个对候选模型进行评价的经济目标函数；用一定的数学最优化方法求解 MINLP 模型，即得到最优的流程结构和操作参数。为此，大量文献研究超结构的构造方法。

近年来，各种化工流程模拟软件的开发及其在工程中的有效应用使基于模块的算法在过程系统综合中有一定的应用。在基于模块化环境的算法中，通常将综合问题分解为 3 个层次：第 1 层为超结构层，第 2 层为结构层，第 3 层为模块层。超结构层和结构层的求解比较简单，研究求解策略和算法的主要工作是在模块层。这是由于各模块自身模型的复杂性所导致的。模块层的求解通常采用序贯模块法，该方法的特点是多次应用复杂的精确单元模型进行迭代计算，对于一般综合问题运用该解法可以得到满意的结果。但对于复杂的综合问题，特别是全流程综合问题，由于流程单元模块数目很多，多次迭代计算所需要的时间很长。

对于换热网络合成，研究人员提出了热力学方法、数学规划法和人工智能专家系统。由于被研究系统规模一般较大，且呈高度非线性，应用数学规划法进行求解，计算耗时长，而人工智能专家系统尚处于开发阶段，离工业应用还有一段距离，因此目前应用最为广泛的当属热力学方法，即夹点技术。

6.2.1　换热网络综合

传热是化工生产中的基本过程。化工过程中有许多单元过程对物料的温度和相态都有一定的要求。现代化工生产中，由于装置的大型化，生产费用中设备费所占比例下降，原料和能量消耗费所占比例增大。换热网络是化工生产过程中一个重要的能量子系统。换热网络所需的能耗占大多数化工过程总能耗的绝大部分。换热网络综合效果的好坏对于降低产品的生产成本，能量的回收再利用有着重要的意义。

换热器作为能量传递设备被广泛地应用于化学、电力、制药等行业中，其换热性能好坏直接关系到生产企业的能源利用效率。在生产实践中人们发现了这样一个问题。虽然单个换热器的效率较高，但将它并入一个大型的换热器网络之后，其换热效率有时并不理想。针对这一现象，1965 年 Hwa[3] 在美国化学工程师协会上首次提出了换热器网络最优化的问题。目前，换热器网络的研究主要集中在两个方面：（a）换热系统的设计；（b）换热系统的改造。世界上许多研究人员正在开展这方面的研究。其中以曼彻斯特理工大学 Linnhoff[3,4] 为代表的课题组提出的窄点理论和以卡耐基梅隆大学的 Grossman[5] 和普林斯顿大学的 Flou-das 共同提出的 MINLP（混合整数非线性规划）模型对这项研究的贡献最大。

Linnhoff 和 Umeda 分别于 1978 年提出了换热器网络中的夹点问题，并指出夹点的存在限制了最大的热能量回收利用。Linnhoff 和 Flower 首先将换热器网络分解为两个子问题来研究：(a) 决定最大的能源回收或最小的公用工程，(b) 已知最大的能量回收，通过换热器的匹配，使换热器的个数最少。Linnhoff 和 Hindmarsh 把这一概念表达为窄点理论。最大能量回收和窄点温度通过最小温差 ΔT_{min} 联系起来。窄点理论使换热器网络优化在理论和工程设计中取得了突破性的进展，对这项研究具有十分重要的意义。随后，夹点技术开始应用于工程实际，并取得了显著的成效，在欧洲、美国和日本得到了推广应用。世界上许多著名的公司，如联碳、巴斯夫、三菱、ICI 等都将夹点技术应用于新厂设计和老厂的节能改造中，尤其在老厂的改造中，与改造前相比能耗降低较大，节约了生产成本。我国在 20 世纪 80 年代引进了夹点技术，并用于合成氨和炼油企业换热系统的改造中，取得了明显的效果。夹点技术是以热力学第二定律为基础，从宏观着眼，系统分析过程系统中的能量随温度的分布，找出了换热原则和规律，并提出了换热的瓶颈，最后解算出能量瓶颈，使能量能够得到最大限度的回收利用。

夹点技术是从能量回收有极限值的观点出发，通过组合温熔曲线或问题表找出能量回收的瓶颈，建立一个最大限度能量回收的初始网络，进行投资费用与运转费用的权衡，对网络进一步调优，得到一个最优换热网络。从热力学定律出发得到的夹点温度，能够保证换热器网络设计具有最低的能源消耗量或最大能量回收。这一热力学限制是由网络中夹点处的最小传热温差所决定的，通过网络优化设计能够逐步接近这个热力学限制。借助于夹点算法，设计人员能够在设计之前就预测出整个过程的能量转换水平。应用夹点技术进行设计时，Linnhoff 以热力学原理为基础，提出三条原则：夹点处不能有热量通过，在窄点上方只能有公用工程加热，在夹点的下方只能有公用工程冷却。如果违反了这三条原则，将造成能量的不必要的浪费。

(1) 夹点技术的改进

有时为了减少系统中换热器的个数，人为允许有热流通过夹点，也可称为能量松弛。为反映这一情况，1990 年 Trivedi 提出了伪夹点的概念和双温差法（Dual Approach Temperature Method）。此外还有超目标法（Supertargeting）和伪夹点技术（Pseudo-Pinch Design Method）。伪夹点的设计和夹点的设计相似，不同之处在于允许伪夹点以下的网络传递静物流。相应地，物流数与分支规则和热容都要进行修改，因此得到的网络往往比夹点法设计的简单。

双温差法用热量回收的最小温差和换热器内最小温差两个参数来优化网络，它有利于提高换热器的匹配自由度，能够减少网络的分支和混合，使优化出的换热器网络更加接近实际条件。所谓双温差法就是采用两种温差，即网络热量回收的传热温差 HRAT（Heat Recovery Approach Temperature），和划分温度段温差 TIAT（等于换热器允许的最小传热温差 EMAT）。另外还有三温差法，即在综合过程中采用三种温差，用 HRAT 来决定网络的夹点位置和所需的公用工程用量，TIAT 确定各温度段的剩余热量和过夹点的最大能量值，并决定网络温度段的划分，EMAT 决定系统中换热器两股物流的最小温差。

(2) 换热网络的调优

调优（Evolution）是一种过程系统综合方法。换热器网络采用夹点技术设计最大能量回收网络后，一般换热器个数较多。为了在保证公用工程负荷较低的前提下，尽量减少设备费，需进一步对换热器台数进行优化。

(3) 最小换热器个数的确定

合成一个换热器网络时，为了使网络系统的年度生产费用最小，除了应合理减少公用工程费用外，还应考虑减少网络的设备费用。影响网络设备费用的因素主要有两个，即网络的总换热面积和换热设备个数。据研究，当网络的热回收量一定时，不同结构的换热网络的总面积相差不大。因此，换热器个数成了影响网络设备费用的关键因素。网络中换热器个数减少是有限的，在完成换热任务的前提下，网络的换热器个数减少到不能再减少时，网络中所含有的换热器个数称为最小换热器个数。

为了减少换热器个数，必须充分地在每个换热器中进行换热，理想的换热结果是一次换热能"剔除"一股物流，即一次换热完成之后，无需再考虑被剔除物流的换热问题，它的目标温度已经达到。有时这种理想的换热情况可能不符合实际，如有时一次换热可能会剔除两股物流，有时一次换热无法剔除一股物流（由于传热温差限制）。依据图论原理证明，换热器个数可按下式计算：

$$N_{\min} = N_h + N_c + N_{uh} + N_{uc} + L - S$$

式中，N_h 表示热流股数；N_c 表示冷流股数；N_{uh} 表示公用工程热媒数；N_{uc} 表示公用工程冷媒数；L 表示一次换热不能剔除一股物流的次数；S 表示一次换热剔除两股物流的次数。

6.2.2 夹点技术

关于夹点技术的理论基础，有关书籍 [1] 和文献 [2,4] 都给出了很全面的介绍。本章为了全书的完整起见，对几个基本概念加以评述，并通过例题对换热网络夹点设计的方法给与示范。

(1) 温焓图（T-H 图）

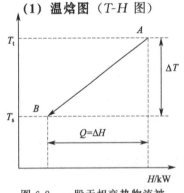

图 6-2 一股无相变热物流被冷却的温焓图

温焓 T-H 图可以简单明晰的表示出过程系统的中的工艺物流及公用工程的热特性。此处的焓与通常所说的焓不是同一概念，此处的焓为物理化学中的焓与质量流率 W (kg/s) 的乘积，如图 6-2 所示。

从图 6-2 中可以看到，该物流从初始温度 T_s 变化到目标温度 T_t，焓变化为 ΔH，在这里焓变化等于物流从 T_s 变化到 T_t 所放出的热量 Q，如果给出了该温度区间的物流的质量流率 W，及平均比热容 C_p [kJ/(kg·℃)]，可用下式来表达。

$$\Delta H = Q = W \cdot C_p (T_s - T_t) \tag{6-1}$$

热容流率 CP 为物流的质量流率与热容的乘积，即 $W \cdot C_p$(kW/℃)。

物流的类型是多种多样的，如热物流（初温 T_s 大于终温 T_t）、冷物流（初温 T_s 小于终温 T_t）、无相变化、有相变化、纯组分、多组分混合物等。不同物流在温焓图上的标绘，线段形状不一样。一股无相变化的冷物流，为一条直线，这是由于物流的热容选用了该温度间隔的平均热容值，所以线段的斜率为一定值，即为一直线。当物流热容值随温度变化较大时，该直线就应该用一条曲线代替，或近似用一条折线来表达，即在分成几个小的温度间隔内取几个热容平均值，由几个具有不同斜率的线段构成一条折线。箭头朝向右上方，表示冷物流吸收热量后朝着温度及焓同时增加的方向变化。一股无相变化的热物流，为一条箭头朝向左下方的直线，无相变化的冷物流为一条箭头朝向右上方的直线。

纯组分饱和液体在汽化过程中温度保持恒定，但同时吸收热量，所以为一方向向右的水平线，即朝着焓值增大的方向变化。纯组分饱和蒸汽在冷凝过程中温度保持恒定，所以也为一水平线，箭头向左表示物流冷凝向外放热，朝着焓值减小的方向变化。

对于多组分饱和液体的汽化，如果该多组分饱和液体达到全部汽化，则其温度的变化是由泡点变化到露点，中间温度下的物流处于汽、液两相状态。该汽化曲线可通过选用合适的热力学状态方程进行严格计算得出。该曲线箭头指向右上方，表示物流在汽化过程中吸热，朝着焓和温度增大的方向变化。对于多组分饱和蒸汽的冷凝，如果该多组分饱和蒸汽达到全部冷凝，则其温度的变化是由露点变化到泡点，中间温度下的物流处于汽、液两相状态。该冷凝曲线可通过选用合适的热力学状态方程进行严格计算得出。该曲线箭头指向左下方，表示物流在冷凝过程中放热，朝着焓和温度减小的方向变化。

(2) 组合曲线

在实际的工程中基本上不可能是仅仅一条冷流股或热流股，往往会涉及多个冷物流和热物流，因此，为了更好的将冷流股和热流股进行匹配换热，以达到能量的最优化，这就需要将冷流股和热流股分别进行组合，这样可以更方便的对流股进行组合优化。从而提出了在温焓图上构造热物流组合曲线和冷物流的组合曲线的问题。

图 6-3 为两条冷物流的组合曲线的作法，首先根据实际的数据在温焓图上绘制两条线段 AB 和 CD，它们分别代表两条冷物流 C_1、C_2。将冷流股 C_2 向左移动至 C 点与 B 点在同一垂线上，然后过 B 向右作水平线交 CD 于 N，过 C 点向左作水平线交于 M 点，然后连接 M 点和 N 点，这时就将 C_1 物流的 MB 段和 C_2 物流的 CN 段合并成一条虚拟冷物流 C_3，即 MN 段为 C_1 的 MB 段和 C_2 的 CN 段的组合，这是因为 MN 段热负荷 H_3-H_1 等于 C_1 的 MB 段 H_2-H_1 与 C_2 的 CN 段热负荷 H_3-H_2 之和，且处于同一温度区间 T_1、T_2 内。这样就得到了最终的组合曲线 $AMND$。

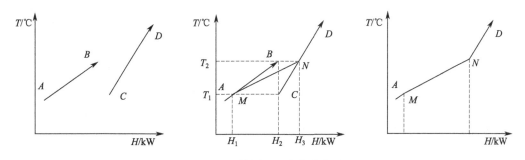

图 6-3　温焓图上组合曲线作法

在工程中往往会遇到其中一条流股发生汽化或冷凝的现象，如图 6-4，假设有两条冷物流 C_3、C_4，其中 C_4 为一纯组分饱和液体汽化，将 C_4 移动到左端点 M 与 C_3 的右端点 F 处于一垂线上，然后连接 EN，EN 即为 C_3、C_4 的组合曲线。

多个冷流股或多个热流股的组合曲线与上述的构造方法相同，只要把相同温度间隔内的物流热负荷累加起来，然后在该温度间隔内用一个具有累加热负荷值的虚拟物流来代表即可。若进行构造组合曲线相反的过程，就可以由组合曲线分解出各物流的单个线段。

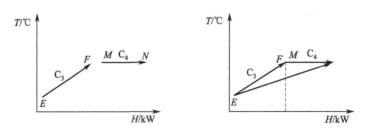

图 6-4　其中一条冷流股为纯组分饱和液体汽化的组合曲线构造过程

（3）夹点及夹点温差的确定方法

用作图法确定夹点和公用工程热量比较粗糙，也不易再进算机上实现。下面介绍使用问题表格确定夹点的方法。这是比较常用的一种方法，而且从中可以更深刻地理解夹点的实质及特征。

对于新设计的过程系统，设计者须选定适宜的最小允许传热温差 ΔT_{min}。对于一个现有的装置系统，这应由经验选择一个适宜的最小允许传热温差初值 ΔT_{min}。对于操作型的夹点设计，需要通过迭代计算，使得计算公用工程用量与实际相符合，此时的夹点才是真正实际系统装置的夹点，所得最小允许传热温差 ΔT_{min} 才是实际过程的 ΔT_{min}。

最优夹点温差传统上是由经验确定，但这样就有可能存在一些不必要的误差，而采用 Super targeting 和问题表格方法在原则上可以避免这一类问题的出现。

例 6-1[6]　化工过程系统含有的工艺物流为 2 个热物流及 2 个冷物流，给定的数据列于表 6-1中，选取热、冷物流间最小允许传热温差 $\Delta T_{min}=20℃$，试确定该换热系统的夹点。

表 6-1　物流数据

物流	热容流率 CP/(kW/℃)	初始温度 T_s/℃	目标温度 T_t/℃	热负荷 Q/kW
H_1	2.0	150	60	180.0
H_2	8.0	90	60	240.0
C_1	2.5	20	125	262.5
C_2	3.0	25	100	225.0

解：

（1）建立温度区间

把各物流按其初温和终温标绘成有方向的垂直线。同一水平位置的冷、热物流间要刚好相差 ΔT_{min}，即热物流的标尺数值比冷物流标尺的数值高 ΔT_{min}，这样就保证了热、冷物流间有 ΔT_{min} 的传热温差，结果如表 6-2 所示。

表 6-2　温度区间划分表

子网络序号	冷物流及其温度			热物流及其温度		
k	C_1	C_2	℃	℃	H_1	H_2
				150		
SN_1			125	145		
SN_2			100	120		
SN_3			70	90		
SN_4			40	60		
SN_5			25			
SN_6			20			

由表 6-2 可看出，由各个冷、热物流的初温点和终温点作 7 条水平线，分出了 6 个温度区间，每个温度区间称为一个子网络（Sub Network），该 6 个子网络以 SN_1、SN_2、SN_3、SN_4、SN_5、SN_6 表示。如子网络 3 是由冷物流 C_2 的终温和热物流 H_2 的初温所规定的温度间隔，对冷物流为 $100-70=30℃$，对热物流为 $120-90=30℃$。相邻两个子网络之间的界面温度可以人为定义一个虚拟的界面温度，其值等于该界面处冷、热物流温度的算数平均值。例如，子网络 SN_3、SN_4 间的虚拟界面温度等于 $(70+90)/2=80$。

（2）依次对每一个子网络用式（6-2）**～式**(6-4) **进行热量衡算**

$$O_k = I_k - D_k \tag{6-2}$$

$$I_{k+1} = O_k \tag{6-3}$$

$$D_k = (\sum CP_{k,C} - \sum CP_{k,H})(T_k + T_{k+1}) \tag{6-4}$$

式中，D_k 为第 k 个子网络本身的赤字，表示该网络为满足热平衡时所需的外加的净热量，D_k 值为正，表示需要由外部供热，D_k 为负时，表示该子网络有剩余热量输出；I_k 为由外界或其他子网络供给第 k 个子网络的热量；O_k 为第 k 个子网络向外界或其他子网络放出的热量；$\sum CP_{k,C}$ 为子网络 k 中包含的所有冷物流的热容流率之和；$\sum CP_{k,H}$ 为子网络 k 中包含的所有热物流的热容流率之和；K 为子网络数目；$(T_k - T_{k+1})$ 为子网络 k 的温度区间，用该区间的热物流温度之差或冷物流温度之差皆可。

参考表 6-2，对 6 个子网络的计算如下。

① $k=1$，对热物流温度区间为 $150\sim145℃$（该子网络无冷流体）

$$
\begin{aligned}
D_1 &= (\sum CP_{1,C} - \sum CP_{1,H})(T_1 - T_2) \\
&= (0-2)(150-145) \\
&= -10
\end{aligned}
$$

说明该子网络有剩余热量 $10kW$

又

$$I_1 = 0$$

可知没有外界供给进来的热量

由热衡算知

$$O_1 = I_1 - D_1 = 0 - (-10) = 10$$

说明该子网络中的剩余热量可以输出给外界或其他子网络

② $k=2$，对热物流温度区间为 $145\sim120℃$（或使用冷流体温度区间）

$$
\begin{aligned}
D_2 &= (\sum CP_{2,C} - \sum CP_{2,H})(T_2 - T_3) \\
&= (2.5-2)(145-120) \\
&= 12.5
\end{aligned}
$$

说明该子网络有热量赤字 $12.5kW$

又

$$I_2 = O_1 = 10$$

即子网络 1 的剩余热量提供给子网络 2

则

$$O_2 = I_2 - D_2$$
$$= 10 - 12.5$$
$$= -2.5$$

说明该子网络只能向下一个子网络提供负的剩余热量。$k=3$，4，5，6，7 时以此类推。结果列于表 6-3 中。

表 6-3　问题表格　　　　　　　　　　　　　　$\Delta T_{min} = 20℃$

子网络序号	赤字 D_k/kW	热量外界无能量输入时/kW		热量外界输入最小热量时/kW	
		I_k	O_k	I_k	O_k
SN₁	−10.0	0	10.0	107.5	117.5
SN₂	12.5	10.0	−2.5	117.5	105.0
SN₃	105.0	−2.5	−107.5	105.0	0
SN₄	−135.0	−107.5	27.5	0	135.0
SN₅	82.5	27.5	−55.0	135.0	52.5
SN₆	12.5	−55.0	−67.5	52.5	40.0

由上面计算结果可以看出，在某些子网络中出现了供给热量 I_k 及排出热量 O_k 为负值的现象，例如，$O_2 = -2.5$，又 $I_3 = O_2 = -2.5$，负值表明 2.5kW 的热量是要由子网络 3 流向子网络 2，但这是不能实现的，因为子网络 3 的温位低于子网络 2 的温位，所以一旦出现某子网络中排出热量 O_k 为负值的情况，说明系统中的热物流无法提供使系统中冷物流达到终温所需的热量，也就是需要采用外部公用工程物流（如加热蒸汽，或燃烧炉等）提供热量，使 O_k（或 I_k）消除负值。所需外界提供的最小热量就是应该使各子网络中所有的 I_k 或 O_k。消除负值，即 I_k 或 O_k 中负值最大者变成零。

该例题中，$I_4 = O_3 = -107.5$，为 I_k 或 O_k 中负值最大者，所以需从外部公用工程提供热量 107.5kW，即向第一个子网络输入 $I_1 = 107.5$kW，使得 $I_4 = O_3 = 0$。

当 I_1 由零改为 107.5 时，各子网络依次作热量恒算，结果列于表 6-3 中的第 5 列和第 6 列。实际上，该表中的第 3 列、第 4 列中各值分别加上 107.5，即得出表中的第 5 列、第 6 列的值。

由表 6-3 中数字的第 5 列、第 6 列可见，子网络 SN₃ 输出的热量，即子网络 SN₄ 输入的热量为零值。其他子网络的输入、输出热量皆无负值，此时 SN₃ 与 SN₄ 之间的热流量为零，该处即为夹点，该处传热温差刚好为 ΔT_{min}。由表 6-3 知，夹点处热物流的温度为 90℃，冷物流的温度为 70℃，夹点温度可以用该界面的虚拟温度 (90+70)/2=80℃ 来代表。

从表 6-3 中，我们还可以得到系统所需的最小公用工程，表中第 5 列的第一个元素为 107.5，这个值即是换热所需的最小公用工程热负荷 $Q_{h,min}$。第 6 列最后一个数字为 40.0，即子网络向外界输出的热量，也就是换热所需的最小公用工程冷却负荷为 $Q_{c,min}$，至此，我们利用问题表格法求出了夹点位置、最小公用工程热负荷和最小公用工程冷却负荷。

为了比较起见，下面考虑最小允许传热温差 $\Delta T_{min} = 15℃$ 时，对各个计算结果的影响。

从表 6-4 和表 6-5 可以得出：

表 6-4 温度区间划分表

子网络序号	冷物流及其温度			热物流及其温度		
k	C₁	C₂	℃	℃	H₁	H₂
SN₁			——150——	——150——	↓	↓
SN₂	↑		——125——	——140——		
SN₃		↑	——100——	——115——		
SN₄			——75——	——90——		
SN₅			——45——	——60——	↓	↓
SN₆	↑	↑	——25——			
			——20——			

表 6-5 问题表格 $\Delta T_{min}=15℃$

子网络序号	赤字 D_k/kW	热量外界无能量输入时/kW		热量外界输入最小热量时/kW	
		I_k	O_k	I_k	O_k
SN₁	−20.0	0	20.0	80.0	100.0
SN₂	12.5	20.0	7.5	100.0	87.5
SN₃	87.5	7.5	−80.0	87.5	0
SN₄	−135.0	−80.0	55.0	0	135.0
SN₅	110.0	55.0	−55.0	135.0	25.0
SN₆	12.5	−55.0	−67.5	25.0	12.5

① 夹点位置在子网络 SN₃ 和子网络 SN₄ 之间, 夹点处热物流的夹点温度为 90℃, 冷物流的温度为 75℃;

② 最小公用工程热负荷为 80.0kW, 最小公用工程冷却负荷为 12.5kW。

与最小允许传热温差为 20℃时相比, 热物流夹点温度不变, 冷物流夹点温度升高, 最小公用工程热负荷和最小公用工程冷却负荷均有降低, 这就说明所需的公用工程的量有所降低。

(4) 夹点的意义及夹点问题的局限性

由上节的问题表格计算夹点可知, 夹点是传热温差最小的地方, 此处的热通量为零。

夹点将整个系统分为两个部分: 夹点上方和夹点下方, 夹点上方称为热端 (温位高), 这部分只有换热或加热公用工程, 没有任何热量流出, 因此又称为热阱; 而夹点下方称为冷段 (温位低), 这部分只需要换热或冷却公用工程, 没有任何热量流入, 因此又称为热源。

另外, 从计算可知, 最小允许传热温差限制了最大限度的能量回收, 因此解决好最小允许传热温差将能够更好的解决系统的能量回收, 减小公用工程负荷。

再来回顾一下例 6-1, 当外界的输入能量为 107.5kW, 最小允许传热温差 $\Delta T_{min}=20$ 时, 热物流夹点温度为 90℃, 冷物流夹点温度为 70℃, 夹点处的热通量为零。改变一下操作条件, 使外界输入能量增加 10kW, 得到一个新的问题表格——表 6-6。

表 6-6 问题表格 $\Delta T_{min}=20℃$

子网络序号	赤字 D_k/kW	热量外界无能量输入时/kW		热量外界输入最小热量时/kW	
		I_k	O_k	I_k	O_k
SN₁	−10.0	0	10.0	117.5	127.5
SN₂	12.5	10.0	−2.5	127.5	115.0
SN₃	105.0	−2.5	−107.5	115.0	10

续表

子网络序号	赤字 D_k/kW	热量外界无能量输入时/kW		热量外界输入最小热量时/kW	
		I_k	O_k	I_k	O_k
SN$_4$	−135.0	−107.5	27.5	10	145.0
SN$_5$	82.5	27.5	−55.0	145.0	62.5
SN$_6$	12.5	−55.0	−67.5	62.5	50.0

从表6-6可以看出当外界输入能量增加10kW时，夹点处的热通量由0变为10kW，最小公用工程热负荷和最小公用工程冷却负荷也都增加了10kW，见图6-5(a)。由此可以得出，一旦夹点处的热通量不为0，该系统最小公用工程热负荷和最小公用工程冷却负荷都将增加，即增加了操作费用（加大了加热蒸汽或燃料及冷却介质用量），使热量没有得到最大限度的回收利用，这就说明了要尽量避免有热通量通过夹点。

另外如果夹点上方引入了冷却公用工程，其冷却负荷为 x kW，见图6-5(b)，这部分冷却量必然要由加热公用工程来补偿，由式(6-1)～式(6-3) 衡算可知，第一个子网络的公用工程加热负荷也增加了 x kW，增大了操作费用，增加了成本。

如果在夹点下方引入加热公用工程，其加热负荷为 y kW，见图6-5(c)，则这部分加热量必然要由冷却公用工程来补偿，由式(6-1)～式(6-3) 衡算可知，冷却公用工程增加了 y kW 的冷却负荷，这样就增大了操作费用，增加了成本。

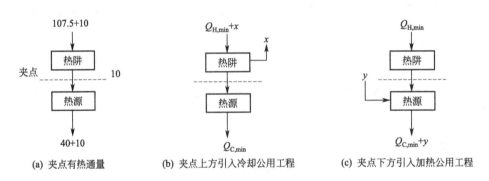

图6-5 夹点的意义

要保证系统能量得到最大限度的回收，使最小公用工程加热负荷和最小公用工程冷却负荷量最小，应遵循以下原则：

① 不应有跨越夹点的传热；

② 夹点之上不应引入冷却公用工程，在夹点之上不设置外冷却器；

③ 夹点之下不应引入加热公用工程，在夹点之下不设置外加热器。

这些原则将用来指导系统中的物流匹配，以确保该系统达到最小公用工程加热及冷却负荷（或达到最大的热回收）的设计结果。设计换热网络从夹点开始向上下两个方向进行。在夹点以上，热流股冷至夹点，冷流股加热至目标温度。在夹点以下，热流股冷至目标温度，冷流股加热至夹点。

冷热流股匹配原则如下所述。

① 夹点以上 $CP_热 \leqslant CP_冷$，使匹配流股中的一股热量用尽，可能的话首先用尽热流股的热量。

② 夹点以下 $CP_热 \geqslant CP_冷$，使匹配流股中的一股热量用尽。

通过以上步骤可以明显地看出夹点技术的优势在于简单，灵活，适于手算，且能较快的产生多种不同的换热网络，且已在实践中取得了显著的经济效益，但正如 Gaggioli 所指出的那样，显著的效果并非仅仅是由方法或技术所产生的，还有可能是基础设计或原设计本来就存在着很大的改进潜力所带来的，夹点技术同样面临着这样的质疑，其主要原因是在于技术本身有一定的不完善性，具体表现在如下几个方面。

① 在初始确定 ΔT_{min} 时，如果选择了不恰当的夹点温差 ΔT_{min}，从而使夹点位置与最优位置偏离，就有可能产生完全不同的换热网络，且远远偏离最优解。这种情况下，无论后继步骤如何完善都将不可能达到所期望的费用最低目标。

② 夹点技术是分步骤对面积目标、换热单元数目标和公用工程消耗量目标进行调节的，首先完成能量回收目标，其次完成换热单元目标和换热面积目标，但在设计过程中，其初始网络一旦形成其基本拓扑结构也已确定，其后的改进步骤都是在以确定的网络上进行的，造成这一结果的根本原因就在于没有将网络设计作为一个整体考虑，而是分块进行，这势必有可能造成设计结果远远偏离最优解。

③ 在调优过程中夹点技术采用能量松弛法，即以增大公用工程量为代价以减小单元数，减少投资。这实际上是调节单元数，换热面积，公用工程量三者之间的关系，然而，调解后的网络对应一个新的 ΔT_{min}，这与设计开始时所规定的 ΔT_{min} 是相互矛盾的，ΔT_{min} 的改变势必又会引起夹点位置的改变，那么整个网络也就随之改变了。

④ 在设计的最后一步所依赖的物理基础是垂直换热模型，如果物流在换热过程中存在相变，其物流温度不变，焓值增加，在温焓图上表现出来的是一段平行于横轴的线段，这一温位物流在夹点设计中势必引起交叉传热，国内已有文献报道，在物流膜传热系数相差一个数量级时，其误差可达 50％以上，即使物流的膜传热系数相同，其传热过程也不是严格意义上的垂直换热。

⑤ 在夹点设计中，整个系统采用同一个 ΔT_{min}，且其认为热回收网络的最小传热温差、划分温度区间温差与热交换器内最小传热温差相等，这是不经济的，也是不可取的。造成这些结果的直接原因就是夹点技术本身的特点，由于夹点技术将换热网络分块进行设计，这大大简化了设计的复杂度，但也正是由于这种简化将换热网络的整体性打破，形成了一个个孤立的系统，彼此间不能很好的协调，从而影响了系统的整体性能，换一个角度来讲，即使是每个单独的子网络经过分析、协调，达到了各自的最优点，那它们组合起来的网络也不一定就是最优的。要克服这些问题只要将换热网络视为一个整体加以考虑，各子系统间相互协调，这样在一定范围内可以有效地避免上述问题。

用夹点技术设计换热网络的基本思想是：从最大能量回收出发，建立一个初始网络，然后根据设备费用和能量费用的协调，对初始网络进行修正，从而得到一个最佳的换热网络结构。随着计算机的广泛应用，一些针对夹点技术的过程仿真软件也得到了不断发展。现在已经推出商品化的夹点技术应用软件，包括 Linnhoff March 公司，Aspen 技术公司，美国加州电力研究学院，弗吉尼亚大学等开发的用于夹点技术的原型专家系统。国内也有多家单位开发了类似的软件，如清华大学开发的 ESOP 软件，其功能包括：能量消耗目标的计算、最优夹点温差的确定、换热网络模拟计算等。这些软件大大方便了工程师们对能量系统进行综合优化与设计。

6.2.3 数学规划法设计换热网络

随着计算机技术的发展，换热网络的研究出现了一个新的分支——数学规划法。该法是通过对换热网络建立数学模型，利用计算机求解数学模型，实现从众多可能的结构中选择最优结构的任务。数学规划法可用于解决具有大量变量和多种反馈的问题。从理论上说，如果问题的有关影响因素在数学模型中都予以考虑，那么它是最完美的方法。然而，即使是全部由换热器构成的网络，它的影响因素也非常多，关系非常复杂，比如：不同物性的物流在不同几何参数的管程或壳程中，它们的膜传热系数和压力降以及关联式差别很大；在不同的压力条件下，对于腐蚀性不同的物流，换热器的壁厚和材质也不同。如果把所有的影响因素全部考虑进来，网络模型就很难建立，结果根本无法求解，因而必须对数学模型进行简化。

典型的数学规划法换热网络综合问题可表述如下：有 N_H 个热物流需要冷却，有 N_C 个冷物流需要加热，它们的供给温度、目标温度、热容流率及传热系数给定，另有温度已知的一组冷、热公用工程可以利用。目标是确定具有最小年度费用的换热器网络结构，包括确定所需要的公用工程量，流股的匹配与单元设备数目，每个换热器的热负荷与操作温度，以及每台设备的换热面积。对给定的综合任务，网络的可能方案数目巨大，不能采取盲目的穷举搜索来寻找最优解。一种有效的办法是先建立一个包含多种可行方案（而不是所有可能方案）的超结构总体网络流程，并建立描述超结构流程的数学模型，采用适当的算法来得到最优的网络结果。根据上述换热网络分级超结构流程，可以建立换热器网络同步最优综合MINLP模型。取网络的年度费用最小为目标函数。其中包括公用工程费用，换热单元设备的费用（包括固定费用及与换热面积有关的"面积费用"）。约束方程包括：

① 每个换热器的热平衡；

② 每个流股的积累温降或温升（即流股总热平衡）；

③ 可行温度约束；

④ 换热器是否存在的温差逻辑约束；

⑤ 连续变量的非负约束；

⑥ 0-1 变量的取值约束。

以上关系式就构成了 MINLP 模型。其求解方法也成为该领域的热门研究课题。

6.2.4 换热网络合成中的局限性

(1) 基于经济目标优化换热网络

不管是夹点技术法还是数学规划法，都是以热力学第一定律分析为基础来计算换热网络的能耗费，即是以冷、热公用工程的消耗量来求取耗能费用，而忽略了由于克服流体流动阻力而消耗的动力费用——流动㶲损费。这实际上是不合理的，因为从分析的观点来看，能量在换热网络中的变化不是数量的增减，能量在数量上守恒，在换热网络中变化和消耗的只是输入能量中的㶲，即可用能，正是由于㶲的损耗推动了换热过程的进行。因此，应该以㶲分析和㶲经济学为基础来描述换热网络的能耗费及目标函数。

㶲分析是根据能量中的平衡关系，即热力学第一和第二定律，揭示出能量中的㶲转换、传递、利用和㶲损失的情况，确定出该系统或装置的利用效率。换热网络的目标函数可以表示为热费、流动㶲损费和设备投资之和。

(2) 考虑压降的换热网络综合

在大多数关于换热网络综合的文献中，一些重要的特征常常被忽略，比如压力降，从而导致换热网络在实际工业应用中得到的结论往往跟理论上有很大出入。这是由于目前大部分的网络综合技术是基于不变的膜传热系数假设，而具体的换热器设计要满足以下三个主要目标：

① 所需的热量传递能力；

② 管侧压降要低于最大允许值；

③ 壳侧压降要低于最大允许值。

因此，换热网络综合和细化设计不是基于同一标准，就不能保证在综合优化阶段假定的传热系数是否和设计阶段是一致的。考虑压降的换热网络综合方法有以下两种：一是基于数学规划法，将压力降表述为传热系数的函数，将由于压力降而造成的动力消耗附加到目标函数中；二是在换热网络优化的细化装置设计中考虑压降的影响，通过对单个换热器的细化设计降低压力损失，从而降低换热网络的总费用。

6.2.5 换质网络综合

夹点技术[11,12]由研究热流拓宽到了研究物质流，由换热网络优化拓宽到了全系统的能量集成（包括反应，分离，换热，热机，热泵），已成为化工过程设计的一种基本工具。"夹点技术"将热力学和系统工程的方法相结合，遵循热力学第一、第二定律，并考虑投资消耗和能量消耗的限制条件，已从最初的换热器网络设计扩大到包括反应器、精馏塔以及公用工程选择等在内的全系统的夹点分析法。"夹点分析"经受了严格的实践考验，它面向实际问题，有不可否认的工业应用成果，已成为化工过程设计的一种基本工具。

换质网络综合也可采用夹点设计法与数学规划法，该技术研究的发展对于化学工业的清洁生产有着重要的意义，是国际上新兴的前沿领域。

下面简介水夹点技术及水夹点技术优化设计。

水是宝贵的自然资源，而我国石油化工行业水的重复利用率较低，平均仅为 20%，国外先进企业水重复利用率达 70%～80%，我国一吨乙烯所需的水相当于日本或美国的 3～6 倍。随着水资源的日益匮乏、新鲜水费用的不断上升以及污水排放的严格控制，水系统优化已迫在眉睫。如何优化水系统设计，有效地减少新鲜水的用量，提高水的复用率变得非常必要。常规的节水策略主要通过直观定性分析，通常用于单个单元操作或局部的用水网络中，能达到一定的节水目的，但不能使整个用水系统的新鲜水用量和废水产生量达到最小。与常规的节水策略相比，水夹点技术是从系统的角度对整个用水网络进行设计优化，以使水的重复利用率达到最大。即系统的新鲜水用量和废水排放量达到最小。国外在该领域的研究逐步形成高潮，大量的研究相继问世。国内目前虽有一些理论面的研究，但工业实际应用尚处于起步阶段。水夹点技术是上世纪末发展起来的用水网络优化分析与设计的有效工具。利用水夹点技术可确定回用水的流量，找出水回用的关键点，以便在设计用水网络时尽可能达到最小流量的目标。在国外，水夹点技术应用于过程工业的案例已有所报道。而国内这方面的研究还刚刚起步，节水主要还采用一些传统的技术。作为用水大户的石化企业同时也是排水大户，目前我国石化行业加工吨原油所耗新鲜水量是发达国家的 5～6 倍，对原有装置的节水改造势在必行。

水夹点技术是通过绘制过程 C-M 图，构造用水系统浓度组合曲线，找出用水系统的夹点，揭示过程用水特征及节水潜力，进而根据水夹点设计原则，优化水系统的设计。

6.2.6 分离序列综合

分离是化工工艺合成与设计的重要部分，常见的是多组分分离问题。分离过程的设备投资费和日常操作费占整个化工工艺过程很大比重，因此如何选择合理的分离方法，组合成最优分离序列，使投资和操作费用降低是分离序列合成的任务。从数学角度看，分离序列合成是一个混合整数非线性规划问题，设计者面临两水平决策，要求在分离单元本身最优的前提下寻找最优的分离序列。通过对流程合理安排以降低各项费用，是分离序列综合的主要内容。分离综合问题的研究始于 20 世纪 70 年代，是过程系统工程最重要和最活跃的研究领域之一。

为了处理问题方便，分离序列合成时，一般将序列中的分离单元定义为锐分离器。即假定分离器只有一股进料，两股出料，其每种组分只在一个出料中出现。另外处理问题时常把进料组分按分离方法中的关键物性数值以大小次序排列起来。如蒸馏时以组分的沸点排列，精馏时以相对挥发度排列，萃取时以溶解度排列，目的是有助于识别相邻组分间可能存在的锐分离。精馏是分离过程中最重要的单元操作，所以本节重点介绍精馏分离序列综合。精馏分离序列综合是寻找离散事件的最优编排的组合优化问题[13~19]。

精馏过程同时包括分离和换热两种操作，其综合问题涉及分离顺序的确定、精馏塔构型的选择、过程单元的优化设计和系统的热集成等多个方面，同时还包括其他特殊精馏问题。

对精馏过程而言，特别是当考虑热集成和复杂塔结构时，存在着十分庞大的可能流程方案，因此要建立一个通用的超结构十分困难。目前提出的超结构均是以一定的流程为基础构造的，在此基础上添加物流的分流、合流、循环以及系统的热集成匹配等，代表性的又有树型超结构、网络超结构、带有热集成的超结构等。由于超级结构是寻优算法成功实现的关键所在，故对其系统化研究日益成为关注的焦点。Hendry 等对树状超级结构进行了研究。Andrecovich 等对网状超级结构进行了研究。Yeomans 等提出通过原则流程所涉及的过程与设备形成超级结构的原则框架。在抽象合适的数据结构后，运用图论方法处理过程系统流程变换，有助于拓展建立超级结构的思路。将所有备选的流程组合与设备集成到一个超结构中是 MINLP 模型化方法实施的基础。用状态、任务和设备为变量来构造超结构的方法可以克服超结构表示的随意性，得到广泛认同。建立超结构的拓扑图形后，可以用 0-1 变量来关联和表征其中塔、任务、状态、换热器等存在与否及可行性连接关系，并通过物料和能量方程进行补充，从而形成 MINLP 模型。

分离序列的综合是一个两层次的决策问题，而且搜索空间十分庞大，因此找出最优分离序列是十分困难的。如果一上来就用严格的系统的方法来产生一个或几个供最后选择的精馏序列，往往是很难成功的。一般是采用专家经验规则结合数学规划方法。专家经验规则分为以下四大类。

M 类规则是关于分离方法的选择；在所有分离方法中，优先采用常规精馏方法，其次采用萃取精馏、液液萃取方法。一般当相对挥发度 $\max(\alpha_m) \geqslant \max(\alpha_0)^{1.95}$ 时，萃取精馏、液液萃取优于常规精馏方法。避免温度和压力过于偏离环境条件。如果必须偏离，宁可向高温高压方向偏离，而尽量不向低温低压方向偏离，即尽可能避免采用真空精馏及制冷操作。如果不得不采用真空蒸馏，可以考虑用适当溶剂的液液萃取来代替。如果需要冷冻可以考虑吸收等便宜些的方案。

D 类规则是关于设计方面的选择。

S 类规则是与组分性质有关的规则；首先移除腐蚀性和危险性的组分，以避免后续塔系设备的腐蚀和不安全因素。难以分离的组分最后分离，这是一条较为普遍成立的规则。精馏过程所消耗的净功，既与级间流量成正比，也与冷凝器温度倒数及釜温倒数之差成正比。因此选择精馏序列时，尽量不使顶釜温差较大的塔有较大的级间流量。

C类规则是与组成和经济性有关的规则。首先移除含量最多的组分。等物质的量切割效果最好。

文献中曾报道过相对费用函数法[7]。该方法是根据过程系统模拟总结出来的一个确定分离序列的方法。该方法是在有序探试法的基础上，用非线性函数 F 代替了线性函数分离容易度系数 CES。

例 6-2[13] 一个含有丙烷、异丁烷、正丁烷、异戊烷和正戊烷五个组分的轻烃混合物组成如下，其加料流量 q 为 907.2kmol/h，试用相对费用函数法确定最优分离序列。

组分	组成 摩尔分数	相对组分间相对挥发度 (37.3℃,1.72MPa)	容易分离系数 CES
A 丙烷	0.05	2.0	5.26
B 异丁烷	0.15	1.33	8.25
C 正丁烷	0.25	2.40	114.5
D 异戊烷	0.20	1.25	13.46
E 正戊烷	0.35		

五个组分的物性数据见下表。

组分	T_b/℃	x	ΔT/℃	f	F	f'	F'
A	−42.07	0.05	30.8	0.0526	1.131	0.125	1.073
B	−11.27	0.15	10.77	0.25	1.372	0.80	1.159
C	−0.5	0.25	28.35	0.818	0.858		
D	27.85	0.20	8.15	0.538	1.321		
E	36	0.35					

解：

易分离系数 CES 可按下式计算：

$$CES = f \times \Delta$$

式中，f 为产品摩尔流量的比值，取 B/D 和 D/B 比值小于等于 1 的数值；B 和 D 分别为塔釜和塔顶产品的摩尔流量；Δ 为欲分离两组分的沸点差，按下式计算

$$\Delta = (\alpha - 1) \times 100$$

分离容易度系数相关的两个变量 f（塔顶和塔釜产品摩尔流率比）与 ΔT（欲分离两组分沸点差）与分离器的设备费和操作费不应该表现为线性关系。使用通用精馏模拟软件包，经过大量模拟计算和曲线拟合，得到相对费用函数 F，其表达式如下

$$F = [(1-f)^{2.73} + 2.41] \Delta T^{-0.31}$$

式中，$f = \min(D/W, W/D)$；D 为塔顶摩尔流率；W 为塔釜摩尔流率；ΔT 为分离两组分沸点差。

由相对费用函数 F 值判别，C、D 之间的 F 值最小，所以首先应从 CD 之间分割，即得 ABC/DE，其中 ABC 为三组问题，可用同样的方法判别最低费用切割点，应在 AB 之间切割。最后得到切割方案如图 6-6 所示。

相对费用函数公式的本质是经验公式。该公式是总结了约二十个碳以下的直链烷烃及 α-

烯烃分离的严谨流程模拟与优化的结果而得到的。对于其他组分构成的分离体系是否具有通用性当然是有些疑问的。尤其用于其他极性体系能否准确评价流程更需进一步考察。

如果仅从优化策略本身考察，动态规划法的计算结果可靠性最高，但其计算工作量十分庞大，工作效率很低；而分离度系数法计算过程简单，但由于对流程的评价过于粗糙而往往偏离最佳效果；相对费用函数法保持了计算过程简单，而结果相对比较精确的优点。但其前提是需要事先对同类体系进行全面的严谨流程模拟计算研究。

值得指出的是，文献［7］曾被许多探讨分离序列优化算法的文献所引用，用来证明所提出的新的优化算法的有效性。仅从论证新算法的角度看，利用了相对费用函数来代替严谨流程模拟确实简化了问题，容易从算法角度寻求和说明分离序列优化的策略。但是实际上这里潜在地违背了逻辑上

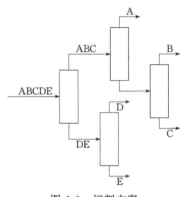

图 6-6　切割方案

的因果关系，导致理论脱离实际，无助于解决实际工程问题。亦即，如果优化的任务是探索新的分离体系问题，则必须在运用优化算法前先进行大量的严谨流程模拟、并在模拟基础上进行优化计算，才能得出适用的相对费用函数表达式；而这种计算一旦完成，优化任务也就完成，也就没有什么必要再将结果归纳为经验公式进而调用优化算法求解了。如果将相对费用函数法用于该函数适用的体系，那么类似地，由于得出相对费用函数时已经进行了大量流程模拟与优化的计算，说明对此类体系的分离序列优化问题已经研究得非常成熟，再继续研究其优化的必要性也不大了。因此，仅仅在探讨分离序列优化的纯算法问题时，引用相对费用函数法才能起到回避流程模拟、简化计算的目的。还有更为深刻和重要的一个问题，就是结构优化问题的"适定性"远比一般的流程模拟计算的适定性更差。因为结构优化问题的最优解并非连续地依赖所给的条件。通俗地解释就是，假如对流程的评价函数稍有误差，则对应的最优解就可能发生重大的、结构上的改变。故使用相对费用函数这一类方法解决实际复杂工程问题在理论和实践上都是不可靠的。从这个实例可以再次看出，真正解决复杂化工过程优化的关键还是严格法流程模拟，并且实际的工程优化问题中最繁重的计算还是严格法流程模拟而绝非纯算法方面的计算。

6.2.7　反应器网络综合

化学反应过程作为化工过程的核心过程往往产生较多的废物，包括未反应的原料和副产物等，严重影响着过程系统的环境效应。反应器网络综合[20]的任务就是在给定动力学和进料条件下寻求适宜的反应器类型、流程结构和关键设计参数，以使特定目标函数最优。近十多年来，许多学者致力于反应器网络综合的研究，并提出了一些有效的策略和方法，归纳起来主要有以下几类：直观推断法（Heuristi Method）、超结构法（Superstructure Method）、目标策略法（Targeting Strategies Method）、可得区法（Attainable Region Method）和分区法。这些方法各有千秋，分别从不同的角度、采用不同的技巧在一定程度上解决了一些有关反应器网络综合问题。

经验和规则的方法是通过对反应体系反应计量学、动力学等的分析，确定在设计目标如转化率、产率等下最适宜的反应器类型及连接形式。在此基础上，针对简单反应动力学情况又提出一系列经验和直观的规则。但当问题的规模增加，特别是同时强调经济性和环境性的

复杂综合目标时，经验方法往往不能有效解决最优反应器系统设计问题。所以研究重点逐渐转向数学优化方法的开发，主要有超结构优化方法和目标法。超结构方法提出一个初始超结构然后从中找出一个最优的子系统。方法的优点在于优化计算中可以直接添加约束和改变优化目标函数，可以同时得到最优的目标函数值和反应器网络。超结构法的数学模型往往是复杂的混合整数非线性规划问题，求解十分困难。但由于缺乏深入的理论指导使得初始结构过于复杂，大大增加问题复杂性。许多研究者提出了不同的构造方法以降低问题的复杂性。金思毅[8]提出了双层优化算法，将非线性规划问题分解为内层的线性优化和外层浓度空间的优化搜索问题，降低了所求解问题的规模和难度，提高了求得全局最优解的概率。

目标法主要有几何可得区方法和构造性目标法。几何可得区法能提供对研究体系物理概念上的深入了解，并能在可得区特性的基础上辅助设计者确定可能的最优反应器网络的类型及连接方式。但是在应用到三维以上问题时可得区将过于复杂。构造性目标法是在不断改善性能指标，并同时逐步生成最优的反应器网络。后来在目标法中又结合超结构法同时优化特性，以克服优化目标非单调性带来的局部最优解问题。还有一类基于专家系统的开发出的智能方法。其最大的局限性是对于反应器网络集成的本质没有给出更多的研究。

陈启石在可得区理论的基础上，提出了用目标函数瞬时值曲线进行反应器网络综合的方法，方法特点在于利用平面坐标系中目标函数瞬时值曲线所对应的面积来表示某一转化率时的目标函数值，并通过这些面积直观地判断最优网络，避免了求解大规模的非线性最优化问题，能够得到和国内外各种方法中最好结果相同的结果，而且也可以一次得到当转化率变化时最优网络的变化情况，使得反应器网络综合的效率得以提高。

分布参数通用模型的出发点是选择侧线进料、旁通、侧线采出和循环策略来定义反应器网络中的宏观混合状态和网络连接形式。不同类型的反应器串联可以表达混合迟早程度可以控制在不同的浓度水平下进行反应，所以不仅有利于减少总反应器体积，而且通过改变沿反应时间各处的反应物流中各组间的分布关系，使得反应在更有利的情况下进行，从而可以影响到最终出口物流的产品分布情况，最终得到最优的网络综合优化目标。其中，侧线进料分布参数和侧线进料总量及侧线进料组成一起构成了侧线进料策略，侧线进料组成受原料混合情况的影响，可能是纯物质或者是混合物或为预先完全混合进料方式、侧线进料策略大幅度提高转化率和减少废物产生方面尤其有效。另外，在非等温情况下存在最优温度分布时，侧线进料的存在可以起到控制反应器各处入口温度的作用。循环策略可表达不同返混程度因而决定反应器类型。其对应的两个极端情况分别是平推流和完全混合，中间则是不同混合程度的反应器、旁通策略能表达停留时间分布和实现网络并联结构。根据旁通结构主要是直接进入到最终产品中还是进入到后面的反应器中继续进行反应，可以将其分为旁通（Bypassing）和侧线采出（Side Out-Letting）两种分布参数形式。

6.3 系统优化基本方法与关键

在化工过程系统中，有许多问题需要在庞大复杂的搜索空间中搜索最优解。由于系统的复杂性、模型的高维性和存在高度的非线性，导致优化的计算工作量急剧上升，出现所谓的"维数灾难"、"组合爆炸"和"病态解"等问题，造成求解最优解困难。目前用于过程系统优化的基本方法有以下几种思路。

（1）数学规划

数学规划法是求解过程系统综合问题的最重要的方法之一。数学规划法用于过程设计的主要思想是将过程设计问题，无论是工艺流程的合成，还是能量系统的集成，表达成一个包含多个可行方案的"超结构"，然后对这个超结构进行优化。在过程综合优化建模中，一般用连续变量表示过程的流量、操作参数和设计参数；用离散变量表示流程可能的拓扑结构选择、过程单元的取舍等结构参数。数学规划法是使用数学计算的方法来优化计算，其可用于多方面的优化计算。数学规划法的基本做法就是将工程中出现的问题抽象成数学的函数与计算公式，然后确定目标函数和若干的约束条件，将其整理成一个贴近实际的数学模型。通常是一个混合整型非线性规划（Mixed-Integer Non Linear Programming，MINLP）问题。然后从数学方法中选取适宜的最优化方法进行计算求解，计算出满足该问题的约束条件目标函数的最优解（最大解或最小解）。求解这类 MINLP 问题常用的算法有分枝定界法，广义 Benders 分解法（GBD）。分枝定界法与线性规划里的分枝定界法相似。这种算法对混合整型非线性规划模型进行了一些限制：0-1 变量只能出现在线性约束中，如果出现在非线性约束里，就必须和连续变量分开。这给算法带来极大的不便，有时甚至无法求得最优解。同时这几种算法的求解效率也比较低。近年来，出现了一些改进的算法，如针对整型变量的特点，提出了整型变量连续化的方法对混合整型非线性规划进行求解，并对具体的化工过程进行全局优化。

化工过程综合，具体来说就是针对某一化工生产过程，在给定的原料及最终产品条件下，综合考虑系统的结构及其操作参数，寻找它们的最佳值，使得整个过程的总费用最小。系统工程方法求解上述问题的基本策略是在众多的可行解中，用数学规划的方法找出最优解。在此能够包含所有可行解的基本流程结构称之为超结构。

一个化工过程在经济上的优劣取决于结构参数和操作参数，其通用的超结构模型可表示为

$$\max(\text{or } \min)J = F(x,u)$$
$$f(x,u) = 0$$
$$g(x,u) \geqslant 0 (\text{or} \leqslant 0)$$

式中，J 为目标函数；f 为等式约束条件；g 为不等式约束条件；x 为状态变量；u 为决策变量。

其中 x 代表操作参数；u 代表系统的结构参数，一般用 0 和 1 来表示；目标函数 J 为 x 和 u 的非线性函数，可代表系统的总费用；f 和 g 分别是问题的等式和不等式约束方程。这就构成了一个典型混合整型非线性规划问题（MINLP）。

迄今为止，尚无一种对于这类模型非常有效的求解算法。前人大都采用把整型变量和连续变量分开来处理，把该规划分成 NLP 子问题和 MILP 主问题进行迭代计算。但是这样会使计算变得烦琐，有可能丢失最优解。

在换热网络中，主要的三个影响最优化设计的因素是：公用工程能耗、换热面积费用和换热设备台数。可将这三个因素作为目标函数，约束条件则为换热网络中各变量所应满足的数学关系式。Papoulias 和 Grossmann 采用结构参数法综合热回收网络，提出了转运模型，其用较小规模的线性规划方法即可解出换热网络所需的最小公用工程费用，然后用混合整数规划法确定所需的最少换热设备台数。这样可以就可以计算出三个主要影响因素中的两个，可以近似具有最小公用工程费用和最少换热设备台数的换热网络最优了。此外，这种方法还可以用于处理包含物流分支及物流间匹配有约束的问题，并能把热回收网络与整个化工生产系统统一在一起，然后用混合整数规划求解。Cerda 和 Westerberg 提出了用线性规划求解

运输问题来确定最小公用工程,但这种方法存在不足,就是问题的维数会变得很大,这样很难同整个化工生产系统统一起来。数学规划法可以用数学的方法求得最优的能量需求,能够计算出严格的最优解,但是,对于求解大型复杂系统,比较难于求解,例如全厂总能量系统优化问题,需要将大系统分解为小系统,将复杂问题进行简化,这样优化的结果就会和模型的准确性有很大的关系,往往会导致模拟结果有偏离。另外,其计算过程不是很明了,物理概念不清晰,难于被工程设计人员掌握而直接使用。

(2) 人工智能法

人工智能科学问世于 1956 年,是一门综合计算机科学、控制论、信息论、神经生理学、心理学、语言学等学科的综合性科学。同时,人工智能作为一门新兴的学科,虽然从产生到现在发展的时间不长,但其已经开始应用于下述诸多领域:

① 自然语言理解;

② 数据库的智能搜索;

③ 专家咨询系统;

④ 定理证明;

⑤ 博弈;

⑥ 机器人学;

⑦ 自动程序设计;

⑧ 组合调度问题;

⑨ 感知问题。

目前,研究系统综合所应用人工智能方法有专家系统。专家系统是人工智能的重要分支,所谓专家系统是一种具有大量专门知识和经验的智能程序系统,它能运用领域专家多年积累的经验和专门知识,模拟领域专家的思维过程,解决该领域中需要专家才能解决的复杂问题。专家系统应用于过程工业中能量优化综合具有一定的优越性,从工程实际的角度考虑能量系统的优化问题是一个十分复杂的问题,系统综合除了考虑定量的指标,如能耗、投资和操作费用等之外,还要考虑其他定性的指标,如安全性、可操作性,对于这些定性的指标很难用数学形式来表达,纯数学方法难于奏效,定性指标多是考虑专家的经验和知识,这样专家系统就可以起到很好的作用,使得能量系统达到最优目标。虽然专家系统综合了专家的知识与经验,有一定的应用价值。但是这方面的工作还处于初级阶段,有较多不完善处,与工业实际的应用还有一段距离,所以专家系统还需要进一步的完善与发展。

在复杂大系统优化方面,有一个研究方向似乎值得思考和探索。这就是借鉴人工智能处理博弈问题的解决方案,亦即"机器下棋"的解决方案。许多典型的化工系统结构优化问题,都非常类似棋类对弈问题。对于极其简单的棋类问题,比如"华容道(非对策型的问题)",作者在二十多年前,使用基本内存为 64K 的普通微机,FORTRAN 语言,宽度优先搜索算法,就已经彻底、完美地解决了。而近年来,人工智能技术发展很快,对于十分复杂的对弈问题,如在国际象棋和中国象棋领域,机器对弈的水平已经达到甚至超过了人类超一流专家的程度,并且在大多数场合下,计算机程序确实都能找出最佳的策略。在机器对弈的解决方案(注意:是解决方案而非单纯的算法)中,正确评价局面的函数、基于专家的知识库、优化搜索算法构成了成功的三个关键因素。这种解决方案非常适合组合变化多、函数连续性差并难以精确计算的场合。而复杂化工系统结构优化问题就与此类博弈决策问题非常相似。目前,对于既给流程性能准确评价的问题,可以用成熟的流程模拟技术解决;工艺和设备专家的知识可以不断积累逐步形成可用的知识库；而在纯算法领域有很多学者都贡献了重要的、成熟的学术成果。表面看来，如果能从上述三个方面进行技术集成，就能够像机器对弈那样，得到实际可用的流程结构优化的解决方案。这个思路究竟是否可行，还有待于大量的理论探索和繁复的数值计算实践。

6.4 系统优化案例

自从 1908 年在实验室用 N_2 和 H_2 在 600℃、200atm（1atm＝1.013×10^5 Pa）下人工合成出产率仅有 2％的氨分子后，合成氨对工业、农业生产和国际科技起到了重要作用。然而，合成氨生产工艺却在一直不断地改进优化。开始以水电解法制氢为原料的小型合成氨车间，年生产能力仅为 46kt 氨。以后，合成氨的产量增长很快。试制成功高压往复式氮氢气压缩机和高压氨合成塔后，中型氨厂就诞生了。逐渐完成"三触媒"流程（氧化锌脱硫、低温变换、甲烷化）氨厂年产 50kt 的通用设计。又出现了合成氨与碳酸氢铵联合生产新工艺，其中相当一部分是以无烟煤代替焦炭进行生产的。后来又建设成功了具有先进技术，以天然气、石脑油、重质油和煤为原料的年产 300kt 氨的大型氨厂。合成氨一直是化工产业的耗能大户。合成氨节能改造项目技术先后实施了换热网络和 DCS。大型合成氨装置可以采用先进节能工艺、新型催化剂和高效节能设备，提高转化效率，加强烟气余热回收利用。煤造气采用水煤浆或先进粉煤气化技术替代传统的固定床造气技术。合成氨行业单位能耗为 1700kg 标煤/t，能源利用效率为 42.0％左右。

合成氨装置先后一般经历过油改煤、煤改油、油改气和无烟煤改粉煤等多次反复的原料路线改造和节能改造，先后在烃类蒸汽转化工段、变换工段、脱碳工段、控制系统等方面进行了大型改造。造气炉、炉况监测与系统优化、脱硫系统等技改始终是重点。直到现在人们仍然在优化合成氨生产工艺，不断改进换热网络、催化剂新品种、反应设备、新型压缩机以及废水处理、余热回收、采用变压吸附回收技术等都是挖潜改造的空间。而所有这些优化工作一般都必须依靠流程模拟提供数据用于决策，而整个工艺的优化过程是随着各个技术领域的进步逐渐地、分步地完成的。

6.5 系统综合与优化的发展方向

换热网络的设计应同时考虑操作性能和运行费用，控制与工艺一体化的换热网络设计是重要的发展方向。

公用工程系统和换热网络是大型化工联合装置的重要子系统，它们不仅要向各过程提供所需的动力、工艺蒸汽、热能和冷却水等公用工程，还要使过程中的冷、热物流之间充分换热，尽可能回收过程余热。对公用工程系统及换热网络的能量综合研究一直比较活跃，已有一些成熟的理论和方法。但对子系统之间的能量集成联合优化，目前多采用传统的分步优化法，即将整体问题分离，依次进行各子系统的设计，因而很难实现总体系统的优化匹配。Linnhoff 和 Zhu 等将单过程夹点分析进一步扩展到全过程的夹点分析和能量集成，可以得到全局热回收的潜力和目标，但不能给出具体的匹配方案。Grossmann 等基于线性化分解算法提出了超结构混合整数非线性规划（MINLP）综合策略，可以进行各子系统的同步热集成联合优化，但超结构中的组合方案太多而难于求解。而对于现有过程的扩产节能改造，成熟的优化设计方法亦不多见。将过程全局夹点分析与超结构 MINLP 法相结合，基于全局夹点分析的公用工程与过程热冷物流产用汽换热网络热集成联合优化的超结构 MINLP 方法，用于过程改造可得到明显的节能效果和经济效益，是一个重要的发展方向。

在过程系统优化领域，最值得重视和研究的当属流程系统模拟。原因是流程模拟的结果直接关系到目标函数的取值，并成为产生优化策略的唯一的过程对象信息来源。无论优化算法如何先进，只要没有足够精确的流程模拟结果作为依据，任何算法都不可能得出符合实际的结果。只有根据流程模拟结果，化学工程师才可作出多种判断和决策，进而指导过程优化的方向。流程模拟结果的作用是任何一个优化算法所无法代替的，并且其计算难度大，计算耗费资源多。在优化算法研究盛行的今天，应加强流程模拟与优化算法的集成，才能真正提高化工过程优化的水平。

工艺方案的构造（不论是反应器网络合成、分离序列合成还是换热网络合成）、过程的模拟和参数的优化，都要求技术人员有很深的专业知识功底和充分的想象力。这犹如艺术家创作作品一样，即要求有灵感，又要求有扎实的功夫。而且最优方案的探索永无止境。

过程系统有大有小，小到一个换热器的结构设计与参数优化，大到多个换热器的结构设计与参数优化，大到多个反应器的结构设计与参数优化，及至一个精馏塔系统的结构设计与参数优化，反应-精馏集成系统的优化，精馏-换热集成系统的优化，热泵-精馏集成系统的优化，整个装置或企业的优化。优化对象的复杂程度不同，求解难度大不一样。但无论是大系统，还是小系统，目标函数值都来于过程模拟的结果。没有过程模拟就不可能得到优化目标函数值。因此，过程系统模拟是进行过程合成的基础，优化方法只是一个辅助工具。仅靠优化方法研究是不可能达到优化目的的。深入研究过程机理，从化学工程规律角度分析了解对象运行的规律、特性是取得优化目标的关键。

过程合成是一个两层次优化问题，即在结构优化的同时也达到参数优化。过程的复杂性为个子系统网络的合成提供了一个研究空间。为了寻求较优的工艺设计，技术人员设想出各种方案来实现优化目标。由于组合的多样性、技术人员想象力的限制以及工艺过程的变化，最优方案难以一下子找到，需要一个逐步优化改进的过程。"超结构"是人们根据过程原理提出的一种构造多种可行方案的策略。实际上，"超结构"泛指所有可能方案的集合。采用过程模拟方法，从这个可能方案集合中发现最优的方案。发现最优的方案的过程就是一个一个地进行过程系统模拟。通过比较模拟结果，得出哪个方案是最佳的。"超结构"所对应的数学模型是一个混合整数的非线性规划问题。如果采用简化的系统模型，忽略流程模拟的复杂性，单纯从数学角度看，混合整数非线性规划问题的求解在数学上还是较为成熟的。所以难以用于工程实践的症结还是在于流程模拟问题涉及了模型的严重不适定性，函数的解析性太差，因而对其他简单系统或检测案例非常奏效的算法对实际工程问题就往往是无能为力。

优化搜索时需爬遍崇山峻岭，还可能一不小心跌入无法脱身的峡谷，这是数学上求解优化多峰问题的一大难题。全流程的合成理论经过几代人的研究已经取得了很多重要的成果，但理论成果与工程实践的脱节仍是目前的主要问题。其制约瓶颈值得业内人士深思。许多工业设计的最终方案很可能仍有较大的结构性改进余地。只要不能解决全流程模拟的大范围快速收敛问题，则对于典型的系统综合问题以及近年来较为关注的管理优化问题，看来无论使用何种优秀的算法策略都难于可靠地获得结构优化的最佳方案，对于更为复杂的管理优化问题也是一样。近年来，也确实有些专家学者逐渐意识到此类问题并在实践中探索了解决方案。如清华大学何小荣教授等人就探索了将排产优化问题与严谨法流程模拟计算的技术集成策略，在工程实践中开拓了正确的方向。

本 章 要 点

★ 化工系统与其他工业领域的系统相比是最为复杂的。

★ 解决系统综合问题不能过于依赖优化算法。

★ 流程模拟的计算占用了系统综合计算的绝大部分时间。

★ 单纯地从数学角度探索复杂化工流程优化问题是不符合实际的。

★ 对简单的测试案例有效的算法未必是好的算法。

★ 结构优化问题的本质难度仍在于问题的适定性很差。优化解不是连续地依赖于所给条件。
　因此，如果没有严谨精确的流程模拟为基础，不论使用何种高明的优化算法也无法可靠地
　得到全局最优解。

本章参考文献

[1]　杨冀宏，麻德贤. 过程系统工程导论. 北京：烃加工出版社，1989.

[2]　Papoulias S A，Grossmann I E. Computer & Chemical Engineering，1984，8：67.

[3]　Linnhoff B，et al. User Guide on Process Integration for the Efficient Use of Energy. Oxford：Pergamon press Ltd，1982.

[4]　Linnhoff B，Hindmarsh E. Chem Eng Sci，1983，38：745.

[5]　Jezowski J. Heat Exchanger Network Synthesis Algorithms of Ordered Search. Inz Chem Proc，1981，2 (1)：45-48.

[6]　姚平经. 全过程系统能量优化综合. 大连：大连理工大学出版社. 1992.

[7]　施宝昌，王健红. 多组分分离塔序列相对费用函数的建立和应用. 化工学报，1997，48 (2)：175-178.

[8]　金思毅，贾淑香，杨朝合. 基于 CSTR 的反应器网络综合双层优化算法. 过程工程，2006 Vol. 6 (5)：784-788.

[9]　Russell S，Norvig P. Artificial Intelligence-A Modern Approach (Second Edition). Pearson Education Asia Limited，2004.

[10]　Nishimura H，et al. Chem Eng Japan. 1970，34：1099.

[11]　[美] J G Mann，Y A Liu 著. 工业用水节约与废水减排. 姚平经，华贲，项曙光，等译. 北京：中国石化出版社，2001.

[12]　董宏光，秦立民，王涛等. 精馏分离序列综合超级结构研究. 南京工业大学学报，2005，27 (1)：12-16.

[13]　安维中等. 最优化技术在精馏过程综合中的应用及研究进展. 计算机与应用化学，2005，22 (5)：333-338.

[14]　董宏光，王涛，秦立民等. 精馏分离序列综合邻域结构的研究. 2004，30 (1)：29-56.

[15]　闫志国，钱宇，李秀喜. 化工过程综合问题 MINLP 算法中整型变量的连续化. 高校化学工程学报，2005，5 (19)：670-674.

[16]　王晓红. 非清晰精馏序列综合研究进展. 计算机与应用化学，2008，25 (2)：249-252.

[17]　李会泉，姚平经. 低温过程系统整体能量优化综合的复合式方法研究. 大连：大连理工大学.

[18]　廖国勤，曹彬，阳永荣等. 物质流的网络合成技术研究进展. 化学反应工程与工艺，2001，17 (1)：66-72.

[19]　刘洪谦，麻德贤. 多夹点换热网络综合与分析. 北京化工大学学报，2000，3.

[20]　尹洪超，袁一. 改进的无分流换热器网络最优综合法. 高校化学工程学报，1997，11 (1)：56.

[21]　张俊华，应启戛，黄为民. 换热器网络优化研究进展. 热能动力工程，2000，15 (87)：201-204.

[22]　董其伍，刘敏珊，谢伟. 换热网络优化设计的研究进展. 能源工程，2005，6：15-19.

部分思考题参考答案

思考题 2

21. $C_A = C_{A0} e^{-k_1 t}$，$C_P = \dfrac{k_1 C_{A0}}{k_2 - k_1}(e^{-k_1 t} - e^{-k_2 t})$，$C_S = C_{A0} - C_A - C_P$，最佳反应时间

$t^* = \dfrac{\ln k_2 - \ln k_1}{k_2 - k_1}$，$\dfrac{dC_P}{dt} = \dfrac{k_1 C_{A0}}{k_2 - k_1}(k_2 e^{-k_2 t} - k_1 e^{-k_1 t})$，$\dfrac{d^2 C_P}{dt^2} = \dfrac{k_1 C_{A0}}{k_2 - k_1}(k_1^2 e^{-k_1 t} - k_2^2 e^{-k_2 t})$，

$\dfrac{d^2 C_P}{dt^2}\bigg|_{t=t^*} = -k_1^2 C_{A0}\left(\dfrac{k_2}{k_1}\right)^{-\frac{k_1}{k_2-k_1}}$，对应最大值为 $C_P^* = C_{A0}\left(\dfrac{k_1}{k_2}\right)^{\frac{k_2}{k_2-k_1}}$

22. $C = \dfrac{t}{80.16621 t + 162.6822}$，定义域或适用范围为时间区间 $[1, 16]$，时间 t 的单位为 min，浓度 C 的单位为 mol/L

思考题 3

1. 泡点温度 $T_b = 256.143 \text{K}$，露点温度 $T_d = 289.808 \text{K}$

5. 精确解为 $x^* = \begin{pmatrix} 1 \\ 2 \\ -1 \\ 1 \end{pmatrix}$

6. 精确解为 $x^* = \begin{pmatrix} -4 \\ 3 \\ 2 \end{pmatrix}$

7. $x_1^* = 3$，$x_2^* = -100$

13. $41.3416 \text{cm}^3/\text{mol}$

跋

从上大学高年级迄今，我与化工系统工程已经打交道近三十年了。为了这门学问或技艺的真谛，我得到了许多，也失去了许多。我仍然要为它继续付出，也希望更多的年轻学子有志从事这一领域的工作并真正掌握其原理。因此，我必须写一本关于化工系统工程的书。我写这本书，不是为了获奖，不是为了提职，也不是为了营利。正因如此，我只愿意写出自己有深刻体会的内容，结果使得这本书写了十多年。幸亏冯树波教授以及我的研究生杜增智、刘光辉、吕宏峰等人及时的帮助，才能完成。

作为专业著述，这本书与其他著作类似，许多具体内容都是其他教科书或手册中已有的。但是，对这些具体内容本书往往从不同的角度给予了不同的评述。这也是作者要写此书的内在动机之一。可以说，本书在内容上是尽量融入作者多年来的实践总结，并期望能在科学方法论的层面上写出一些心得。希望读者能够仔细体会书中相关的内容。

作为"科班"出身的人，自己在十多年前几乎完全独立地完成了通用动态和稳态流程模拟软件的设计，并在大量的科研实践中成功地应用，从无败绩。自己在工作中经常虚心地向"书"请教。然而，作为擅长怀疑的我，经常感到"书"中的观点并非全部正确。很多已经习惯了的观点结论，不过是抄来抄去，深究起来竟有许多问题，甚至有些"理论"竟是令初学者进入误区的陷阱，有些时髦的"创新"竟是概念的偷换。我不得不考虑，或许有时间写书的人没有时间从事科研实践，而有时间从事科研实践的人又没时间写书？在求真求善的本能驱使下，不得已只好挤出一些时间写本亲身经历过的科研实践方面的书。然而，这对于作者是个很大的难题并因此耽搁了十几年。

本书的主要目的是为初学者、工程师和有关教师提供深入思考的机会，避免在学习和工作中陷入习惯性的误区，澄清某些公开文献中早已被许多业内人士接受的不适当观点，最终辅助读者正确理解和应用化工系统工程的原理。假如书中观点偏颇、矫枉过正甚至错误，相信也能很好地起到抛砖引玉和"反面教材"的作用。因此，本书对具体的公式等形式化、程式化的内容仅作为一般介绍并聊充篇幅之用。真正的重点是对于技术方法的性质、运用的前提、适用的范围、效果的评价、易犯的错误和使用诀窍等进行讨论介绍。或者说，突出解决实际问题的框架和思路以及具体诀窍是本书的重点。自己的良好愿望是本书能够给真正从事化工系统工程方面实际工作的人一些重要的和正确的帮助，并促进相关的理论研究。

应该说，自己对这第一版还不满意，很多重要的观点仅适合在讨论中交流，而一旦落实到文字上就有难度。这也说明自己对相关的理论实践问题认识还欠深刻和严谨，况且有些属于真知灼见的话语并不适合在书中出现。但凡事总有开头，希望有机会再版并能有较大的改进和完善。

　　本书所有章节都是三位作者共同完成的，因此无法分清谁写了哪些章节，对本书的贡献大小都是一样的。仅因为与出版社联系方便的原因才区分了排名顺序。

　　在本书内容中，许多基本思想甚至基本程序都秉承了我的研究生导师清华大学彭秉璞教授、房德中教授的衣钵，许多科研实践经验得益于我的师傅北京化工大学魏寿彭教授的亲身传授，许多基本理论方面的认识受惠于我的老师清华大学陈秉珍教授、何小荣教授的指点。在此一并衷心地感谢。

　　近二十年来，在从事化工仿真机制作项目中，我的合作伙伴给了自己很多重要的帮助。主要有王璟德、高利军、姚飞、马润宇、吴慧雄、丁忠伟、沈承林、张树增、魏杰等诸位教授（高工），借此机会一并表示感谢。

　　我用出版这本书的方式，报答我的老师，报答我的学生，报答我的同僚，更要报答给我实践机会的国内外企业界的"伯乐"和出版社的编辑，还要报答多年来一直无私支持我工作的家人。

王健红
2009 年 6 月于北京化工大学